…reibung der Namen sowie der Landescodes nach „Liste der Staatennamen …",
…g. vom Ständigen Ausschuss für geographische Namen (StAGN) in Frankfurt am Main, Stand: Februar 2001

EUROPA

BE BELGIEN, Brüssel
CY ZYPERN, Nikosia
DK DÄNEMARK, Kopenhagen
EW ESTLAND, Tallinn
NL NIEDERLANDE, Amsterdam

ASIEN

AE VER. ARAB. EMIRATE, Abu Dhabi
AM ARMENIEN, Eriwan
AZ ASERBAIDSCHAN, Baku
BN BRUNEI DARUSSALAM, Bandar Seri Begewan
BT BUTHAN, Thimphu

GE GEORGIEN, Tiflis
IL ISRAEL, Jerusalem
JO JORDANIEN, Amman
LA DEM. VOLKSREP. LAOS, Vientiane
LB LIBANON, Beirut

…UND BARBUDA (Saint John's), BARBADOS (Bridgetown), DOMINICA (Roseau), GRENADA (Saint Georg's), SAINT KITTS UND NEVIS … ANDORRA (Andorra la Vella), LIECHTENSTEIN (Vaduz), LUXEMBURG (Luxemburg), MALTA (Valletta), MONACO (Monaco), SAN MARINO … Manama), KATAR (Doha) und MALEDIVEN (Male) und in **AUSTRALIEN/OZEANIEN** KIRIBATI (Bairiki), FÖDERIERTE STAATEN VON MI… und PALAU (Koror). Außerdem gibt es nicht selbstständige Gebiete in Amerika, Afrika, Asien und Ozeanien.

Verwendete Zeichen, Abkürzungen und Symbole

Zeichen	Sprechweise/Bedeutung
$\ldots$	und so weiter bis
$=$; $\neq$	gleich; ungleich
$<$; $\leq$	kleiner als; kleiner oder gleich
$>$; $\geq$	größer als; größer oder gleich
$\ll$; $\gg$	sehr klein gegen; sehr groß gegen
$\approx$; $\widehat{=}$	rund, angenähert; entspricht
$\equiv$	identisch
%; ‰	Prozent; Promille
$]a, b[$	offenes Intervall von a bis b
$[a, b]$	abgeschlossenes Intervall von a bis b
$[a, b[$	halboffenes Intervall von a bis b
$(a; b)$	geordnetes Paar
lim	Limes, Grenzwert
$\rightarrow$	gegen, konvergiert nach, nähert sich
∞	unendlich
$f(x)$	f von x (Wert der Funktion f an der Stelle x)
Δx, (Δy)	Delta x (Delta y), Differenz zweier Argumente (Werte) der Funktion f
$f'(x)$, $f''(x)$	1. bzw. 2. Ableitung der Funktion f
$\frac{\mathrm{d}y}{\mathrm{d}x}$	$\mathrm{d}y$ nach $\mathrm{d}x$, 1. Differenzialquotient der Funktion $y = f(x)$
$\frac{\mathrm{d}^2y}{\mathrm{d}x^2}$	d^2y nach $\mathrm{d}x^2$, 2. Differenzialquotient der Funktion $y = f(x)$
$\int_a^b f(x)\,\mathrm{d}x$	(bestimmtes) Integral $f(x)\mathrm{d}x$ von a bis b
(a_n)	Folge a_n
$\log_a x$	Logarithmus x zur Basis a
lg x	Logarithmus x zur Basis 10
ln x	Logarithmus x zur Basis e
lb x	Logarithmus x zur Basis 2
sin	Sinus
cos	Kosinus
tan	Tangens
cot	Kotangens
arcsin	Arkussinus
arccos	Arkuskosinus
arctan	Arkustangens
$a \mid b$	a teilt b; a ist Teiler von b
$a \nmid b$	a teilt nicht b; a ist kein Teiler von b
A, B	Matrizen
$\det \mathbf{A} = \lvert \mathbf{A} \rvert$	Determinante von **A**
$\sim$	proportional, zueinander ähnlich

Zeichen	Sprechweise/Bedeutung
$\cong$	zueinander kongruent, deckungsgleich
$\parallel$	parallel zu, Beispiel: $g \parallel h$
$\perp$	senkrecht auf, rechtwinklig zu
ΔABC	Dreieck mit den Eckpunkten A, B, C
$\sphericalangle$; ⊾	Winkel; rechter Winkel
$\overline{AB}$	Strecke AB
$\vec{a}$, $\vec{F}$, $\overrightarrow{AB}$	Vektoren
$\vec{A} \times \vec{B}$, $\vec{a} \times \vec{b}$	Vektorprodukt, Kreuzprodukt
$\vec{a} \cdot \vec{b}$	Skalarprodukt
a^b	a hoch b (Potenz)
$\sqrt{}$ $\sqrt[n]{}$	Quadratwurzel aus; n-te Wurzel aus
i	imaginäre Einheit ($\sqrt{-1}$)
$\lvert x \rvert$; $n!$	Betrag von x; n Fakultät
$\binom{n}{p}$	n über p (Binomialkoeffizient)
$\sum_{k=1}^{n} a_k$	Summe aller a_k für $k = 1$ bis n
$\prod_{k=1}^{n} a_k$	Produkt aller a_k für $k = 1$ bis n
A, B, M_1	Mengen
$\{a; b; c\}$	Menge mit den Elementen a, b und c
$\emptyset$, $\{\}$	leere Menge
$\{x \mid \ldots\}$	Menge aller x, für die gilt: ...
$\in$; $\notin$	Element von; nicht Element von
$\subseteq$; $\subset$	Teilmenge von; echte Teilmenge von
$A \cap B$	Schnittmenge von A und B
$A \cup B$	Vereinigungsmenge von A und B
$A \setminus B$	Differenzmenge A ohne B
$A \times B$	Produktmenge von A und B (A Kreuz B)
$\bar{A}$	Komplementärmenge zu A
$\mathbb{N}$	Menge der natürlichen Zahlen
$\mathbb{N}^*$	Menge der natürlichen Zahlen ohne 0
$\mathbb{Z}$	Menge der ganzen Zahlen
$\mathbb{Q}_+$	Menge der gebrochenen Zahlen
$\mathbb{Q}$	Menge der rationalen Zahlen
$\mathbb{R}$	Menge der reellen Zahlen
$\mathbb{C}$	Menge der komplexen Zahlen
$\Rightarrow$	wenn ..., dann ... (Implikation)
$\Leftrightarrow$	genau dann, wenn (Äquivalenz)
$\wedge$	und (Konjunktion)
$\vee$	oder (Disjunktion)
$\neg$	nicht (Negation)

Nordrhein-Westfalen

Formel sammlung

Mathematik · Physik · Chemie · Biologie · Informatik

DUDEN PAETEC Schulbuchverlag

Berlin · Frankfurt a. M.

Autoren
Frank-Michael Becker (Biologie)
Dr. Hubert Bossek (Mathematik)
Dr. Lutz Engelmann (Mathematik, Informatik)
Dr. Christine Ernst (Chemie)
Dr. habil. Günter Fanghänel (Mathematik)
Heinz Höhne (Chemie)
Dr. Astrid Kalenberg (Informatik)
Rudi Lenertat† (Mathematik)
Manuela Liesenberg (Geographie)
Rainer Löffler (Mathematik)
Dr. Günter Liesenberg (Mathematik)
Prof. Dr. habil. Lothar Meyer (Physik, Astronomie)
Doz. Dr. habil. Christa Pews-Hocke (Biologie)
Dr. habil. Bernd Raum (Geographie)
Dr. Gerd-Dietrich Schmidt (Physik)
Dr. Peter Seidel (Biologie)
Helga Simon (Chemie)
Dr. habil. Reinhard Stamm (Mathematik)
Prof. Dr. habil. Karlheinz Weber (Mathematik)
Dr. Adria Wehser (Chemie)

1. Auflage
1 8 7 6 5 4 | 2016 2015 2014 2013 2012
Alle Drucke dieser Auflage können im Unterricht nebeneinander benutzt werden.
Die letzte Zahl bezeichnet das Jahr des Druckes.

Internet www.duden.de

Redaktion Dr. Lutz Engelmann, Prof. Dr. habil. Lothar Meyer,
Doz. Dr. habil. Christa Pews-Hocke, Dr. habil. Bernd Raum,
Dr. habil. Reinhard Stamm, Dr. Adria Wehser
Gesamtgestaltung Britta Scharffenberg
Layout und Zeichnungen Claudia Kilian, Birgit Kintzel, Manuela Liesenberg,
Erika Netzmann†, Angela Richter, Britta Scharffenberg
Druck und Bindung Mohn Media Mohndruck, Gütersloh

ISBN 978-3-89818-705-3

Inhaltsverzeichnis

Mathematik

Physik

Mathematik

Zahlen; Zeichen; Größen

Griechisches Alphabet

Buchstabe	Name	Buchstabe	Name	Buchstabe	Name	Buchstabe	Name
Α, α	Alpha	Η, η	Eta	Ν, ν	Ny	Τ, τ	Tau
Β, β	Beta	Θ, θ, ϑ	Theta	Ξ, ξ	Xi	Υ, υ	Ypsilon
Γ, γ	Gamma	Ι, ι	Jota	Ο, ο	Omikron	Φ, φ	Phi
Δ, δ	Delta	Κ, κ	Kappa	Π, π	Pi	Χ, χ	Chi
Ε, ε	Epsilon	Λ, λ	Lambda	Ρ, ρ	Rho	Ψ, ψ	Psi
Ζ, ζ	Zeta	Μ, μ	My	Σ, σ, ς	Sigma	Ω, ω	Omega

Primzahlen

Eine natürliche Zahl $p \neq 1$ heißt **Primzahl,** wenn sie außer den (trivialen) Teilern 1 und p (sich selbst) keine weiteren Teiler hat.

2	43	103	173	241	317	401	479	571	647	739	827	919
3	47	107	179	251	331	409	487	577	653	743	829	929
5	53	109	181	257	337	419	491	587	659	751	839	937
7	59	113	191	263	347	421	499	593	661	757	853	941
11	61	127	193	269	349	431	503	599	673	761	857	947
13	67	131	197	271	353	433	509	601	677	769	859	953
17	71	137	199	277	359	439	521	607	683	773	863	967
19	73	139	211	281	367	443	523	613	691	787	877	971
23	79	149	223	283	373	449	541	617	701	797	881	977
29	83	151	227	293	379	457	547	619	709	809	883	983
31	89	157	229	307	383	461	557	631	719	811	887	991
37	97	163	233	311	389	463	563	641	727	821	907	997
41	101	167	239	313	397	467	569	643	733	823	911	…

Primfaktorzerlegung:
Jede natürliche Zahl $n > 1$ lässt sich eindeutig in ein Produkt von Primzahlen zerlegen, d.h. in folgender Form darstellen:

$n = p_1^{\alpha_1} \cdot p_2^{\alpha_2} \cdot p_3^{\alpha_3} \cdot \ldots$ mit $p_1 = 2;\ p_2 = 3;\ p_3 = 5;\ \ldots$ und $\alpha_1,\ \alpha_2,\ \alpha_3, \ldots \in \mathbb{N}$

Mathematische Konstanten

Konstante	Bezeichnung	Zahlenwert	Bedeutung
Kreiszahl (ludolfsche Zahl)	π	3,141 592 653 589… (Näherungswert: $\frac{22}{7}$)	Umfang eines Kreises mit dem Durchmesser 1; Flächeninhalt eines Kreises mit dem Radius 1
eulersche Zahl	e	2,718 281 828 459…	Basis der Exponentialfunktion (des stetigen Wachstums) und des natürlichen Logarithmus

Römische Zahlzeichen

	Grundzeichen				Hilfszeichen		
Symbole	I	X	C	M	V	L	D
Zahl	1	10	100	1000	5	50	500

Schreibweisen (Regeln für die Anordnung):
1. Die Zeichen werden hintereinander geschrieben (wobei im Allgemeinen links mit dem Symbol der größten Zahl begonnen wird) und ihre Werte werden addiert (**Additionssystem**).
2. Die Grundzeichen werden höchstens dreimal, die Hilfszeichen nur einmal hintereinander geschrieben.
3. Steht das Symbol einer kleineren Zahl vor dem einer größeren, so wird der kleinere Wert vom größeren subtrahiert (wobei höchstens ein Symbol der nächstkleineren Zahl vorangestellt werden darf).

XVII = 10 + 5 + 1 + 1 = 17 MMIII = 1000 + 1000 + 1 + 1 + 1 = 2003 IX = 10 − 1 = 9

Stellenwertsysteme (Positionssysteme)

Begriff	In einem **Stellenwertsystem (Positionssystem)** der Basis b lässt sich jede natürliche Zahl folgendermaßen darstellen: $(a_n a_{n-1} \dots a_2 a_1 a_0)_b = a_n \cdot b^n + a_{n-1} \cdot b^{n-1} + \dots + a_2 \cdot b^2 + a_1 \cdot b^1 + a_0 \cdot b^0$ Für die Ziffern $a_0, a_1, a_2, \dots, a_n$ gilt $a_0, a_1, a_2, \dots, a_n \in \{0; 1; 2; \dots; b-1\}$.
Dezimalsystem	Wird als Basis eines Stellenwertsystems die Zahl 10 gewählt, so spricht man von einem **dekadischen Positionssystem** bzw. vom **Dezimalsystem,** und es gilt: $a_n a_{n-1} \dots a_2 a_1 a_0 = a_n \cdot 10^n + a_{n-1} \cdot 10^{n-1} + \dots + a_2 \cdot 10^2 + a_1 \cdot 10 + a_0$
Dualsystem	Wählt man die Zahl 2 als Basis, so erhält man das **Dualsystem** mit den beiden Ziffern O und I (↗ S. 150).

Darstellung von Dezimalzahlen mithilfe abgetrennter Zehnerpotenzen	$a \in \mathbb{Q}_+$
$a > 1$	$a < 1$
$3\,440\,000 = 3{,}44 \cdot 1\,000\,000 = 3{,}44 \cdot 10^6$ Beim Übergang von $3{,}44 \cdot 10^6$ zur normalen Schreibweise rückt das Komma um 6 Stellen nach rechts und man erhält 3 440 000.	$0{,}000\,000\,023 = 2{,}3 \cdot 0{,}000\,000\,01 = 2{,}3 \cdot 10^{-8}$ Beim Übergang von $2{,}3 \cdot 10^{-8}$ zur normalen Schreibweise rückt das Komma um 8 Stellen nach links und man erhält 0,000 000 023.

Vorsätze bei Einheiten

Vorsatz		Bedeutung	Faktor	Vorsatz		Bedeutung	Faktor
Exa	E	Trillion	10^{18}	Dezi	d	Zehntel	$0{,}1 = 10^{-1}$
Peta	P	Billiarde	10^{15}	Zenti	c	Hundertstel	$0{,}01 = 10^{-2}$
Tera	T	Billion	$10^{12} = 1\,000\,000\,000\,000$	Milli	m	Tausendstel	$0{,}001 = 10^{-3}$
Giga	G	Milliarde	$10^9 = 1\,000\,000\,000$	Mikro	µ	Millionstel	$0{,}000\,001 = 10^{-6}$
Mega	M	Million	$10^6 = 1\,000\,000$	Nano	n	Milliardstel	$0{,}000\,000\,001 = 10^{-9}$
Kilo	k	Tausend	$10^3 = 1\,000$	Pico	p	Billionstel	$0{,}000\,000\,000\,001 = 10^{-12}$
Hekto	h	Hundert	$10^2 = 100$	Femto	f	Billiardstel	10^{-15}
Deka	da	Zehn	$10^1 = 10$	Atto	a	Trillionstel	10^{-18}

Einheiten ausgewählter Größen

Größe	Einheit Name	Zeichen	Beziehungen zwischen den Einheiten
Länge	Meter	m	Basiseinheit
Flächeninhalt (Fläche)	Quadratmeter Ar Hektar	m^2 a ha	$1\ m^2 = 1\ m \cdot 1\ m$ $1\ a = 10^2\ m^2 = 100\ m^2$ $1\ ha = 10^2\ a = 10^4\ m^2 = 10\,000\ m^2$
Rauminhalt (Volumen)	Kubikmeter Liter	m^3 l	$1\ m^3 = 1\ m \cdot 1\ m \cdot 1\ m$ $1\ l = 1\ dm^3 = 10^{-3}\ m^3 = 0{,}001\ m^3$

Näherungswerte

Begriff des Näherungswertes	Ein **Näherungswert** ist eine Zahl, die etwa so groß ist wie der entsprechende exakte Wert. Näherungswerte erhält man z. B. – durch Runden; – beim Ersetzen von gemeinen Brüchen, die auf periodische Dezimalbrüche führen, durch endliche Dezimalbrüche; – beim Ersetzen von irrationalen Zahlen durch rationale Zahlen; – beim Arbeiten mit Tafeln, Taschenrechnern und Computern; – beim Messen.
zuverlässige Ziffern	Bei einem Näherungswert heißen alle Ziffern, die mit denen des genauen Wertes übereinstimmen, **zuverlässige Ziffern.** *Anmerkung:* Eine letzte Ziffer gilt auch dann als zuverlässig, wenn sie durch Runden des genauen Wertes auf diese Stelle bestätigt würde.
Runden	Unter **Runden** versteht man das Ersetzen eines bestimmten Zahlenwertes durch einen Näherungswert. Ist der Näherungswert größer als der zu rundende Wert, so spricht man vom **Aufrunden;** ist er kleiner, vom **Abrunden.**
Rundungsregeln	Beim Runden auf n Stellen wird folgendermaßen verfahren: – Die Ziffer an der n-ten Stelle wird um 1 erhöht, wenn ihr beim zu rundenden Wert eine 5, 6, 7, 8 oder 9 folgte (es wird **aufgerundet**). – Die Ziffer an der n-ten Stelle wird beibehalten, wenn ihr beim zu rundenden Wert eine 0, 1, 2, 3 oder 4 folgte (es wird **abgerundet**).
absoluter Fehler	Die Abweichung eines Näherungswertes x vom genauen Wert x_w wird als **(absoluter) Fehler** Δx bezeichnet.
relativer Fehler	Der **relative** (bzw. **prozentuale**) **Fehler** δx ist das Verhältnis von absolutem Fehler Δx zum genauen Wert x_w: $\delta x = \frac{\Delta x}{x_w} \approx \frac{\Delta x}{x}$
Rechnen mit Näherungswerten	
Addition / Subtraktion	Beim **Addieren** und **Subtrahieren** sucht man denjenigen Näherungswert heraus, bei dem die letzte zuverlässige Ziffer am weitesten links steht, und rundet das Ergebnis auf diese Stelle. $19{,}123 + 33{,}1 \leftarrow + 6{,}24 = 58{,}463 \approx 58{,}5 \leftarrow$
Multiplikation / Division	Beim **Multiplizieren** und **Dividieren** sucht man denjenigen Näherungswert heraus, der die geringste Anzahl zuverlässiger Ziffern besitzt, und rundet das Ergebnis auf diese Stellenanzahl. $2{,}345 \cdot \overbrace{2{,}3}$ 4690 7035 $5{,}3935 \approx \overbrace{5{,}4}$

Mengenlehre und Logik

Mengenbeziehungen

Mengengleichheit	Eine Menge A ist **gleich** einer Menge B (in Zeichen: $A = B$), wenn jedes Element von A auch Element von B und jedes Element von B auch Element von A ist. Es gilt: $A = A$ $A = B \Rightarrow B = A$ $A = B \wedge B = C \Rightarrow A = C$	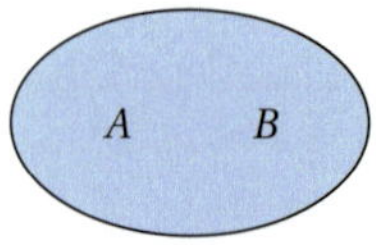
Teilmenge **echte Teilmenge**	Eine Menge A ist **Teilmenge** von B (in Zeichen: $A \subseteq B$), wenn jedes Element von A auch Element von B ist. Gibt es mindestens ein Element in B, das nicht zu A gehört, so ist A **echte Teilmenge** von B (in Zeichen: $A \subset B$). Es gilt: $A \subseteq A$ $A \subseteq B \wedge B \subseteq A \Rightarrow A = B$ $A \not\subset A$ $A \subseteq B \wedge B \subseteq C \Rightarrow A \subseteq C$	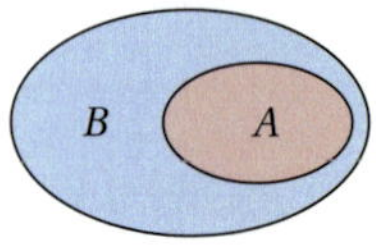
äquivalente Mengen	Eine Menge A ist **äquivalent (gleichmächtig)** zu einer Menge B (in Zeichen: $A \sim B$), wenn eine eineindeutige Abbildung der einen auf die andere Menge existiert. Es gilt: $A \sim B \wedge B \sim C \Rightarrow A \sim C$	$\mathbb{N} \sim \mathbb{Z}$ $\mathbb{N} \sim \mathbb{Q}$ $\mathbb{N} \nsim \mathbb{R}$
Komplementärmenge	Ist A Teilmenge von B, so ist die **Komplementärmenge von A bezüglich B** (in Zeichen: $\bar{A}$) diejenige Teilmenge von B, die alle Elemente enthält, die nicht zu A gehören. Es gilt: $\overline{A \cup B} = \bar{A} \cap \bar{B}$ $\overline{A \cap B} = \bar{A} \cup \bar{B}$ (morgansche Gesetze)	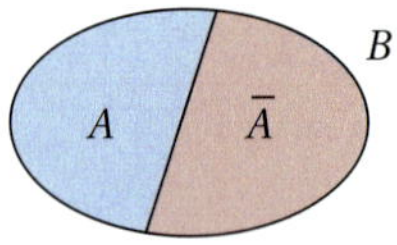
Potenzmenge	Die **Potenzmenge** einer Menge A (in Zeichen: $P(A)$) ist die Menge aller Teilmengen von A.	$A = \{a; b\}$ $\Rightarrow P(A) = \{\emptyset; \{a\}; \{b\}; \{a; b\}\}$

Mengenverknüpfungen (Mengenoperationen)

Vereinigungsmenge	Die **Vereinigungsmenge $A \cup B$** ist die Menge aller Elemente, die zu A oder zu B oder zu beiden Mengen gehören. $A \cup B = \{x \mid x \in A \vee x \in B\}$ (*Sprechweise:* „A vereinigt B")	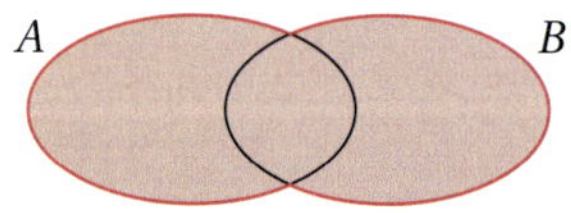
Schnittmenge (Durchschnitt)	Die **Schnittmenge** (bzw. der **Durchschnitt**) **$A \cap B$** ist die Menge aller Elemente, die zu A und gleichzeitig zu B gehören. $A \cap B = \{x \mid x \in A \wedge x \in B\}$ (*Sprechweise:* „A geschnitten B")	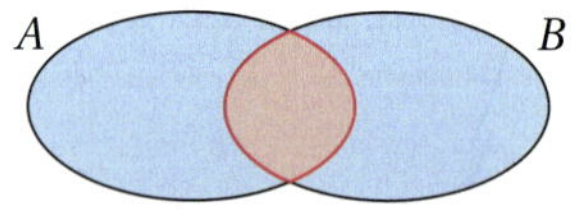
Differenzmenge	Die **Differenzmenge $A \setminus B$** ist die Menge aller Elemente von A, die nicht zu B gehören. $A \setminus B = \{x \mid x \in A \wedge x \notin B\}$ (*Sprechweise:* „A ohne B")	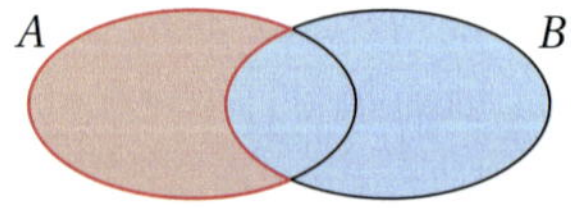
Produktmenge	Die **Produktmenge $A \times B$** ist die Menge aller (geordneten) Paare, deren erstes Glied zu A und deren zweites Glied zu B gehört. $A \times B = \{(x; y) \mid x \in A \wedge y \in B\}$ (*Sprechweise:* „A kreuz B")	$A = \{a; b; c\}$ $B = \{u; v\}$ $\Rightarrow A \times B = \{(a; u); (a; v); (b; u); (b; v); (c; u); (c; v)\}$

Regeln (Gesetze) für das Rechnen mit Mengen		
$A \cup A = A$	$A \cap A = A$	(Idempotenzgesetze)
$A \cup B = B \cup A$	$A \cap B = B \cap A$	(Kommutativgesetze)
$(A \cup B) \cup C = A \cup (B \cup C)$	$(A \cap B) \cap C = A \cap (B \cap C)$	(Assoziativgesetze)
$A \cup (B \cap C) = (A \cup B) \cap (A \cup C)$	$A \cap (B \cup C) = (A \cap B) \cup (A \cap C)$	(Distributivgesetze)
$A \cup (A \cap B) = A$	$A \cap (A \cup B) = A$	(Absorptionsgesetze)
$A \cup \emptyset = A$ $\quad A \setminus A = \emptyset$	$A \cap \emptyset = \emptyset$ $\quad (A \setminus B) \cap B = \emptyset$	(Rechnen mit der leeren Menge)
$A \setminus B = A \setminus (A \cap B) = (A \cup B) \setminus B$ $A \setminus (B \cup C) = (A \setminus B) \cap (A \setminus C)$	$A \setminus (B \cap C) = (A \setminus B) \cup (A \setminus C)$ $A \cup B = (A \setminus B) \cup (B \setminus A) \cup (A \cap B)$	(Rechnen mit Differenzmengen)
Wenn eine der Beziehungen $A \subseteq B$, $A \cup B = B$ bzw. $A \cap B = A$ gilt, folgt daraus die Gültigkeit der anderen beiden.		

Zahlenmengen

Zahlenmenge	Beschreibung	uneingeschränkt ausführbare Grundrechenoperationen
natürliche Zahlen	$\mathbb{N} = \{0; 1; 2; 3; \ldots\}$ $\quad \mathbb{N}^* = \mathbb{N} \setminus \{0\}$	Addition, Multiplikation
ganze Zahlen	$\mathbb{Z} = \{\ldots; -3; -2; -1; 0; 1; 2; 3; \ldots\}$	Addition, Multiplikation, Subtraktion
gebrochene Zahlen	$\mathbb{Q}_+ = \{\frac{p}{q} \mid p, q \in \mathbb{N} \wedge q \neq 0\}$	Addition, Multiplikation, Division (ausgenommen durch 0)
rationale Zahlen	$\mathbb{Q} = \{\frac{p}{q} \mid p, q \in \mathbb{Z} \wedge q \neq 0\}$	Addition, Subtraktion, Multiplikation, Division (ausgenommen durch 0)
reelle Zahlen	$\mathbb{R} = \mathbb{Q} \cup \mathbb{I}$ $\mathbb{I}$ irrationale Zahlen (unendliche nichtperiodische Dezimalbrüche)	Addition, Subtraktion, Multiplikation, Division (ausgenommen durch 0)
komplexe Zahlen	$\mathbb{C} = \{a + b\mathrm{i} \mid a, b \in \mathbb{R} \wedge \mathrm{i}^2 = -1\}$ (↗ S. 12)	Addition, Subtraktion, Multiplikation, Division (ausgenommen durch 0)

Beziehungen zwischen den Zahlenmengen (Zahlenbereichen)

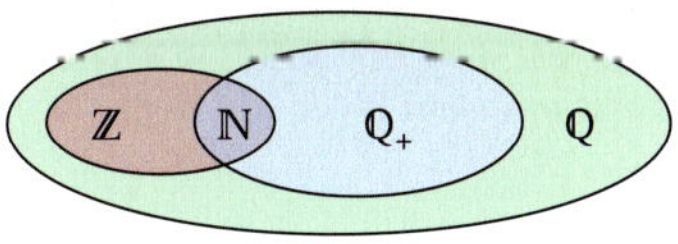

$\mathbb{N} \subset \mathbb{Z}$
$\mathbb{N} \subset \mathbb{Q}_+$
$\mathbb{N} = \mathbb{Z} \cap \mathbb{Q}_+$
$\mathbb{Q}_+ \subset \mathbb{Q}$
$\mathbb{Z} \subset \mathbb{Q}$

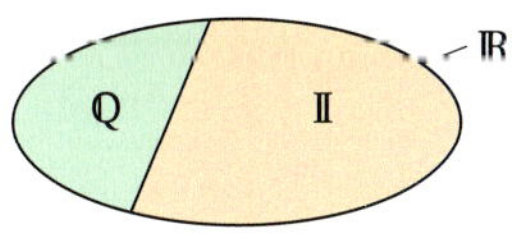

$\mathbb{Q} \subset \mathbb{R}$
$\mathbb{I} \subset \mathbb{R}$
$\mathbb{Q} \cap \mathbb{I} = \emptyset$
$\mathbb{R} \subset \mathbb{C}$

Intervalle (spezielle Teilmengen von ℝ)

abgeschlossenes Intervall von *a* bis *b*	$[a; b] = \{x \in \mathbb{R} \mid a \leq x \leq b\}$	
offenes Intervall von *a* bis *b*	$]a; b[= \{x \in \mathbb{R} \mid a < x < b\}$	
rechtsoffenes Intervall von *a* bis *b*	$[a; b[= \{x \in \mathbb{R} \mid a \leq x < b\}$	
linksoffenes Intervall von *a* bis *b*	$]a; b] = \{x \in \mathbb{R} \mid a < x \leq b\}$	
linksoffenes Intervall von $-\infty$ bis *a*	$]-\infty; a] = \{x \in \mathbb{R} \mid x \leq a\}$	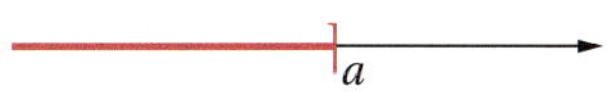
offenes Intervall von *a* bis $+\infty$	$]a; +\infty[= \{x \in \mathbb{R} \mid a < x\}$	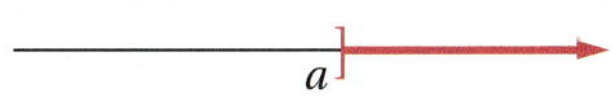

Ma

Aussagenlogik

Es seien p, q, r Variable für Aussagen, die (nur) die Werte *wahr* (W) und *falsch* (F) annehmen können.

Verknüpfung von Aussagen	Verknüpfung	Symbol	Bedeutung
	Negation	$\neg p$	nicht p
	Konjunktion	$p \wedge q$	p und q; sowohl p als auch q
	Disjunktion	$p \vee q$	p oder q (einschließendes ODER)
	Alternative	$p \dot{\vee} q$	entweder p oder q (ausschließendes ODER)
	Implikation	$p \Rightarrow q$	wenn p, dann (so) q
	Äquivalenz	$p \Leftrightarrow q$	p äquivalent zu q; p genau dann, wenn q

Zusammenhänge

$p \Rightarrow q \equiv \neg p \vee q$ $\quad$ $p \Leftrightarrow q \equiv (\neg p \vee q) \wedge (p \vee \neg q)$ $\quad$ $p \Leftrightarrow q \equiv (p \wedge q) \vee (\neg p \wedge \neg q)$

$p \dot{\vee} q \equiv (p \vee q) \wedge (\neg p \vee \neg q)$ $\quad$ $p \dot{\vee} q \equiv (p \wedge \neg q) \vee (\neg p \wedge q)$

Wahrheitswertetafeln

p	q	$\neg p$	$\neg q$	$p \wedge q$	$p \vee q$	$p \dot{\vee} q$	$p \Rightarrow q$	$p \Leftrightarrow q$
W	W	F	F	W	W	F	W	W
W	F	F	W	F	W	W	F	F
F	W	W	F	F	W	W	W	F
F	F	W	W	F	F	F	W	W

Tautologien

Eine Aussagenverbindung heißt **Tautologie,** wenn jede Einsetzung eine wahre Aussage liefert.

$p \vee \neg p$	(Gesetz vom ausgeschlossenen Dritten)	$p \wedge (p \Rightarrow q) \Rightarrow q$	(Abtrennungsregel)
$\neg(\neg p) \Leftrightarrow p$	(Gesetz von der doppelten Verneinung)	$p \wedge (\neg q \Rightarrow \neg p) \Rightarrow q$	(indirekter Schluss)
$(p \Rightarrow q) \wedge (q \Rightarrow r) \Rightarrow (p \Rightarrow r)$	(Kettenschluss)	$(p \Rightarrow q) \Leftrightarrow (\neg q \Rightarrow \neg p)$	(Kontraposition)

Rechenregeln und Rechenverfahren

Teiler und Vielfache natürlicher Zahlen

$a, b, n \in \mathbb{N}^*$

Teiler	Vielfache
a heißt **Teiler** von b, wenn es ein $n \in \mathbb{N}^*$ gibt, sodass $a \cdot n = b$ gilt. (*Schreibweise:* $a \mid b$)	b heißt **Vielfaches** von a, wenn a ein Teiler von b ist.
Eine natürliche Zahl heißt **gemeinsamer Teiler** von a und b, wenn sie sowohl a als auch b teilt. Der **größte gemeinsame Teiler** zweier Zahlen a und b wird mit ggT(a, b) bezeichnet.	Eine natürliche Zahl heißt **gemeinsames Vielfaches** von a und b, wenn sowohl a als auch b Teiler dieser Zahl sind. Das **kleinste gemeinsame Vielfache** zweier Zahlen a und b wird mit kgV(a, b) bezeichnet.
Bestimmung des ggT(a, b) mittels Primfaktorzerlegung: $a = 18 = 2 \cdot 3 \cdot 3$ $b = 60 = 2 \cdot 2 \cdot 3 \cdot 5 \quad \Rightarrow \quad \text{ggT}(18, 60) = 2 \cdot 3 = 6$	Bestimmung des kgV(a, b) mittels Primfaktorzerlegung: $a = 18 = 2 \cdot 3 \cdot 3$ $b = 60 = 2 \cdot 2 \cdot 3 \cdot 5 \quad \Rightarrow \quad \text{kgV}(18, 60) = 2^2 \cdot 3^2 \cdot 5 = 180$
Bestimmung des ggT(a, b) mithilfe des **euklidischen Algorithmus:** $a : b = c_1$, Rest $b_1 \quad b_1 \neq 0$ $b : b_1 = c_2$, Rest $b_2 \quad b_2 \neq 0$ $b_1 : b_2 = c_3$, Rest $b_3 \quad b_3 \neq 0$ ⋮ $b_{n-2} : \mathbf{b_{n-1}} = c_n$, Rest $\mathbf{0} \Rightarrow \text{ggT}(a, b) = b_{n-1}$	Bestimmung des kgV(a, b) mithilfe der folgenden Beziehung und des **euklidischen Algorithmus:** $\text{kgV}(a, b) = \frac{a \cdot b}{\text{ggT}(a, b)}$

Ma

Rechnen mit Brüchen (Bruchrechnung)

$a, b, c, d \in \mathbb{Z}$; Nenner $\neq 0$

Bruch	$\frac{a}{b}$ heißt **Bruch,** a heißt **Zähler** und b **Nenner** des Bruches.
Kehrwert	Der Bruch $\frac{b}{a}$ heißt **Kehrwert (Reziprokes)** von $\frac{a}{b}$. Es gilt: $\frac{a}{b} \cdot \frac{b}{a} = 1$
Erweitern und Kürzen	*Erweitern:* $\frac{a}{b} = \frac{a \cdot c}{b \cdot c}$ $(c \neq 0)$ *Kürzen:* $\frac{a}{b} = \frac{a : c}{b : c}$ $(c \neq 0 \wedge c \mid a \wedge c \mid b)$
Addition und Subtraktion	$\frac{a}{b} \pm \frac{c}{b} = \frac{a \pm c}{b}$ (gleichnamige Brüche) $\frac{a}{b} \pm \frac{c}{d} = \frac{a \cdot d \pm b \cdot c}{b \cdot d}$ (ungleichnamige Brüche)
Multiplikation und Division	$\frac{a}{b} \cdot \frac{c}{d} = \frac{a \cdot c}{b \cdot d}$ $\frac{a}{b} : \frac{c}{d} = \frac{a}{b} \cdot \frac{d}{c} = \frac{a \cdot d}{b \cdot c}$

Rechnen mit positiven und negativen (reellen) Zahlen

$a, b \in \mathbb{R}$; Nenner $\neq 0$

Betrag einer Zahl	$\lvert a \rvert = \begin{cases} a, & \text{wenn } a \geq 0 \\ -a, & \text{wenn } a < 0 \end{cases}$ Der (absolute) **Betrag** einer Zahl entspricht dem Abstand dieser Zahl vom Nullpunkt O auf der Zahlengeraden.
Rechnen mit Beträgen	$\lvert a \rvert = \lvert -a \rvert$ $\lvert a \rvert \geq 0$ $\pm a \leq \lvert a \rvert$ $\lvert a \cdot b \rvert = \lvert a \rvert \cdot \lvert b \rvert$ $\left\lvert \frac{a}{b} \right\rvert = \frac{\lvert a \rvert}{\lvert b \rvert}$ $\lvert a \rvert - \lvert b \rvert \leq \lvert a + b \rvert \leq \lvert a \rvert + \lvert b \rvert$ **(Dreiecksungleichung)** $\lvert a \rvert - \lvert b \rvert \leq \lvert a - b \rvert \leq \lvert a \rvert + \lvert b \rvert$ $\lvert a_1 + a_2 + \ldots + a_n \rvert \leq \lvert a_1 \rvert + \lvert a_2 \rvert + \ldots + \lvert a_n \rvert$
Rechenregeln	$a - (-b) = a + b$ $-a - b = -(a + b)$ $(-a) - (-b) = -a + b$ $a \cdot (-b) = -ab$ $(-a) \cdot b = -ab$ $(-a) \cdot (-b) = +ab$ $a : (-b) = -\frac{a}{b}$ $(-a) : b = -\frac{a}{b}$ $(-a) : (-b) = +\frac{a}{b}$

Termumformungen

a, b, c, d in $\mathbb{R}$ erklärte Terme

Rechengesetze	$a + b = b + a$	$a \cdot b = b \cdot a$	(Kommutativgesetze)
	$a + (b + c) = (a + b) + c$	$a \cdot (b \cdot c) = (a \cdot b) \cdot c$	(Assoziativgesetze)
	$a \cdot (b + c) = a \cdot b + a \cdot c$		(Distributivgesetz)
binomische Formeln	$(a + b)^2 = a^2 + 2ab + b^2$	$(a - b)^2 = a^2 - 2ab + b^2$	$(a + b)(a - b) = a^2 - b^2$

Potenzen und Wurzeln

Nenner $\neq 0$

	Potenzen	**Wurzeln**
Definitionen	$a^n = \underbrace{a \cdot a \cdot \ldots \cdot a}_{n \text{ Faktoren } a}$ $(a \in \mathbb{R} \setminus \{0\}, n \in \mathbb{N})$ a heißt **Basis** und n **Exponent.** $a^0 = 1$ $a^1 = a$ $a^{-n} = \frac{1}{a^n}$	$\sqrt[n]{a} = b \Leftrightarrow b^n = a \wedge b > 0$ $(a \in \mathbb{R}, a \geq 0, n \in \mathbb{N}^* \setminus \{1\})$ a heißt **Radikand** und n **Wurzelexponent.** $\sqrt[2]{a} = \sqrt{a}$
Sätze (Potenz- und Wurzelgesetze)	Für alle $m, n \in \mathbb{Z}$ und $a, b \in \mathbb{R} \setminus \{0\}$ gilt: $a^m \cdot a^n = a^{m+n}$ $a^n \cdot b^n = (a \cdot b)^n$ $\frac{a^m}{a^n} = a^{m-n}$ $\frac{a^n}{b^n} = (\frac{a}{b})^n$ $(a^m)^n = a^{mn} = (a^n)^m$	Für alle $m, n \in \mathbb{N}^* \setminus \{1\}$ und $a, b \in \mathbb{R}, a, b \geq 0$ gilt: $\sqrt[m]{a} \cdot \sqrt[n]{a} = \sqrt[mn]{a^{m+n}}$ $\sqrt[n]{a} \cdot \sqrt[n]{b} = \sqrt[n]{a \cdot b}$ $\frac{\sqrt[m]{a}}{\sqrt[n]{a}} = \sqrt[mn]{a^{n-m}}$ $\frac{\sqrt[n]{a}}{\sqrt[n]{b}} = \sqrt[n]{\frac{a}{b}}$ $\sqrt[n]{\sqrt[m]{a}} = \sqrt[mn]{a} = \sqrt[m]{\sqrt[n]{a}}$
	$\frac{1}{a^{-n}} = a^n$ $(\frac{a}{b})^{-n} = (\frac{b}{a})^n$	$\sqrt[n]{a^m} = (\sqrt[n]{a})^m$ $\sqrt[n]{a^m} = \sqrt[nk]{a^{mk}}$ $(k \in \mathbb{N}^*)$
	Für alle $m, n \in \mathbb{N}$, $n \geq 2$ und $a \in \mathbb{R}$, $a > 0$ gilt: $a^{\frac{1}{n}} = \sqrt[n]{a}$ $a^{-\frac{1}{n}} = \frac{1}{\sqrt[n]{a}}$ $a^{\frac{m}{n}} = \sqrt[n]{a^m}$ $a^{-\frac{m}{n}} = \frac{1}{\sqrt[n]{a^m}}$	

Logarithmen

$a, b \in \mathbb{R};\; a, b > 0;\; a \neq 1$

Definition	$\log_a b = c \Leftrightarrow a^c = b$ a heißt **Basis,** b **Numerus** und c **Logarithmus.** $a^{\log_a b} = b$ $\log_a a = 1$ $\log_a 1 = 0$
Logarithmen spezieller Basen	$\log_{10} x = \lg x$ (dekadischer Logarithmus) $\log_e x = \ln x$ (natürlicher Logarithmus; e eulersche Zahl, ↗ S. 5)
Logarithmengesetze	Für alle $u, v \in \mathbb{R};\; u, v > 0$ gilt: $\log_a(u \cdot v) = \log_a u + \log_a v$ $\log_a \frac{u}{v} = \log_a u - \log_a v$ $\log_a u^r = r \log_a u \quad (r \in \mathbb{R})$ $\log_a \sqrt[n]{u} = \frac{1}{n}\log_a u \quad (n \in \mathbb{N}^* \setminus \{1\})$
Basiswechsel	$\log_a b \cdot \log_b a = 1$ $\log_c b = \frac{\log_a b}{\log_a c} = \frac{\ln b}{\ln c} = \frac{\lg b}{\lg c}$ $a^c = e^{c \cdot \ln a} \quad (c \in \mathbb{R})$ $\lg x = M \ln x \quad (M = \lg e = 0{,}434\,29\ldots)$ $\ln x = \frac{1}{M}\lg x \quad (\frac{1}{M} = \ln 10 = 2{,}302\,58\ldots)$

Komplexe Zahlen

$a, b, r \in \mathbb{R};\; r \geq 0;\; 0 \leq \varphi < 2\pi$

Es sei $\mathbb{C} = \{z \mid z = a + bi;\; a, b \in \mathbb{R} \wedge i^2 = -1\}$ die Menge der komplexen Zahlen (↗ S. 9).

Normalform	$z = a + bi \quad (i^2 = -1)$ (a **Realteil;** bi **Imaginärteil** von z) $z = a + bi \quad \bar{z} = a - bi$ (zueinander) konjugiert komplexe Zahlen
Polarform (trigonometrische Form)	$z = r(\cos\varphi + i \sin\varphi) \quad (i^2 = -1)$ (r **Betrag** von z; φ **Argument** bzw. **Phase** von z)
Exponentialform	$z = r \cdot e^{i\varphi}$ mit $e^{i\varphi} = \cos\varphi + i\sin\varphi$ (eulersche Formel, φ im Bogenmaß)
Zusammenhänge	$r = \sqrt{a^2 + b^2};\; \cos\varphi = \frac{a}{r};\; \sin\varphi = \frac{b}{r};\; \tan\varphi = \frac{b}{a}$

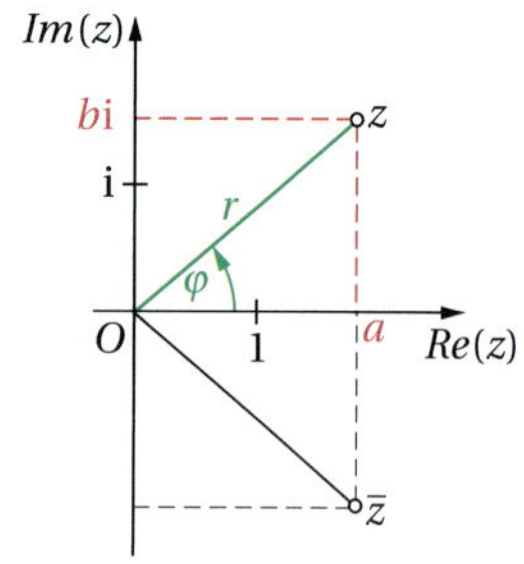

Rechenregeln

Für die Potenzen der **imaginären Einheit** i gilt:
$i^{4n} = 1;\quad i^{4n+1} = i;\quad i^{4n+2} = -1;\quad i^{4n+3} = -i \quad (n \in \mathbb{Z})$

Für $z_1 = a_1 + b_1 i$ und $z_2 = a_2 + b_2 i$ gilt:

$z_1 \pm z_2 = (a_1 \pm a_2) + (b_1 \pm b_2)i$

$z_1 \cdot z_2 = (a_1 a_2 - b_1 b_2) + (a_1 b_2 + a_2 b_1)i$

$\frac{z_1}{z_2} = \frac{z_1 \cdot \bar{z}_2}{z_2 \cdot \bar{z}_2} = \frac{a_1 a_2 + b_1 b_2 + (a_2 b_1 - a_1 b_2)i}{a_2^2 + b_2^2} \quad (z_2 \neq 0 + 0 \cdot i)$

$z^2 = a^2 + 2abi - b^2$

$z^3 = a^3 + 3a^2 bi - 3ab^2 - b^3 i$

$z^4 = a^4 + 4a^3 bi - 6a^2 b^2 - 4ab^3 i + b^4$

usw.

Für $z_1 = r_1(\cos\varphi_1 + i\sin\varphi_1)$ und $z_2 = r_2(\cos\varphi_2 + i\sin\varphi_2)$ gilt:

$z_1 \pm z_2 = (r_1\cos\varphi_1 \pm r_2\cos\varphi_2) + (r_1\sin\varphi_1 \pm r_2\sin\varphi_2)i$

$z_1 \cdot z_2 = r_1 \cdot r_2[\cos(\varphi_1 + \varphi_2) + i\sin(\varphi_1 + \varphi_2)]$

$\frac{z_1}{z_2} = \frac{r_1}{r_2}[\cos(\varphi_1 - \varphi_2) + i\sin(\varphi_1 - \varphi_2)] \quad (z_2 \neq 0 + 0 \cdot i)$

$z^n = r^n(\cos n\varphi + i\sin n\varphi) \quad (n \in \mathbb{Z}$, Satz von MOIVRE$)$

$\sqrt[n]{z} = \sqrt[n]{r}\left(\cos\frac{\varphi + 2k\pi}{n} + i\sin\frac{\varphi + 2k\pi}{n}\right)$

$(n \in \mathbb{N}^*;\; k \in \{0; 1; 2; \ldots; (n-1)\})$

Für $z_1 = r_1 \cdot e^{i\varphi_1}$ und $z_2 = r_2 \cdot e^{i\varphi_2}$ gilt:

$z_1 \cdot z_2 = r_1 \cdot r_2 e^{i(\varphi_1 + \varphi_2)}$ $\frac{z_1}{z_2} = \frac{r_1}{r_2} \cdot e^{i(\varphi_1 - \varphi_2)} \quad (z_2 \neq 0 + 0 \cdot i)$ $z^n = r^n e^{in\varphi} \quad (n \in \mathbb{Z})$

$\overline{z + w} = \bar{z} + \bar{w}$ $\overline{z \cdot w} = \bar{z} \cdot \bar{w}$ $z + \bar{z} = 2a$ $z - \bar{z} = 2bi$ $z \cdot \bar{z} = a^2 + b^2 = |z|^2 = r^2$

Proportionen und Anwendungen

$a, b, c, d, k, a_i \in \mathbb{R}$; $k \neq 0$; Nenner $\neq 0$

	direkte Proportionalität	indirekte (umgekehrte) Proportionalität
Sachverhalt	Größe x | a | c (→); Größe y | b | d (→) — je mehr, desto mehr ($y \sim x$)	Größe x | a | c (→); Größe y | b | d (←) — je mehr, desto weniger ($y \sim \frac{1}{x}$)
Verhältnisgleichung	$\frac{a}{c} = \frac{b}{d} \Rightarrow a \cdot d = b \cdot c$	$\frac{a}{c} = \frac{d}{b} \Rightarrow a \cdot b = c \cdot d$
Proportionalitätsfaktor k	$\left.\begin{matrix} b = k \cdot a \\ d = k \cdot c \end{matrix}\right\} \Rightarrow k = \frac{b}{a} = \frac{d}{c}$ (quotientengleich)	$\left.\begin{matrix} b = k \cdot \frac{1}{a} \\ d = k \cdot \frac{1}{c} \end{matrix}\right\} \Rightarrow k = a \cdot b = c \cdot d$ (produktgleich)

Währungsrechnen

$\frac{\text{AW}}{\text{EUR}} = \frac{\text{Kurs}}{100}$ bzw.

$\frac{\text{AW}(\$, £)}{\text{EUR}} = \text{Kurs}$

AW Auslandswährung; EUR Euro-Betrag;
Kurs Umrechnungsverhältnis zwischen Devisen bezogen auf 100 €;
Ausnahmen: Dollar ($) und Pfund Sterling (£)

Dreisatz

Verfahren, durch das mit drei gegebenen Größen eine vierte errechnet wird

In allen Dreisatzaufgaben sind die auftretenden Größen direkt oder indirekt proportional.

Schritte:
(1) Schluss vom Wert der bekannten Mehrheit
(2) auf den Wert für eine Mengeneinheit und
(3) von dieser Einheit auf die gesuchte Mehrheit

Mischungsrechnen

P Preis; M Menge, Anteil

Berechnen des Mischungsverhältnisses von zwei Sorten bei vorgegebenen Preisen

	Preis/Mengeneinheit	Unterschied zu P_G	gekürzt	Anteil
Sorte 1:	P_1	$\lvert P_G - P_1 \rvert$	x ↘	↗ $y = M_1$
Mischung:	P_G			
Sorte 2:	P_2	$\lvert P_G - P_2 \rvert$	y ↗	↘ $x = M_2$

$$\left|\frac{P_G - P_2}{P_G - P_1}\right| = \frac{M_1}{M_2} = \frac{y}{x}$$

Mischungskreuz-Regel: Die zu mischenden Sorten sind im umgekehrten Verhältnis ihrer Preisdifferenzen zur Mischungssorte zu mischen (↗ auch Mischungskreuz in der Chemie, S. 135).

Mittelwerte

arithmetisches Mittel $\bar{x}$	$\frac{a - \bar{x}}{\bar{x} - b} = \frac{1}{1} \Rightarrow \bar{x} = \frac{a+b}{2}$	Für zwei Werte a und b gilt: $h \leq g \leq \bar{x}$; $g = \sqrt{h \cdot \bar{x}}$ (Verallgemeinerung für mehr als zwei Werte ↗ S. 49)
geometrisches Mittel g (mittlere Proportionale)	$\frac{a}{g} = \frac{g}{b} \Rightarrow g = \sqrt{ab}$ $(a, b > 0)$	
harmonisches Mittel h	$\frac{a-h}{h-b} = \frac{a}{b} \Rightarrow h = \frac{2ab}{a+b}$	
goldener Schnitt (stetige Teilung einer Strecke)	$\frac{a}{x} = \frac{x}{a-x} \Rightarrow x = \frac{\sqrt{5}-1}{2} \cdot a \approx 0{,}618 \cdot a$ Konstruktion des Teilpunktes T der Strecke $a = \overline{P_1P_2}$ mit $r = \frac{a}{2}$ (s. Abb.)	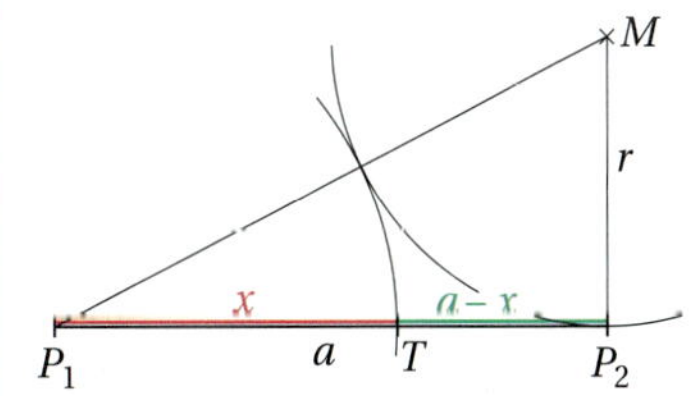

Prozentrechnung

Grundgleichung	$\frac{W}{p} = \frac{G}{100}$ bzw. $\frac{W}{G} = p\,\%$	G Grundwert; $p\,\% = \frac{p}{100}$ Prozentsatz; W Prozentwert; $p\,‰ = \frac{p}{1000}$ Promillesatz
vermehrter (verminderter) Grundwert	$\bar{G} = G \cdot (\frac{100+p}{100})$ nach prozentualem Zuschlag (Aufschlag)	$\bar{G} = G \cdot (\frac{100-p}{100})$ nach prozentualem Abschlag (Abzug)

„Bequeme" Prozentsätze

Prozentsatz	1 %	2 %	$2\frac{1}{2}$ %	4 %	5 %	$6\frac{1}{4}$ %	$6\frac{2}{3}$ %	$12\frac{1}{2}$ %	20 %	25 %	$33\frac{1}{3}$ %	50 %	$66\frac{2}{3}$ %	75 %
Anteil am Grundwert	$\frac{1}{100}$	$\frac{1}{50}$	$\frac{1}{40}$	$\frac{1}{25}$	$\frac{1}{20}$	$\frac{1}{16}$	$\frac{1}{15}$	$\frac{1}{8}$	$\frac{1}{5}$	$\frac{1}{4}$	$\frac{1}{3}$	$\frac{1}{2}$	$\frac{2}{3}$	$\frac{3}{4}$

Zinsrechnung

K Kapital	Z Zinsen	R Rate, Rente
$p\,\%$ Zinssatz des Kapitals	p.a. per annum (pro Jahr)	S Schuld, Darlehen
# Zinszahl (# = 1 % · $K \cdot t$))	q Zinsfaktor ($q = \frac{100+p}{100} = 1 + \frac{p}{100}$)	D Zinsdivisor ($D = \frac{360}{p}$)
t Anzahl der Tage	m Anzahl der Monate	n Anzahl der Jahre

1 Jahr ≙ 360 Tage; 1 Monat ≙ 30 Tage (im deutschen Bankwesen)

Jahreszinsen	**Monatszinsen**	**Tageszinsen (Diskont)**
$Z = \frac{K \cdot p}{100}$ $\quad Z_n = \frac{K \cdot p \cdot n}{100}$	$Z_m = \frac{K \cdot p \cdot m}{100 \cdot 12}$	$Z_t = \frac{K \cdot p \cdot t}{100 \cdot 360} = \frac{\#}{D}$

Rendite (effektive Jahresverzinsung)	**Zinseszinsen (Endwert K_n des Anfangskapitals K_0 nach n Jahren)**
$p = \frac{Z \cdot 100}{K}$	$K_n = K_0 \cdot q^n = K_0 \cdot (\frac{100+p}{100})^n$ $\quad n = \frac{\lg K_n - \lg K_0}{\lg q}$

Einige Zinsdivisoren (sinnvoll zur Berechnung von Tageszinsen und des Diskonts beim Diskontieren)

Zinssatz	2 %	$2\frac{1}{2}$ %	$2\frac{2}{3}$ %	3 %	$3\frac{1}{3}$ %	$3\frac{3}{4}$ %	4 %	$4\frac{1}{2}$ %	5 %	6 %	$6\frac{2}{3}$ %	$7\frac{1}{2}$ %	8 %	9 %	10 %
Zinsdivisor	180	144	135	120	108	96	90	80	72	60	54	48	45	40	36

Rentenformeln; Schuldentilgungsformeln

Zahlungsendwert (nachschüssig)	Wird am Jahresende regelmäßig ein Betrag R eingezahlt und mit $p\,\%$ p.a. verzinst, so beträgt das Kapital nach n Jahren:	$K_n = \frac{R(q^n - 1)}{q - 1}$
Zahlungsendwert (vorschüssig)	Wird am Jahresanfang regelmäßig ein Betrag R eingezahlt und mit $p\,\%$ p.a. verzinst, so beträgt das Kapital nach n Jahren:	$K_n = \frac{Rq(q^n - 1)}{q - 1}$
Vermehrung (Verminderung) eines Kapitals durch Raten (nachschüssig)	Wird ein vorhandener Betrag K_0 durch die Zahlung eines festen Betrages R jeweils am Jahresende vermehrt (durch Abhebung von R vermindert), so beträgt bei $p\,\%$ p.a. Zinsen das Kapital nach n Jahren:	$K_n = K_0 \cdot q^n + \frac{R(q^n - 1)}{q - 1}$ $K_n = K_0 \cdot q^n - \frac{R(q^n - 1)}{q - 1}$
Vermehrung (Verminderung) eines Kapitals durch Raten (vorschüssig)	Wird ein vorhandener Betrag K_0 durch die Zahlung eines festen Betrages R jeweils am Jahresanfang vermehrt (durch Abhebung von R vermindert), so beträgt bei $p\,\%$ p.a. Zinsen das Kapital nach n Jahren:	$K_n = K_0 \cdot q^n + \frac{Rq(q^n - 1)}{q - 1}$ $K_n = K_0 \cdot q^n - \frac{Rq(q^n - 1)}{q - 1}$
Tilgungsrate einer Schuld	Soll eine Schuld S in n Jahren bei einem Zinssatz $p\,\%$ p.a. durch regelmäßige Ratenzahlungen jeweils am Jahresende getilgt werden, so beträgt die Rate R:	$R = \frac{Sq^n(q - 1)}{q^n - 1}$

Gleichungen

Lineare Gleichungen

$a, b, c \in \mathbb{R}$

	lineare Gleichungen mit einer Variablen	lineare Gleichungen mit zwei Variablen
Normalform	$ax + b = 0 \quad (a, b = \text{const.};\ a \neq 0)$	$ax + by = c \quad (a, b, c = \text{const.};\ a, b \neq 0)$
Lösungsmenge	$L = \{-\frac{b}{a}\}$	$L = \{(x; y)\}$ mit $y = -\frac{a}{b}x + \frac{c}{b}$

Lineare Gleichungssysteme aus zwei Gleichungen mit zwei Variablen

$a_i, b_i, c_i \in \mathbb{R};\ i \in \mathbb{N}^*$

Normalform	(I) $a_1x + b_1y = c_1$ (II) $a_2x + b_2y = c_2$	$(a_i, b_i, c_i = \text{const.})$
Lösungsformeln (cramersche Regel)	$x = \frac{c_1b_2 - c_2b_1}{a_1b_2 - a_2b_1}$ $y = \frac{a_1c_2 - a_2c_1}{a_1b_2 - a_2b_1}$	$(a_1b_2 - a_2b_1 \neq 0)$
Rechnerisches Lösen (Lösungsverfahren)		
Einsetzungsverfahren	Eine der Gleichungen wird nach einer der Variablen aufgelöst und der erhaltene Term wird in die andere Gleichung eingesetzt, sodass eine lineare Gleichung mit einer Variablen entsteht.	
Gleichsetzungsverfahren	Beide Gleichungen werden nach ein und derselben Variablen aufgelöst und die erhaltenen Terme werden gleichgesetzt, sodass eine lineare Gleichung mit einer Variablen entsteht.	
Additionsverfahren	Durch äquivalentes Umformen wird erreicht, dass die Koeffizienten einer der Variablen in beiden Gleichungen übereinstimmen bzw. sich nur im Vorzeichen unterscheiden. Subtraktion bzw. Addition der so umgeformten Gleichungen führt auf eine lineare Gleichung mit einer Variablen.	
Grafisches Lösen		

Jede der beiden Gleichungen wird als analytischer Ausdruck einer linearen Funktion aufgefasst und es werden die Graphen der entsprechenden Funktionen (die Geraden g und h) in ein Koordinatensystem gezeichnet. Dabei können die im Folgenden dargestellten Fälle auftreten.

1. Fall:	*2. Fall:*	*3. Fall:*
g und h schneiden einander im Punkt $S(x_S; y_S)$	g und h sind zueinander parallel	g und h sind identisch
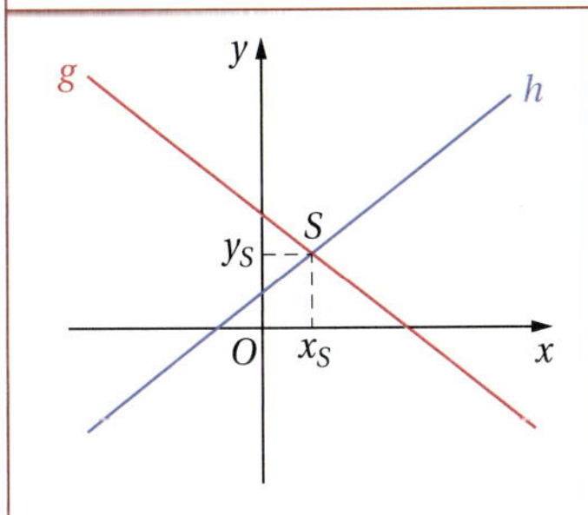	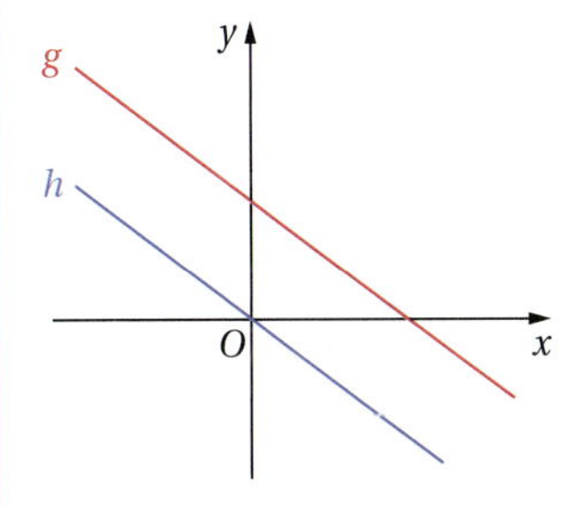	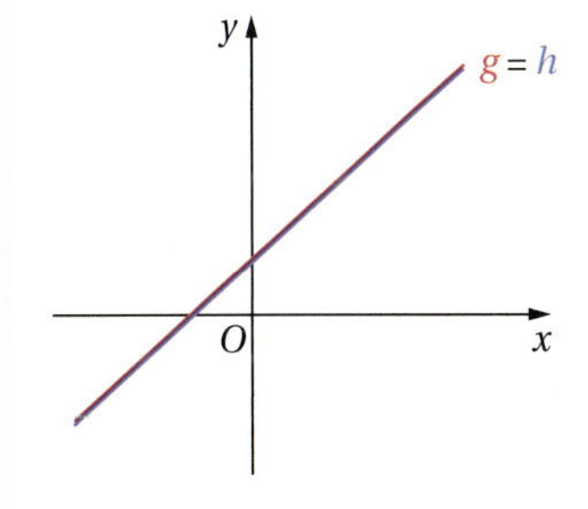
$L = \{(x_S; y_S)\}$ (genau eine Lösung; cramersche Regel)	$L = \{\ \} = \emptyset$ (keine Lösung)	$L = \{(x; y)\}$ mit $y = mx + n$ (unendlich viele Lösungen)

Ma

Quadratische Gleichungen

$a, b, c, p, q \in \mathbb{R}$

	allgemeine Form	Normalform
Gleichung	$ax^2 + bx + c = 0 \quad (a, b, c = \text{const.};\ a \neq 0)$	$x^2 + px + q = 0 \quad (p, q = \text{const.})$
Lösungen	$x_{1;2} = \frac{-b \pm \sqrt{b^2 - 4ac}}{2a}$	$x_{1;2} = -\frac{p}{2} \pm \sqrt{\left(\frac{p}{2}\right)^2 - q} = -\frac{p}{2} \pm \sqrt{\frac{p^2}{4} - q}$
Diskriminante	$D = b^2 - 4ac$	$D = (\frac{p}{2})^2 - q = \frac{p^2}{4} - q$
Lösungsfälle in R	$D > 0 \Rightarrow L = \{x_1; x_2\}$ $D = 0 \Rightarrow L = \{x_1\} = \{x_2\}$ $D < 0 \Rightarrow L = \{\,\} = \emptyset$	
Zerlegung in Linearfaktoren	$ax^2 + bx + c = a(x - x_1)(x - x_2) = 0$	$x^2 + px + q = (x - x_1)(x - x_2) = 0$
vietascher Wurzelsatz	$x_1 + x_2 = -\frac{b}{a} \qquad x_1 \cdot x_2 = \frac{c}{a}$	$x_1 + x_2 = -p \qquad x_1 \cdot x_2 = q$
Spezialfälle	$ax^2 + bx = 0 \Rightarrow x_1 = 0;\ x_2 = -\frac{b}{a}$ $ax^2 + c = 0 \Rightarrow x_{1;2} = \pm\sqrt{-\frac{c}{a}} \quad (ac < 0)$	$x^2 + px = 0 \Rightarrow x_1 = 0;\ x_2 = -p$ $x^2 + q = 0 \Rightarrow x_{1;2} = \pm\sqrt{-q} \quad (q < 0)$
biquadratische Gleichungen	Gleichungen vierten Grades der Form $ax^4 + bx^2 + c = 0$ bzw. $x^4 + px^2 + q = 0$ können mittels der Substitution $x^2 = z$ auf eine quadratische Gleichung in z zurückgeführt werden. Sind z_1 und z_2 nichtnegative Lösungen dieser Gleichung, so sind $x_{1;2} = \pm\sqrt{z_1}$ und $x_{3;4} = \pm\sqrt{z_2}$ die Lösungen der biquadratischen Gleichung.	

Algebraische Gleichungen *n*-ten Grades

$a_i \in \mathbb{R};\ x_i \in \mathbb{C};\ n \in \mathbb{N}$

Begriff (normierte Form)	$P_n(x) = x^n + a_{n-1}x^{n-1} + a_{n-2}x^{n-2} + \ldots + a_2x^2 + a_1x^1 + a_0 = 0$ $P_n(x)$ Polynom
Lösungen (Nullstellen)	$x_1; x_2; x_3; \ldots; x_n$
Fundamentalsatz der Algebra	Jede algebraische Gleichung n-ten Grades hat in der Menge der komplexen Zahlen genau n Lösungen (wobei diese in ihrer Vielfachheit zu zählen sind).
Lösungsverfahren	Ist x_1 eine durch Probieren gefundene Nullstelle, so kann $P_n(x)$ mittels **Polynomdivision** ohne Rest durch $(x - x_1)$ dividiert werden. Man erhält dadurch eine Gleichung (ein Polynom) $(n-1)$-ten Grades und es gilt $P_n(x) = (x - x_1)P_{n-1}(x)$.
Zerlegung in Linearfaktoren	$P_n(x) = x^n + a_{n-1}x^{n-1} + \ldots + a_2x^2 + a_1x^1 + a_0 = (x - x_1)(x - x_2) \cdot \ldots \cdot (x - x_n) = 0$

Exponential- und Logarithmusgleichungen

$a, b \in \mathbb{R};\ a, b > 0;\ a \neq 1$

	Exponentialgleichungen	Logarithmusgleichungen
Gleichung	$a^x = b$	$\log_a x = b$
Lösung	$x = \frac{\log_c b}{\log_c a} = \frac{\lg b}{\lg a} = \frac{\ln b}{\ln a} \quad (c > 0;\ c \neq 1)$	$x = a^b$

Planimetrie

Strahlensätze

Wird ein **Strahlenbüschel** (s_1; s_2; s_3) von **Parallelen** (zueinander parallelen Geraden) g_1 und g_2 geschnitten, so entstehen **Strahlenabschnitte** und **Parallelenabschnitte.**

1. Abschnitte auf *einem* Strahl verhalten sich zueinander wie die *gleichliegenden* Abschnitte auf einem *anderen* Strahl:
   $\frac{\overline{ZA}}{\overline{ZA'}} = \frac{\overline{ZB}}{\overline{ZB'}} = \frac{\overline{ZC}}{\overline{ZC'}}$
2. *Gleichliegende* Parallelenabschnitte verhalten sich zueinander wie die *zugehörigen* Abschnitte auf einem *gemeinsamen* Strahl:
   $\frac{\overline{AB}}{\overline{A'B'}} = \frac{\overline{ZA}}{\overline{ZA'}}$
3. Abschnitte auf *einer* Parallelen verhalten sich zueinander wie die *zugehörigen* Abschnitte auf der *anderen* Parallelen:
   $\frac{\overline{AB}}{\overline{BC}} = \frac{\overline{A'B'}}{\overline{B'C'}}$

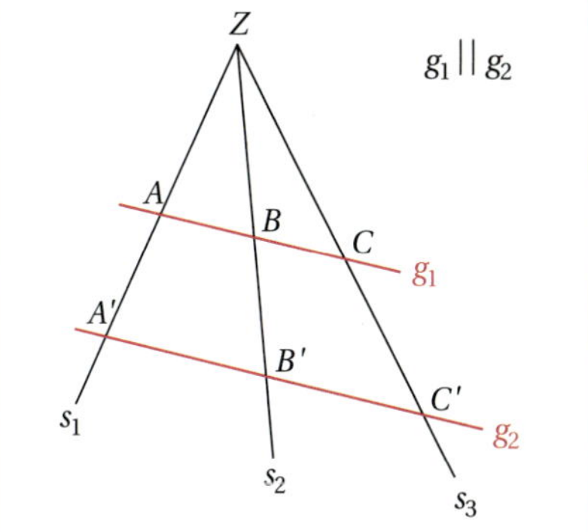

Ähnlichkeits- und Kongruenzsätze für Dreiecke

k Ähnlichkeitsfaktor, $k \in \mathbb{R}$, $k > 0$

Die Dreiecke ABC und $A'B'C'$ sind zueinander **ähnlich** bzw. zueinander **kongruent** (deckungsgleich), wenn eine der folgenden Voraussetzungen erfüllt ist:

Ähnlichkeit	Kongruenz
Die Dreiecke ABC und $A'B'C'$ sind zueinander **ähnlich** bei Übereinstimmung • im Längenverhältnis aller einander entsprechenden Seiten: $a' : a = k;\quad b' : b = k;\quad c' : c = k$ • in den Längenverhältnissen zweier Seiten und im von diesen jeweils eingeschlossenen Winkel, z. B.: $a' : a = k;\quad b' : b = k;\quad \gamma' = \gamma$ • in zwei Winkeln, z. B.: $\beta' = \beta;\quad \gamma' = \gamma$ **(Hauptähnlichkeitssatz)** • in den Längenverhältnissen zweier Seiten und im der jeweils größeren Seite gegenüberliegenden Winkel, z. B.: $a' : a = k;\quad b' : b = k;\quad \beta' = \beta \quad (b > a)$	Die Dreiecke ABC und $A'B'C'$ sind zueinander **kongruent** (deckungsgleich) bei Übereinstimmung • in den drei Seiten: $a' : a = 1;\quad b' : b = 1;\quad c' : c = 1$ **(Kongruenzsatz sss)** • in zwei Seiten und im von diesen eingeschlossenen Winkel, z. B.: $a' : a = 1;\quad b' : b = 1;\quad \gamma' = \gamma$ **(Kongruenzsatz sws)** • in einer Seite und den anliegenden Winkeln, z. B.: $a' : a = 1;\quad \beta' = \beta;\quad \gamma' = \gamma$ **(Kongruenzsatz wsw)** • in zwei Seiten und dem der größeren Seite gegenüberliegenden Winkel, z. B.: $a' : a = 1;\quad b' : b = 1;\quad \beta' = \beta \quad (b > a)$ **(Kongruenzsatz SsW)**
Für die Flächeninhalte zueinander ähnlicher Dreiecke gilt: $\frac{A_{A'B'C'}}{A_{ABC}} = \frac{a'^2}{a^2} = \frac{b'^2}{b^2} = \frac{c'^2}{c^2} = k^2$	Die Flächeninhalte zueinander kongruenter Dreiecke sind gleich.

Die Kongruenz ist ein Spezialfall der Ähnlichkeit ($k = 1$).

Winkel

Zwei Strahlen p und q mit gemeinsamem Anfangspunkt S bilden Winkel (der Größe α bzw. β; Winkelmaße ↗ S. 25).

Den Punkt S nennt man **Scheitelpunkt,** die Strahlen p, q **Schenkel** des Winkels.

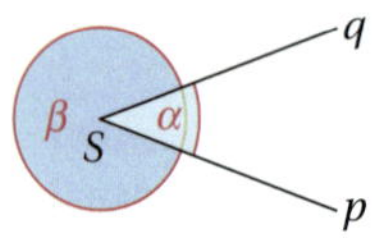

Spezielle Winkel

Nullwinkel	spitzer Winkel	rechter Winkel	stumpfer Winkel	gestreckter Winkel	überstumpfer Winkel	Vollwinkel
	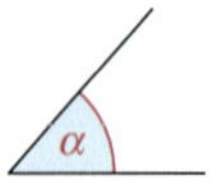	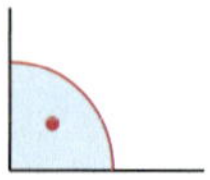	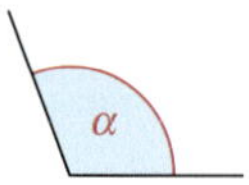	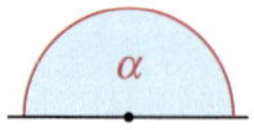	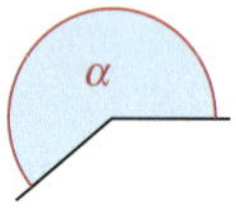	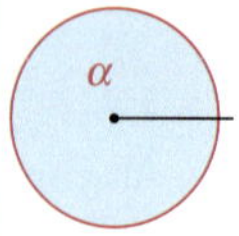
$\alpha = 0°$	$0° < \alpha < 90°$	$\alpha = 90°$	$90° < \alpha < 180°$	$\alpha = 180°$	$180° < \alpha < 360°$	$\alpha = 360°$

Zwei Winkel, die zusammen einen rechten Winkel ergeben (d.h., deren Summe 90° beträgt), heißen **Komplementwinkel.**

Zwei Winkel, die zusammen einen gestreckten Winkel ergeben (d.h., deren Summe 180° beträgt), heißen **Supplementwinkel.**

Winkel an Geraden

Nebenwinkel ergänzen sich zu 180°.	**Scheitelwinkel** sind gleich groß.	**Stufenwinkel** an geschnittenen Parallelen sind gleich groß.	**Wechselwinkel** an geschnittenen Parallelen sind gleich groß.
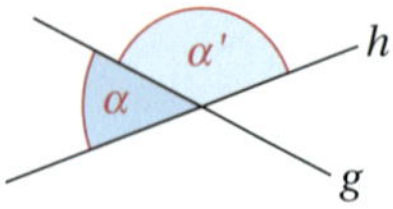	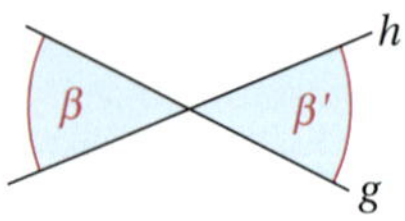	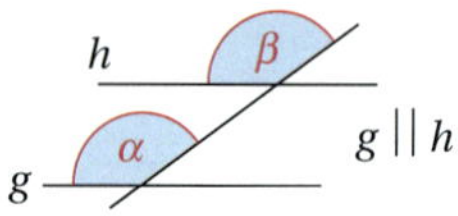	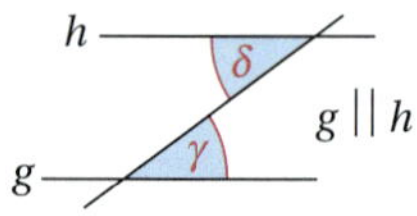
$\alpha + \alpha' = 180°$	$\beta = \beta'$	$\alpha = \beta$	$\gamma = \delta$

Winkel am Dreieck

Die Summe der **Innenwinkel** eines Dreiecks beträgt 180°. **(Innenwinkelsatz)**	$\alpha + \beta + \gamma = 180°$
Jeder **Außenwinkel** eines Dreiecks ist so groß wie die Summe der beiden nicht anliegenden Innenwinkel. **(Außenwinkelsatz)** Die Summe der Außenwinkel eines Dreiecks beträgt 360°.	$\alpha' = \beta + \gamma$ $\beta' = \alpha + \gamma$ $\gamma' = \alpha + \beta$ $\alpha' + \beta' + \gamma' = 360°$

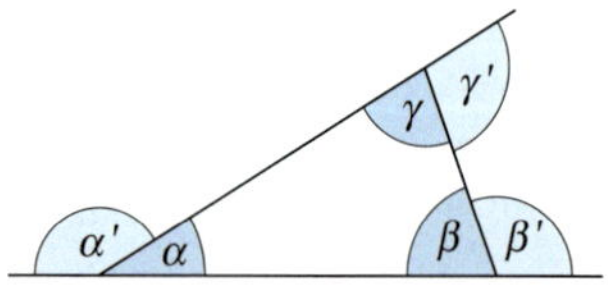

Winkel am Viereck (bzw. Vieleck)

Die Summe der **Innenwinkel** eines Vierecks beträgt 360°. **(Innenwinkelsatz)** *Verallgemeinerung:* Die Summe der Innenwinkel eines n-Ecks beträgt $(n-2) \cdot 180°$.	$\alpha + \beta + \gamma + \delta = 360°$

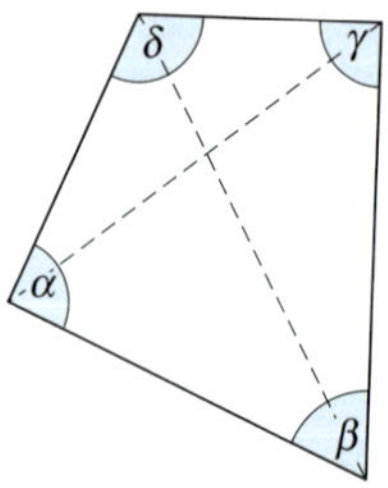

Dreiecke

u Umfang; *A* Flächeninhalt

Begriff	Veranschaulichung	Zusammenhänge
Höhen $(h_a; h_b; h_c)$ **Seitenhalbierende** $(s_a; s_b; s_c)$	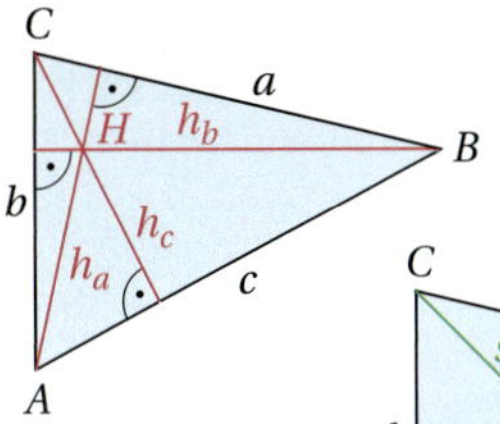 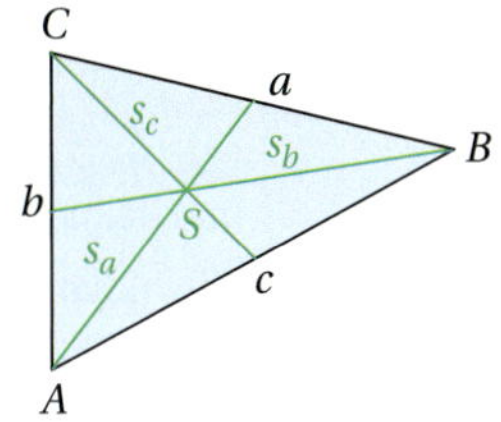	Die Höhen schneiden einander im **Höhenschnittpunkt *H*.** $\frac{h_a}{h_b} = \frac{b}{a}$ Der **Schwerpunkt *S*** teilt jede Seitenhalbierende im Verhältnis 2 : 1. $s_a = \frac{1}{2}\sqrt{2(b^2 + c^2) - a^2}$
Winkelhalbierende $(w_\alpha; w_\beta; w_\gamma)$ **Mittelsenkrechte** $(m_a; m_b; m_c)$	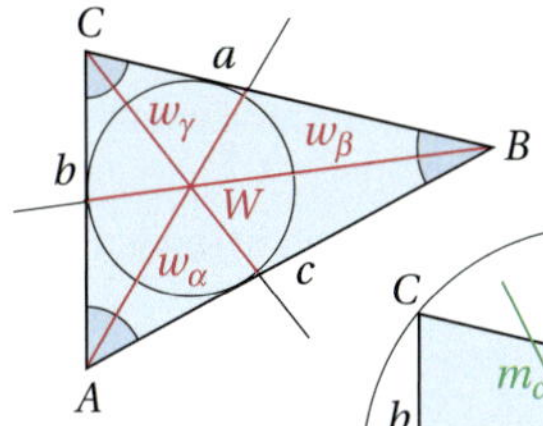 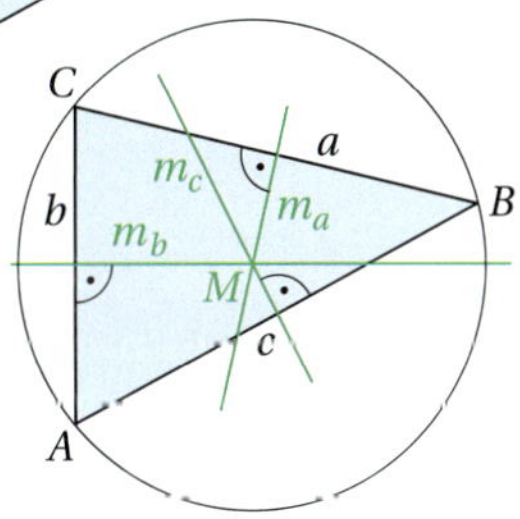	Die Winkelhalbierenden schneiden einander im **Inkreismittelpunkt *W*.** $w_\alpha = \frac{2}{b+c}\sqrt{bcs(s-a)}$ mit $s = \frac{a+b+c}{2} = \frac{u}{2}$ Die Mittelsenkrechten schneiden einander im **Umkreismittelpunkt *M*.**
allgemeines (beliebiges) Dreieck (↗ S. 27)	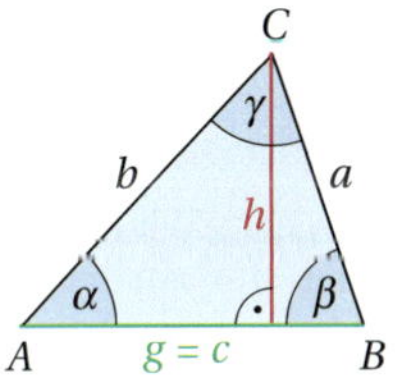 Der kleinsten Seite liegt der kleinste Winkel gegenüber.	$a + b > c;\ b + c > a;\ a + c > b$ **(Dreiecksungleichungen)** $u = a + b + c$ $A = \frac{1}{2}gh = \frac{abc}{4r}$ *r* Umkreisradius $A = \sqrt{s(s-a)(s-b)(s-c)}$ mit $s = \frac{u}{2}$ **(heronsche Formel)**
rechtwinkliges Dreieck (↗ S. 26)	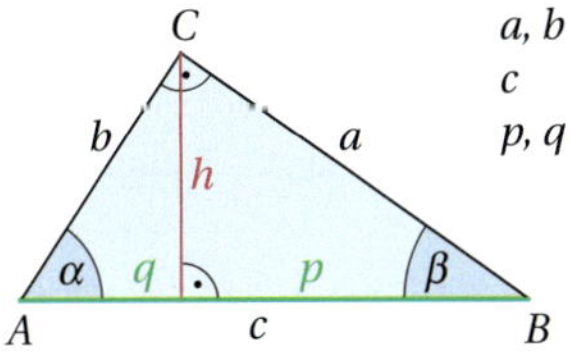 *a, b* Katheten *c* Hypotenuse *p, q* Hypotenusenabschnitte	**Satz des Pythagoras:** $c^2 = a^2 + b^2$ **Höhensatz:** $h^2 = pq$ **Kathetensatz (Satz des Euklid):** $a^2 = cp$ $b^2 = cq$ $u = a + b + c$ $A = \frac{1}{2}ab = \frac{1}{2}ch$
gleichseitiges Dreieck	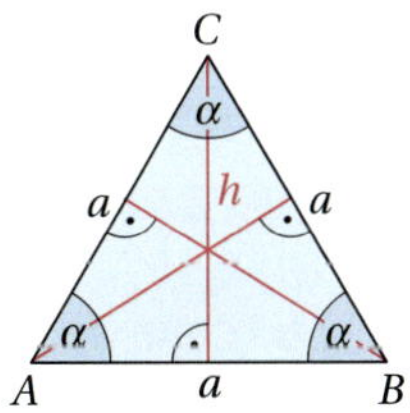	$\alpha = 60°$ $h = \frac{a}{2}\sqrt{3}$ $u = 3a$ $A = \frac{a^2}{4}\sqrt{3}$ Alle Höhen, Seitenhalbierenden und Winkelhalbierenden schneiden einander im gleichen Punkt und sind gleich lang.

Vierecke

u Umfang; *A* Flächeninhalt; *e*, *f* Diagonalen

Begriff	Veranschaulichung	Zusammenhänge
Rechteck	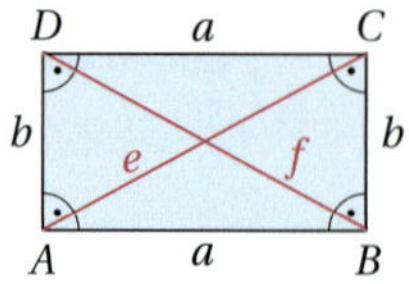	Die Diagonalen sind gleich lang und halbieren einander. Alle Innenwinkel sind gleich groß (90°). Gegenüberliegende Seiten sind zueinander parallel und gleich lang. $e = f = \sqrt{a^2 + b^2}$ $u = 2(a+b)$ $A = ab$
Quadrat	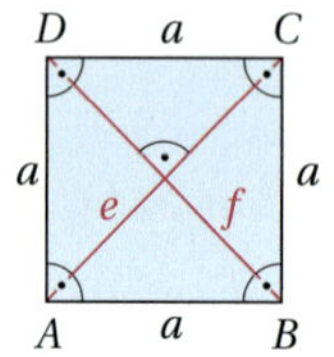	Die Diagonalen sind zueinander senkrecht, gleich lang und halbieren einander. Alle Innenwinkel sind gleich groß (90°). Alle Seiten sind gleich lang. $e = f = a\sqrt{2}$ $u = 4a$ $A = a^2 = \frac{1}{2}e^2$
Rhombus (Raute)	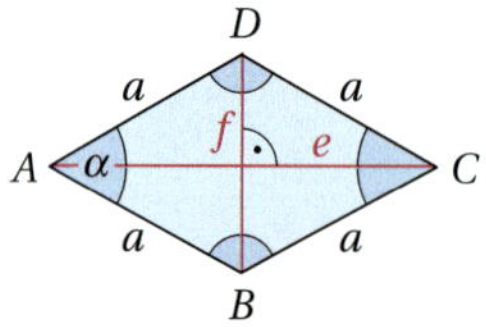	Die Diagonalen sind zueinander senkrecht und halbieren einander. Alle Seiten sind gleich lang. Gegenüberliegende Seiten sind zueinander parallel. $e^2 = 4a^2 - f^2$ $u = 4a$ $A = \frac{1}{2}ef = a^2 \sin\alpha$
Trapez	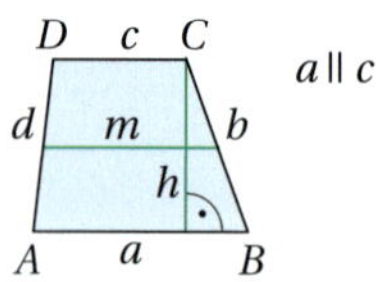	Mindestens zwei Seiten sind zueinander parallel. $m = \frac{1}{2}(a+c)$ $u = a+b+c+d$ $A = mh = \frac{1}{2}(a+c)h$ *m* Mittelparallele (Mittellinie)
Parallelogramm (Rhomboid)	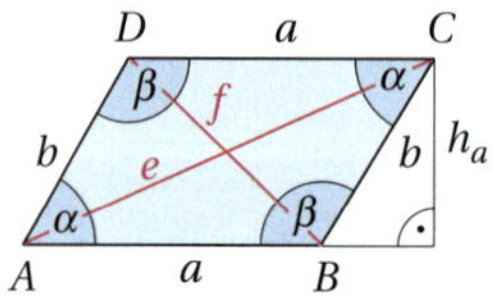	Die Diagonalen halbieren einander. Gegenüberliegende Winkel sind gleich groß. Gegenüberliegende Seiten sind zueinander parallel und gleich lang. $2(a^2 + b^2) = e^2 + f^2$ $u = 2(a+b)$ $\alpha + \beta = 180°$ $A = ah_a = ab\sin\alpha$
Drachenviereck	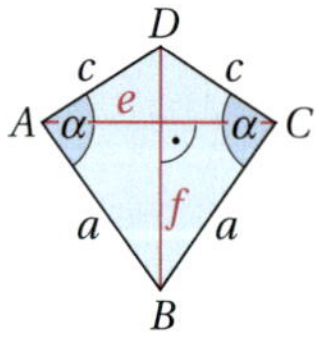	Die Diagonalen sind zueinander senkrecht. Mindestens zwei gegenüberliegende Winkel sind gleich groß. $u = 2(a+c)$ $A = \frac{1}{2}ef$
Sehnenviereck	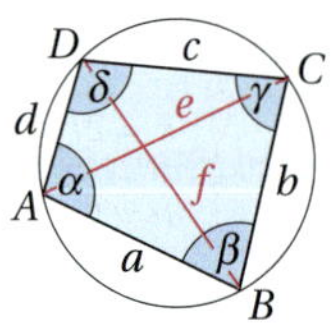	Alle Eckpunkte liegen auf einem Kreis. Die Summe gegenüberliegender Winkel ist 180°. $\alpha + \gamma = \beta + \delta = 180°$ $u = a+b+c+d$ $ac + bd = ef$ (Satz des PTOLEMÄUS) $A = \sqrt{(s-a)(s-b)(s-c)(s-d)}$ (mit $s = \frac{u}{2}$)

Regelmäßige Vielecke

u Umfang; *A* Flächeninhalt

Ein Vieleck (n-Eck), dessen Seiten gleich lang und dessen Innenwinkel gleich groß sind, heißt **regelmäßig.**

Umkreis und Inkreis eines regelmäßigen Vielecks haben den gleichen Mittelpunkt.

Es gilt: $\alpha = \frac{360°}{n}$ $\qquad \beta = 180° - \alpha$

$u = na$ $\qquad A = \frac{n}{2}\, a r_1 = \frac{n}{2}\, r_2^2 \sin\alpha$

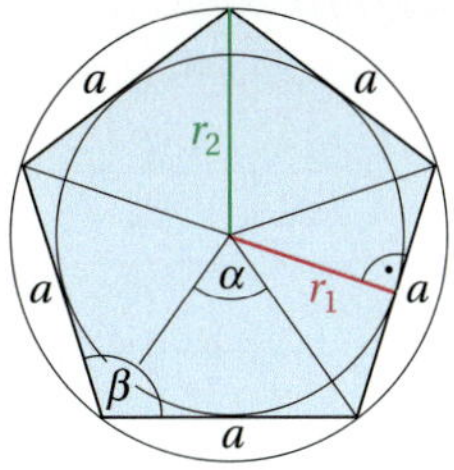

n Anzahl der Ecken
r_2 Umkreisradius
r_1 Inkreisradius

Kreis

u Umfang; *A* Flächeninhalt

Geraden und Winkel am Kreis

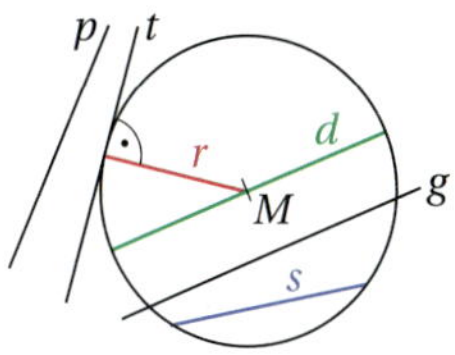

p Passante
t Tangente
g Sekante

r Radius
d Durchmesser
s Sehne

Tangente und Berührungsradius sind zueinander senkrecht.

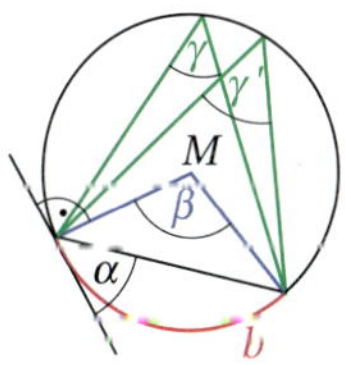

b Kreisbogen
α Sehnentangentenwinkel
β Zentriwinkel (Mittelpunktswinkel)
γ, γ' Peripheriewinkel (Umfangswinkel)

$\beta = 2\alpha \qquad \beta = 2\gamma \qquad \alpha = \gamma$

$\gamma = \gamma'$
(Peripheriewinkel über demselben Bogen sind gleich groß.)

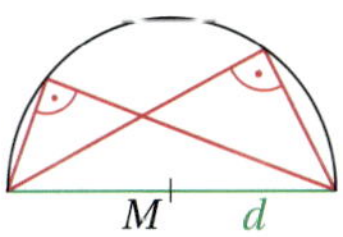

d Durchmesser

Peripheriewinkel über einem Halbkreis (bzw. über dem Durchmesser eines Kreises) sind rechte Winkel. **(Satz des Thales)**

Kreis

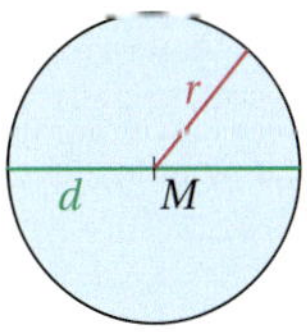

$d = 2r$
$u = 2\pi r = \pi d$
$A = \pi r^2 = \frac{\pi}{4} d^2$

Kreisring

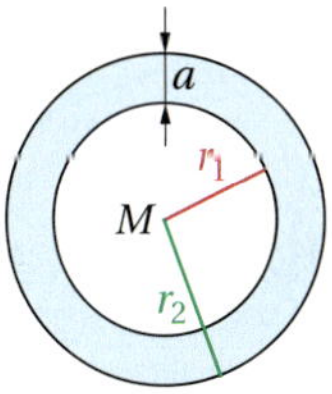

$a = r_2 - r_1$ (Ringbreite)
$u = 2\pi (r_1 + r_2)$
$A = \pi (r_2^2 - r_1^2)$

Kreisausschnitt (Kreissektor)

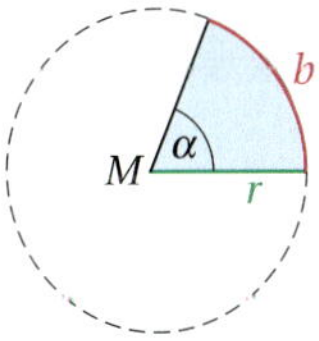

$b = r \operatorname{arc} \alpha = r \frac{\pi\alpha}{180°}$
(Kreisbogen, ↗ S. 25)
$u = b + 2r$
$A_\alpha = \frac{br}{2} = \pi r^2 \cdot \frac{\alpha}{360°}$

Kreisabschnitt (Kreissegment)

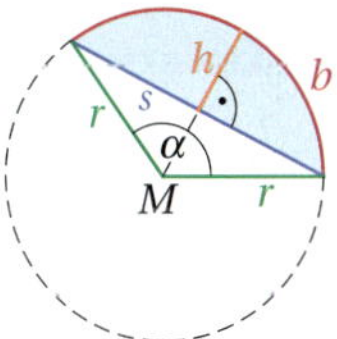

$h = 2r \sin^2 \frac{\alpha}{4}$ $\quad (h < r)$
$s = 2r \sin \frac{\alpha}{2}$ $\quad$ (Sehne)
$u = b + s$
$A = \frac{1}{2}\,[r(b - s) + sh] = \frac{r^2}{2}\left(\frac{\pi\alpha}{180°} - \sin\alpha\right)$

Ma

Stereometrie

Körper mit ebenen Begrenzungsflächen

A_M Mantelfläche; A_O Oberfläche; V Volumen

Prismen

A_G Grundfläche; A_D Deckfläche

Allgemein gilt: $V = A_G h \qquad A_O = 2A_G + A_M \qquad A_G = A_D$

Quader

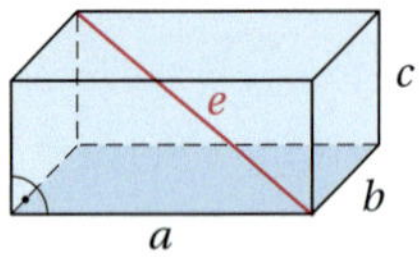

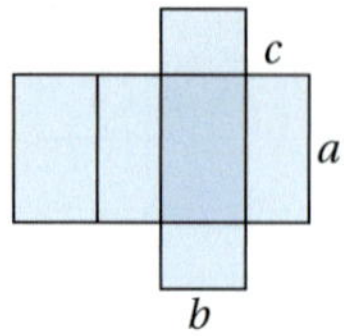

$e = \sqrt{a^2 + b^2 + c^2} \qquad A_G = ab$

$A_M = 2(ac + bc) \qquad A_O = 2(ab + ac + bc) \qquad V = abc$

Würfel

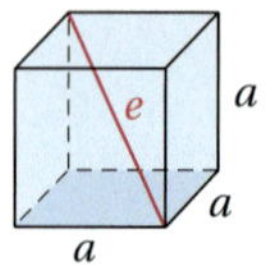

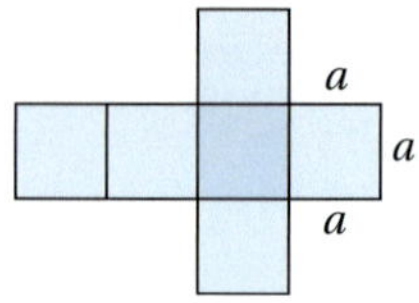

$e = a\sqrt{3} \qquad A_G = a^2$

$A_M = 4a^2 \qquad A_O = 6a^2 \qquad V = a^3$

regelmäßiges dreiseitiges Prisma

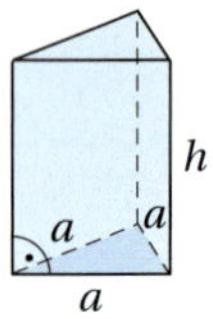

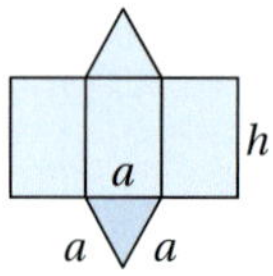

$A_G = \frac{a^2}{4}\sqrt{3}$

$A_M = 3ah \qquad A_O = \frac{a}{2}(a\sqrt{3} + 6h) \qquad V = \frac{a^2}{4} h\sqrt{3}$

regelmäßiges sechsseitiges Prisma

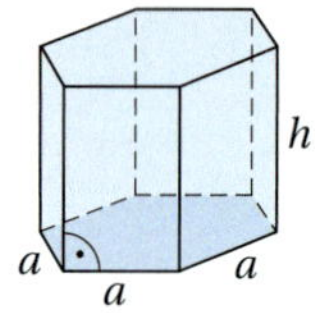

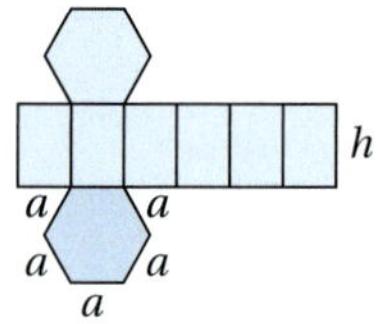

$A_G = \frac{3\sqrt{3}}{2} a^2$

$A_M = 6ah \qquad A_O = 3a(a\sqrt{3} + 2h) \qquad V = \frac{3a^2}{2} h\sqrt{3}$

Pyramiden

A_G Grundfläche; h_s Höhe der Seitenfläche

Allgemein gilt: $V = \frac{1}{3} A_G h \qquad A_O = A_G + A_M$

quadratische Pyramide

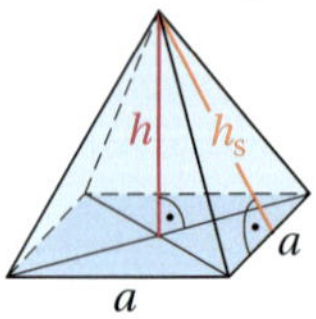

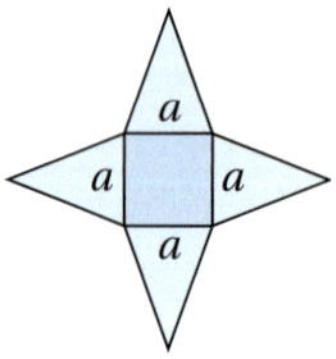

$A_G = a^2$

$A_M = 2ah_s \qquad A_O = a(a + 2h_s) \qquad V = \frac{1}{3} a^2 h$

Tetraeder

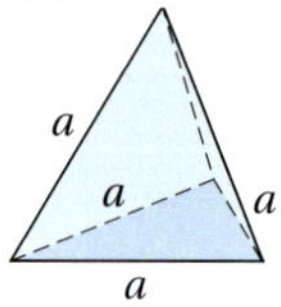

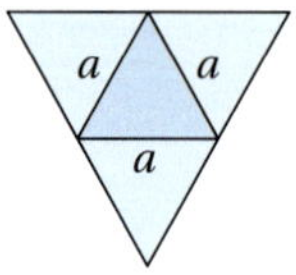

$A_G = \frac{a^2}{4}\sqrt{3}$

$A_M = \frac{3a^2}{4}\sqrt{3} \qquad A_O = a^2\sqrt{3} \qquad V = \frac{a^3}{12}\sqrt{2}$

Pyramidenstümpfe

A_G Grundfläche; A_D Deckfläche; h_s Höhe der Seitenfläche

Allgemein gilt: $V = \frac{h}{3}(A_G + \sqrt{A_G A_D} + A_D) \qquad A_O = A_G + A_D + A_M$

quadratischer Pyramidenstumpf

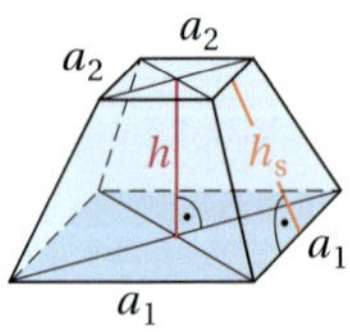

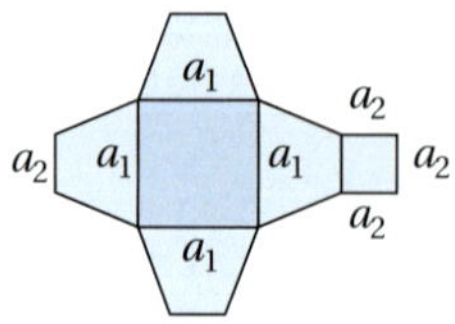

$A_G = a_1^2 \qquad A_D = a_2^2 \qquad A_O = a_1^2 + 2(a_1 + a_2)h_s + a_2^2$

$A_M = 2(a_1 + a_2)h_s \qquad V = \frac{1}{3} h(a_1^2 + a_1 a_2 + a_2^2)$

regelmäßiger dreiseitiger Pyramidenstumpf

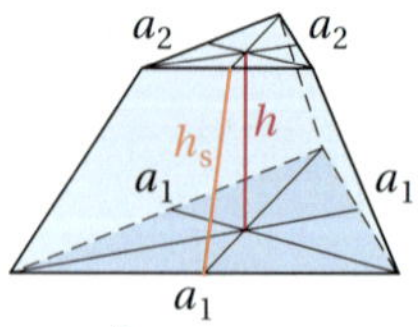

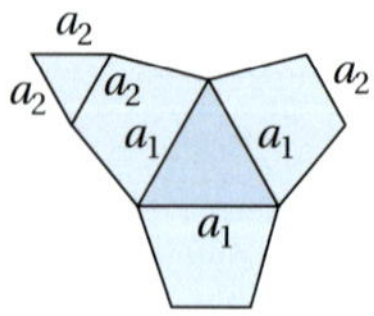

$A_G = \frac{a_1^2}{4}\sqrt{3} \qquad A_O = \frac{\sqrt{3}}{4}(a_1^2 + a_2^2) + \frac{3}{2}(a_1 + a_2)h_s$

$A_M = \frac{3}{2}(a_1 + a_2)h_s \qquad V = \frac{\sqrt{3}}{12} h(a_1^2 + a_1 a_2 + a_2^2)$

Körper mit gekrümmten Begrenzungsflächen

A_M Mantelfläche; A_O Oberfläche; V Volumen

Kreiszylinder

A_G Grundfläche; A_D Deckfläche

Allgemein gilt: $V = A_G h$ $\quad A_O = 2A_G + A_M$ $\quad A_G = A_D$

gerader Zylinder

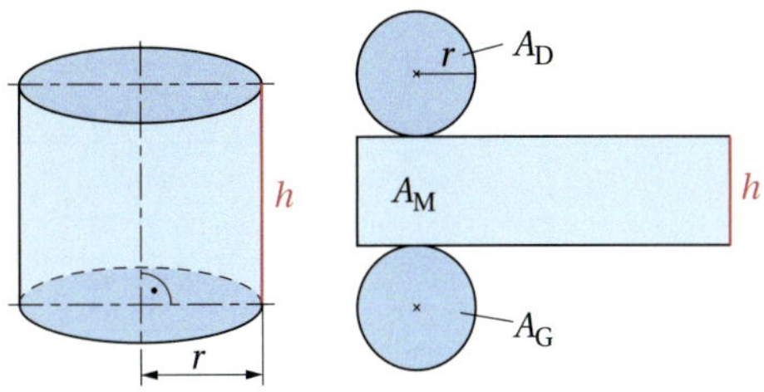

$A_G = \pi r^2$

$A_M = 2\pi r h$ $\quad A_O = 2\pi r(r + h)$ $\quad V = \pi r^2 h$

gerader Hohlzylinder

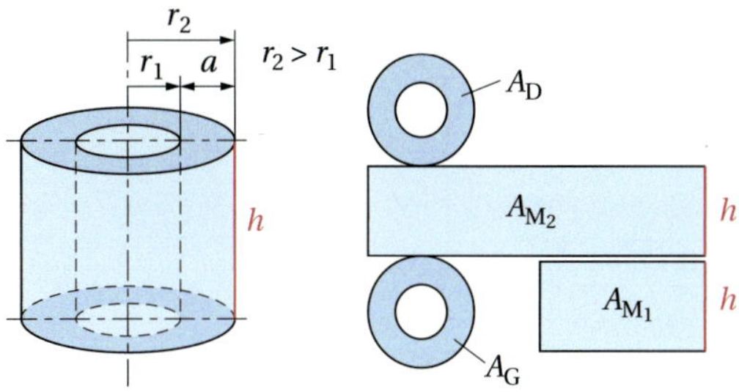

$a = r_2 - r_1$ (Wanddicke)

$A_G = \pi(r_2^2 - r_1^2)$ $\quad A_{M_1} = 2\pi r_1 h$ $\quad A_{M_2} = 2\pi r_2 h$

$A_O = 2A_G + A_{M_1} + A_{M_2}$ $\quad V = \pi h(r_2^2 - r_1^2)$

Kreiskegel

s Mantellinie; A_G Grundfläche; A_D Deckfläche

gerader Kegel

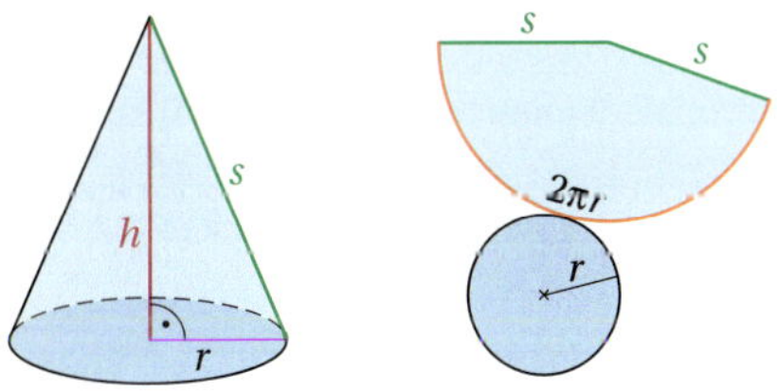

$s^2 = r^2 + h^2$ $\quad A_G = \pi r^2$

$A_M = \pi r s$ $\quad A_O = \pi r(r + s)$ $\quad V = \frac{\pi}{3} r^2 h$

gerader Kegelstumpf

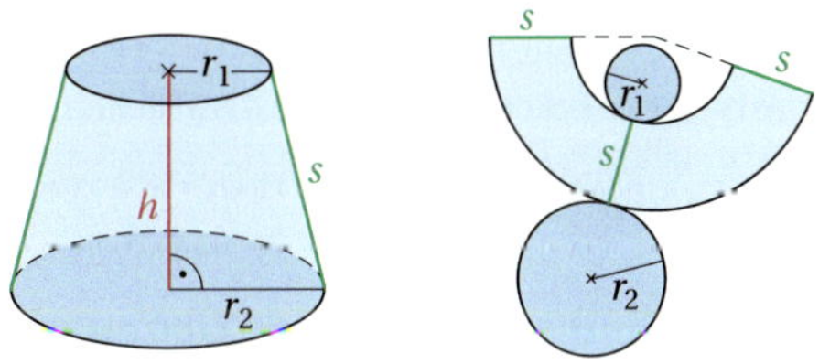

$s^2 = (r_2 - r_1)^2 + h^2$ $\quad A_G = \pi r_2^2$ $\quad A_D = \pi r_1^2$

$A_M = \pi s(r_2 + r_1)$ $\quad A_O = A_G + A_D + A_M$

$V = \frac{\pi}{3} h(r_2^2 + r_2 r_1 + r_1^2)$

Kugel und Kugelteile

d Durchmesser; r, R_1, R_2 Radien

Kugel

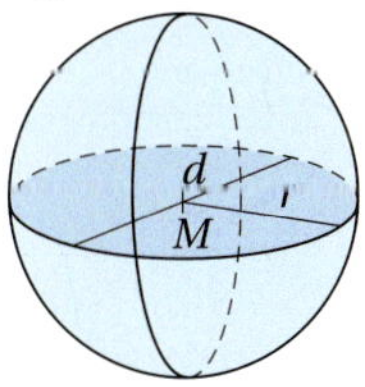

$d = 2r$

$A_O = 4\pi r^2 = \pi d^2$

$V = \frac{4}{3}\pi r^3 = \frac{1}{6}\pi d^3$

Kugelschicht (Kugelzone)

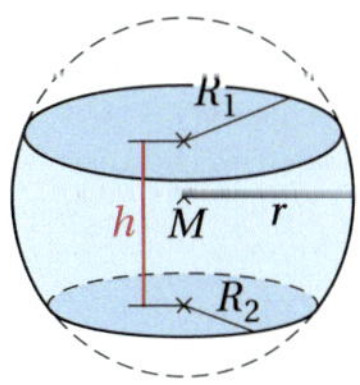

$A_M = 2\pi r h$

$A_O = \pi(R_1^2 + R_2^2 + 2rh)$

$V = \frac{\pi}{6} h(3R_1^2 + 3R_2^2 + h^2)$

Kugelausschnitt (Kugelsektor)

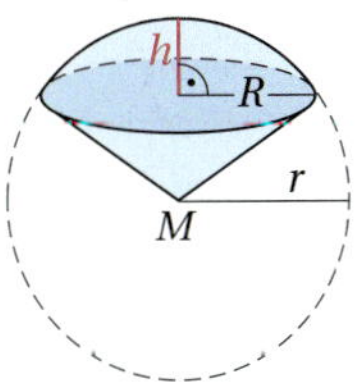

$R = \sqrt{h(2r - h)}$

$A_M = \pi R r$ (Kegelmantel)

$A_O = \pi r(2h + \sqrt{h(2r - h)})$

$V = \frac{2}{3}\pi r^2 h$

Kugelabschnitt (Kugelsegment)

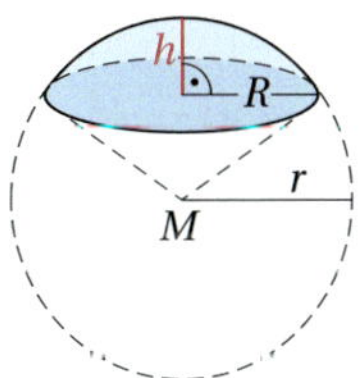

$R = \sqrt{h(2r - h)}$

$A_M = 2\pi r h = \pi(R^2 + h^2)$ (Kugelkappe)

$A_O = \pi R^2 + 2\pi r h = \pi h(4r - h)$
$= \pi(2R^2 + h^2)$

$V = \frac{\pi}{3} h^2(3r - h) = \frac{\pi}{6} h(3R^2 + h^2)$

Reguläre Polyeder (platonische Körper)

a Kantenlänge; A_O Oberfläche; *V* Volumen

Ein **Polyeder** (Vielflächner) ist ein Körper, der nur von ebenen Flächen begrenzt wird.

Sind alle Begrenzungen eines Polyeders zueinander kongruente regelmäßige Vielecke (*n*-Ecke), so wird es **regulär** bzw. **platonischer Körper** genannt. Es gibt genau fünf reguläre Polyeder.

Tetraeder	Würfel (Hexaeder)	Oktaeder
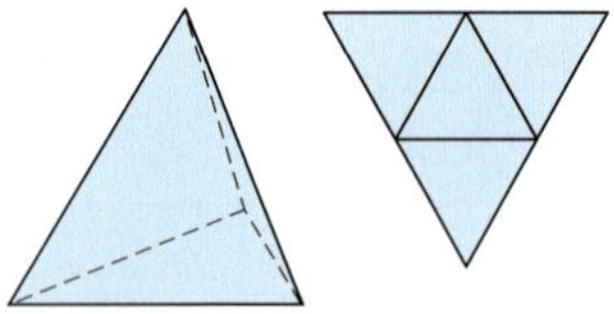	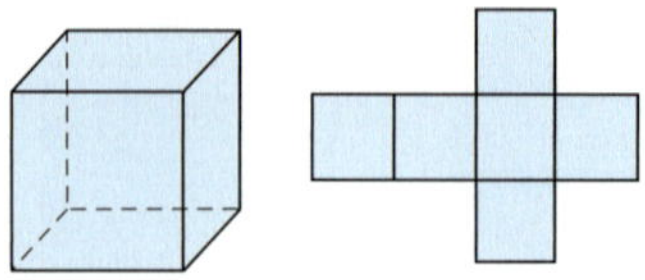	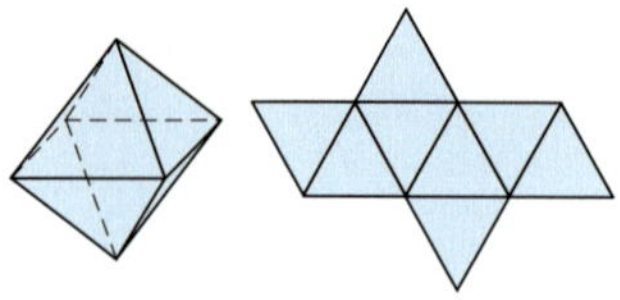
$V = \frac{a^3}{12}\sqrt{2}$ $A_O = a^2\sqrt{3}$	$V = a^3$ $A_O = 6a^2$	$V = \frac{a^3}{3}\sqrt{2}$ $A_O = 2a^2\sqrt{3}$

Dodekaeder	Ikosaeder
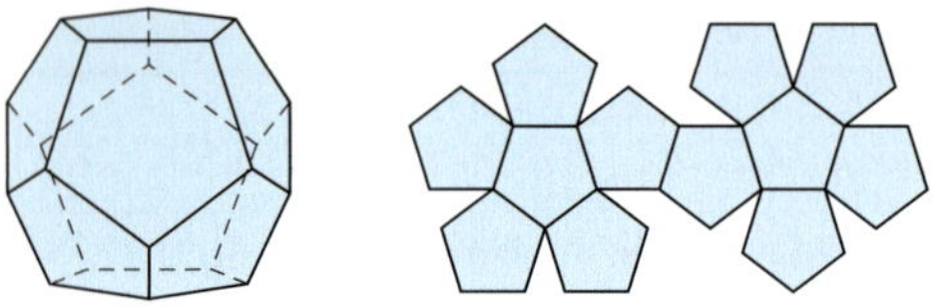	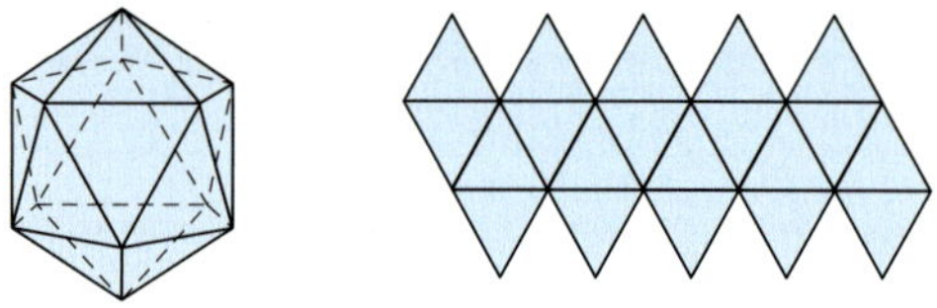
$V = \frac{a^3}{4}(15 + 7\sqrt{5})$ $A_O = 3a^2\sqrt{5(5 + 2\sqrt{5})}$	$V = \frac{5a^3}{12}(3 + \sqrt{5})$ $A_O = 5a^2\sqrt{3}$

Ist *e* die Anzahl der Ecken, *f* die Anzahl der Flächen und *k* die Anzahl der Kanten eines (beliebigen) konvexen Polyeders, so gilt: $e + f - k = 2$
(eulerscher Polyedersatz)

Körperdarstellung (Darstellende Geometrie)

Schrägbild (Kavalierperspektive)	senkrechte Zweitafelprojektion
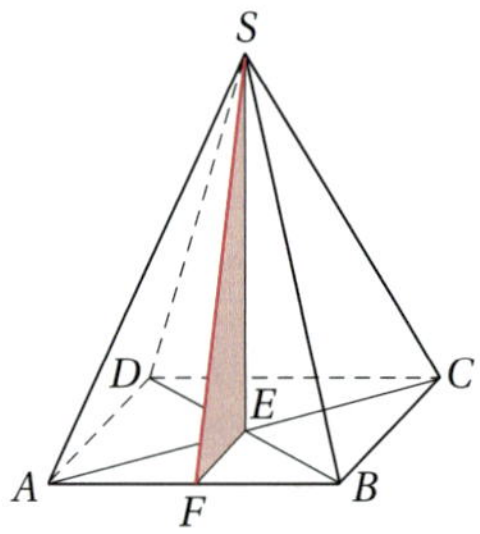	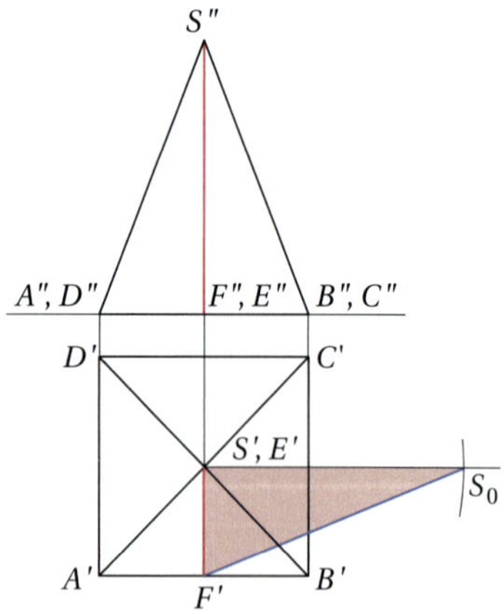
Breiten- und Höhenlinien ($\overline{AB}$, $\overline{CD}$ und $\overline{ES}$) werden in wahrer Größe dargestellt. Tiefenlinien ($\overline{AD}$, $\overline{BC}$ und $\overline{EF}$) werden unter einem Winkel α mit $\alpha = 45°$ zu den Breitenlinien angetragen und um die Hälfte ($q = \frac{1}{2}$) verkürzt.	Konstruktion der wahren Länge von $\overline{FS}$: 1. Zeichnen der Senkrechten zu $\overline{F'S'}$ im Punkt S' 2. Abtragen der Höhe $\overline{E''S''}$ auf der Senkrechten in E' 3. Die Strecke $\overline{F'S_0}$ entspricht der wahren Länge von $\overline{FS}$.

Ebene Trigonometrie

Winkelmaße

Gradmaß

Größe des Winkels α (β, γ, ...) bezogen auf den Vollwinkel

Ein Winkel mit der Größe von einem **Grad** (bzw. **Altgrad**) ist der 360ste Teil des ebenen Vollwinkels (Schreibweise: 1°).
(Ein Winkel dieser Größe ergibt sich, indem ein Kreis durch Radien in 360 deckungsgleiche Teile zerlegt wird.)

Weitere Einheiten:
1 Minute ($1' = \frac{1}{60}°$ bzw. $60' = 1°$) 1 Sekunde ($1'' = \frac{1}{60}'$ bzw. $60'' = 1'$)

Ein Winkel mit der Größe von einem **Neugrad** (bzw. **Gon**) ist der 400ste Teil des ebenen Vollwinkels (Schreibweise: 1^{g}).

Bogenmaß

Größe des (Zentri-)Winkels α (β, γ, ...) als Verhältnis von Bogenlänge b zu Radius r (bzw. als Maßzahl der Länge des zugehörigen Bogens am Einheitskreis):

$\operatorname{arc}\alpha = \widehat{\alpha} = \frac{b}{r}$

Ein Winkel hat die Größe von einem **Radiant** (Schreibweise: 1 rad), wenn $b = r$ gilt (bzw. wenn die Länge des zugehörigen Bogens am Einheitskreis den Wert 1 hat).

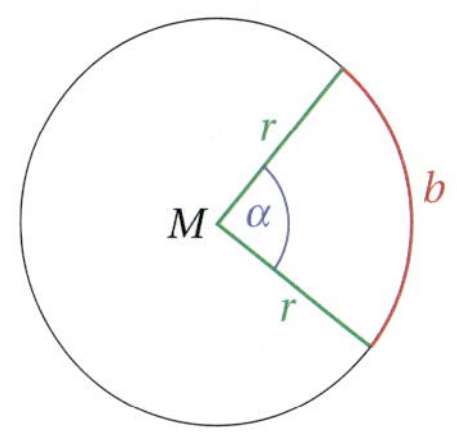

Umrechnungen

Zwischen dem Grad- und dem Bogenmaß eines Winkels α besteht folgender Zusammenhang:

$\frac{\alpha}{360°} = \frac{\operatorname{arc}\alpha}{2\pi}$ bzw. $\frac{\alpha}{\operatorname{arc}\alpha} = \frac{180°}{\pi}$

Umrechnung von Grad- in Bogenmaß: $\operatorname{arc}\alpha = \frac{\alpha \cdot \pi}{180°}$ $1° \approx 0{,}017\,45$ rad

Umrechnung von Bogen- in Gradmaß: $\alpha = \frac{180° \cdot \operatorname{arc}\alpha}{\pi}$ $1\text{ rad} \approx 57{,}296°$

Bogenmaß spezieller (im Gradmaß gegebener) Winkel

0°	10°	15°	20°	30°	45°	60°	75°	90°	120°
0	$\frac{\pi}{18}$	$\frac{\pi}{12}$	$\frac{\pi}{9}$	$\frac{\pi}{6}$	$\frac{\pi}{4}$	$\frac{\pi}{3}$	$\frac{5\pi}{12}$	$\frac{\pi}{2}$	$\frac{2\pi}{3}$
0,0000	0,1745	0,2618	0,3491	0,5236	0,7854	1,0472	1,3090	1,5708	2,0944
135°	**150°**	**180°**	**210°**	**225°**	**240°**	**270°**	**315°**	**330°**	**360°**
$\frac{3\pi}{4}$	$\frac{5\pi}{6}$	π	$\frac{7\pi}{6}$	$\frac{5\pi}{4}$	$\frac{4\pi}{3}$	$\frac{3\pi}{2}$	$\frac{7\pi}{4}$	$\frac{11\pi}{6}$	2π
2,3562	2,6180	3,1416	3,6652	3,9270	4,1888	4,7124	5,4978	5,7596	6,2832

Gradmaß einiger (im Bogenmaß gegebener) Winkel

0	0,1	0,2	0,3	0,4	0,5	0,6	0,7	0,8	0,9
0°	5,7°	11,5°	17,2°	22,9°	28,6°	34,4°	40,1°	45,8°	51,6°
1	**1,5**	**2**	**2,5**	**3**	**3,5**	**4**	**4,5**	**5**	**6**
57,3°	85,9°	114,6°	143,2°	171,9°	200,5°	229,2°	257,8°	286,5°	343,8°

Ma

Sinus, Kosinus, Tangens und Kotangens eines Winkels (Winkelfunktionen)

Definition am rechtwinkligen Dreieck

$0° < \alpha < 90°$

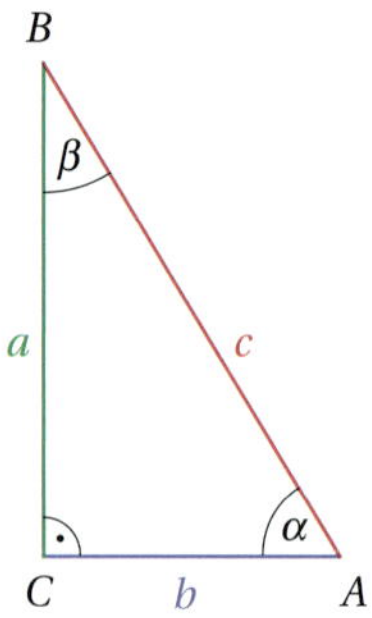

$\sin\alpha = \frac{a}{c} = \frac{\text{Gegenkathete}}{\text{Hypotenuse}}$

$\cos\alpha = \frac{b}{c} = \frac{\text{Ankathete}}{\text{Hypotenuse}}$

$\tan\alpha = \frac{a}{b} = \frac{\text{Gegenkathete}}{\text{Ankathete}}$

$\cot\alpha = \frac{b}{a} = \frac{\text{Ankathete}}{\text{Gegenkathete}}$

Definition am Kreis mit dem Radius *r*

Der freie Schenkel des Winkels der Größe x schneidet den Kreis im Punkt $P(u; v)$.

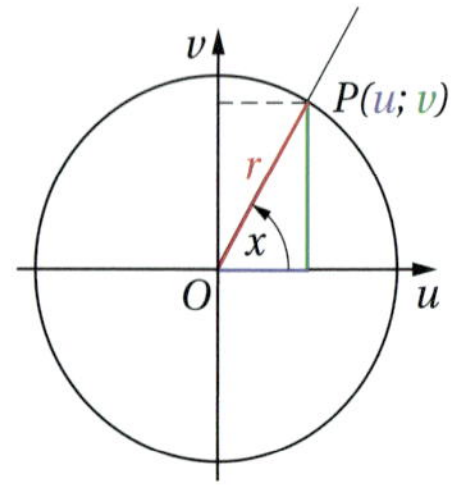

$\sin x = \frac{v}{r}$

$\cos x = \frac{u}{r}$

$\tan x = \frac{v}{u}$ (für alle $x \neq \frac{\pi}{2} + z\pi \wedge z \in \mathbb{Z}$)

$\cot x = \frac{u}{v}$ (für alle $x \neq z\pi \wedge z \in \mathbb{Z}$)

Werte für spezielle Winkel

	0°	30°	45°	60°	90°
sin α	0	$\frac{1}{2}$	$\frac{1}{2}\sqrt{2}$	$\frac{1}{2}\sqrt{3}$	1
cos α	1	$\frac{1}{2}\sqrt{3}$	$\frac{1}{2}\sqrt{2}$	$\frac{1}{2}$	0
tan α	0	$\frac{1}{3}\sqrt{3}$	1	$\sqrt{3}$	–
cot α	–	$\sqrt{3}$	1	$\frac{1}{3}\sqrt{3}$	0

Vorzeichen in den vier Quadranten

	I	II	III	IV
sin x	+	+	–	–
cos x	+	–	–	+
tan x	+	–	+	–
cot x	+	–	+	–

Beziehungen zwischen Sinus, Kosinus, Tangens und Kotangens

Grundbeziehungen

$\sin^2\alpha + \cos^2\alpha = 1$ („trigonometrischer PYTHAGORAS")

$\tan\alpha = \frac{\sin\alpha}{\cos\alpha}$ $\cot\alpha = \frac{\cos\alpha}{\sin\alpha}$ $\tan\alpha\cot\alpha = 1$

$1 + \tan^2\alpha = \frac{1}{\cos^2\alpha}$ $1 + \cot^2\alpha = \frac{1}{\sin^2\alpha}$

Reduktionsformeln (Quadrantenbeziehungen)

	90° ± α	180° ± α	270° ± α	360° ± α	−α
sin	$+\cos\alpha$	$\mp\sin\alpha$	$-\cos\alpha$	$\pm\sin\alpha$	$-\sin\alpha$
cos	$\mp\sin\alpha$	$-\cos\alpha$	$\pm\sin\alpha$	$+\cos\alpha$	$+\cos\alpha$
tan	$\mp\cot\alpha$	$\pm\tan\alpha$	$\mp\cot\alpha$	$\pm\tan\alpha$	$-\tan\alpha$
cot	$\mp\tan\alpha$	$\pm\cot\alpha$	$\mp\tan\alpha$	$\pm\cot\alpha$	$-\cot\alpha$

Additionstheoreme

Summen und Differenzen

$\sin(\alpha \pm \beta) = \sin\alpha\cos\beta \pm \cos\alpha\sin\beta$ $\cos(\alpha \pm \beta) = \cos\alpha\cos\beta \mp \sin\alpha\sin\beta$

$\tan(\alpha \pm \beta) = \frac{\tan\alpha \pm \tan\beta}{1 \mp \tan\alpha\tan\beta}$

$\sin\alpha + \sin\beta = 2\sin\frac{\alpha+\beta}{2}\cos\frac{\alpha-\beta}{2}$ $\sin\alpha - \sin\beta = 2\cos\frac{\alpha+\beta}{2}\sin\frac{\alpha-\beta}{2}$

$\cos\alpha + \cos\beta = 2\cos\frac{\alpha+\beta}{2}\cos\frac{\alpha-\beta}{2}$ $\cos\alpha - \cos\beta = -2\sin\frac{\alpha+\beta}{2}\sin\frac{\alpha-\beta}{2}$

$\tan\alpha \pm \tan\beta = \frac{\sin(\alpha \pm \beta)}{\cos\alpha\cos\beta}$

Vielfache und Teile	$\sin 2\alpha = 2\sin\alpha\cos\alpha$	$\cos 2\alpha = \cos^2\alpha - \sin^2\alpha = 2\cos^2\alpha - 1 = 1 - 2\sin^2\alpha$
	$\sin 3\alpha = 3\sin\alpha - 4\sin^3\alpha$	$\cos 3\alpha = 4\cos^3\alpha - 3\cos\alpha$
	$\sin\frac{\alpha}{2} = \sqrt{\frac{1-\cos\alpha}{2}}$	$\cos\frac{\alpha}{2} = \sqrt{\frac{1+\cos\alpha}{2}}$
	$\tan 2\alpha = \frac{2\tan\alpha}{1-\tan^2\alpha} = \frac{2}{\cot\alpha - \tan\alpha}$	$\cot 2\alpha = \frac{\cot^2\alpha - 1}{2\cot\alpha} = \frac{\cot\alpha - \tan\alpha}{2}$
	$\tan\frac{\alpha}{2} = \frac{\sin\alpha}{1+\cos\alpha} = \frac{1-\cos\alpha}{\sin\alpha} = \sqrt{\frac{1-\cos\alpha}{1+\cos\alpha}}$	
Produkte	$\sin\alpha\,\sin\beta = \frac{1}{2}[\cos(\alpha-\beta) - \cos(\alpha+\beta)]$	$\cos\alpha\,\cos\beta = \frac{1}{2}[\cos(\alpha-\beta) + \cos(\alpha+\beta)]$
	$\tan\alpha\,\tan\beta = \frac{\tan\alpha + \tan\beta}{\cot\alpha + \cot\beta}$	$\cot\alpha\,\cot\beta = \frac{\cot\alpha + \cot\beta}{\tan\alpha + \tan\beta}$

Trigonometrische Berechnungen am allgemeinen (beliebigen) Dreieck

Sinussatz	$\frac{a}{\sin\alpha} = \frac{b}{\sin\beta} = \frac{c}{\sin\gamma}$	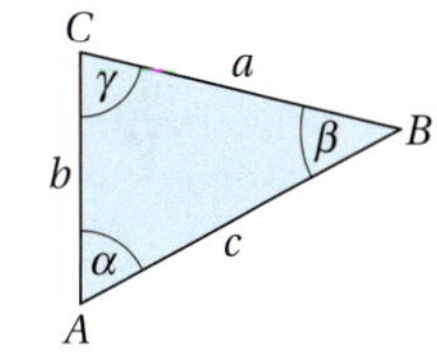
Kosinussatz	$c^2 = a^2 + b^2 - 2ab\cos\gamma$ $a^2 = b^2 + c^2 - 2bc\cos\alpha$ $\quad b^2 = a^2 + c^2 - 2ac\cos\beta$	
Flächeninhalt	$A = \frac{1}{2}ab\sin\gamma = \frac{1}{2}ac\sin\beta = \frac{1}{2}bc\sin\alpha$ $A = 2r^2\sin\alpha\,\sin\beta\,\sin\gamma$ (r Radius des Umkreises)	
Höhen	$h_a = b\sin\gamma = c\sin\beta$ $h_b = a\sin\gamma = c\sin\alpha$ $h_c = b\sin\alpha = a\sin\beta$	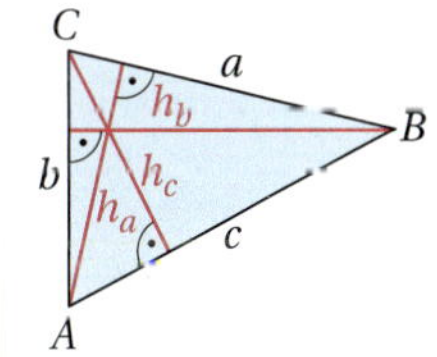
Seitenhalbierende	$s_a = \frac{1}{2}\sqrt{b^2 + c^2 + 2bc\cos\alpha}$ $s_b = \frac{1}{2}\sqrt{a^2 + c^2 + 2ac\cos\beta}$ $s_c = \frac{1}{2}\sqrt{a^2 + b^2 + 2ab\cos\gamma}$	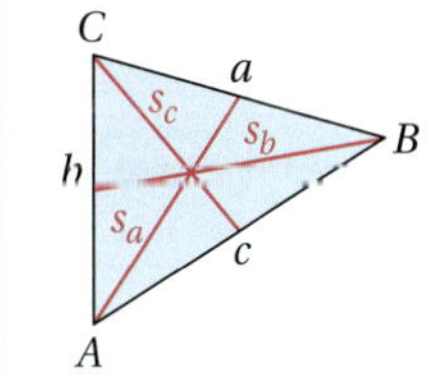
Winkelhalbierende	$w_\alpha = \frac{2bc\cos\frac{\alpha}{2}}{b+c}$ $\quad w_\beta = \frac{2ac\cos\frac{\beta}{2}}{a+c}$ $\quad w_\gamma = \frac{2ab\cos\frac{\gamma}{2}}{a+b}$	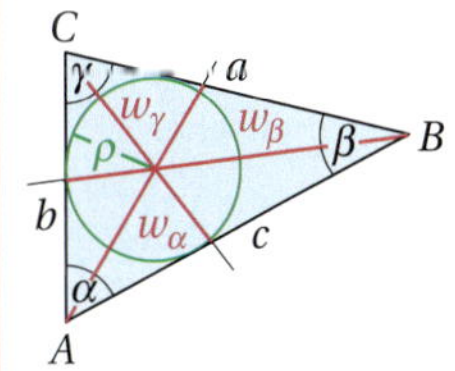
Inkreisradius	$\rho = (s-a)\tan\frac{\alpha}{2} = (s-b)\tan\frac{\beta}{2} = (s-c)\tan\frac{\gamma}{2}$ mit $s = \frac{u}{2} = \frac{a+b+c}{2}$	
Umkreisradius	$r = \frac{a}{2\sin\alpha} = \frac{b}{2\sin\beta} = \frac{c}{2\sin\gamma}$	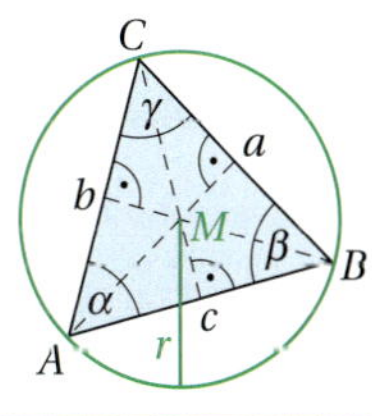
Projektionssatz	$a = b\cos\gamma + c\cos\beta$ $b = a\cos\gamma + c\cos\alpha$ $\quad c = a\cos\beta + b\cos\alpha$	

Ma

Funktionen

Begriff und Eigenschaften

Funktion f	Abbildung f, die jedem Element x aus einer Menge D_f (dem **Definitionsbereich** von f) eindeutig ein Element y aus einer Menge W_f (dem **Wertebereich** von f) zuordnet *Schreibweisen:* $y = f(x)$ bzw. $f\colon x \mapsto f(x)$ *Sprechweisen:* „Funktion f mit der Gleichung $y = f(x)$" bzw. (kurz) „Funktion $y = f(x)$"
Umkehrfunktion g von f	Abbildung g, die bei umkehrbar eindeutiger Zuordnung jedem Element $f(x) \in W_f$ wiederum eindeutig das Ausgangselement $x \in D_f$ zuordnet Man erhält die Funktionsgleichung von g, indem man $y = f(x)$ nach x auflöst. $y = f(x)$ und $x = g(y)$ haben denselben Graphen. Da es üblich ist, die Elemente aus D_f mit x und die aus W_f mit y zu bezeichnen, vertauscht man meist nach dem Auflösen von $f(x)$ nach x noch x mit y und erhält $y = g(x)$. Die Graphen von f und g liegen spiegelbildlich zur Geraden $y = x$.
Nullstelle von f	$x_i \in D_f$ mit $f(x_i) = 0$
Graph (Bild) von f	Menge aller Punkte $P(x; f(x))$ mit $x \in D_f$
Spiegelung des Graphen von f	Gleichung des an der x-Achse gespiegelten Graphen von f mit $y = f(x)$: $y = g(x) = -f(x)$ Gleichung des an der y-Achse gespiegelten Graphen von f mit $y = f(x)$: $y = h(x) = f(-x)$
gerade Funktion	$f(-x) = f(x)$ für jedes $x \in D_f$ (falls auch $-x \in D_f$) Der Graph liegt symmetrisch zur y-Achse.
ungerade Funktion	$f(-x) = -f(x)$ für jedes $x \in D_f$ Der Graph liegt zentralsymmetrisch zum Koordinatenursprung.
periodische Funktion	Es gibt eine Zahl $h > 0$, sodass $f(x) = f(x + h)$ für jedes x, $x + h \in D_f$ gilt. Die kleinste Zahl $h > 0$, für die $f(x) = f(x + h)$ zutrifft, heißt **Periode** von f.
monotone Funktion	f ist in $]a, b[$ **streng monoton wachsend,** wenn für $x_1, x_2 \in]a, b[$ und $x_1 < x_2$ stets $f(x_1) < f(x_2)$ gilt. f ist in $]a, b[$ **streng monoton fallend,** wenn für $x_1, x_2 \in]a, b[$ und $x_1 < x_2$ stets $f(x_1) > f(x_2)$ gilt.
Funktionenschar	Menge von Funktionen, die sich (beispielsweise) durch eine Gleichung $y = f_a(x)$ beschreiben lässt, welche außer den beiden Variablen x und y noch den **Scharparameter** a enthält.
Graphenschar (Kurvenschar)	Graphen (Bilder) einer Funktionenschar *Spezielle Funktionenscharen und ihre Graphen:* $y = f_a(x) = f(x) + a$ um a in y-Richtung nach oben ($a > 0$) bzw. nach unten ($a < 0$) verschobener Graph von f $y = f_b(x) = b \cdot f(x)$ auf das b-fache in y-Richtung gestreckter ($b > 1$) bzw. gestauchter ($0 < b < 1$) Graph von f $y = f_c(x) = f(x + c)$ um c in x-Richtung nach links ($c > 0$) bzw. nach rechts ($c < 0$) verschobener Graph von f

Rationale Funktionen	$a_i, b_k \in \mathbb{R};\ a_n, b_m \neq 0;\ m, n \in \mathbb{N};\ m \neq 0$
ganzrationale Funktion vom Grad *n*	$y = f(x) = a_n x^n + a_{n-1} x^{n-1} + \ldots + a_1 x + a_0 = \sum_{i=0}^{n} a_i x^i$
hornersches Schema zur Berechnung von Werten ganzrationaler Funktionen	Berechnung von $f(x_1)$: $a_n \quad a_{n-1} \quad a_{n-2} \quad \ldots \quad a_1 \quad a_0$ $+ \quad + \quad + \quad +$ $\cdot x_1 \nearrow a_n \cdot x_1 \quad \cdot x_1 \nearrow b_{n-1} \cdot x_1 \quad \cdot x_1 \nearrow \ldots \quad \cdot x_1 \nearrow b_2 \cdot x_1 \quad \cdot x_1 \nearrow b_1 \cdot x_1$ $a_n \quad b_{n-1} \quad b_{n-2} \quad \ldots \quad b_1 \quad b_0 = f(x_1)$
gebrochenrationale Funktion	$f(x) = \frac{u(x)}{v(x)}$; $u(x)$ und $v(x)$ ganzrationale Funktionen, $v(x) \neq 0$
Nullstelle x_0 von $f(x) = \frac{u(x)}{v(x)}$	$u(x_0) = 0$ und $v(x_0) \neq 0 \Rightarrow x_0$ ist Nullstelle von f.
Polstelle x_P von $f(x) = \frac{u(x)}{v(x)}$	$u(x_P) \neq 0$ und $v(x_P) = 0 \Rightarrow x_P$ ist Polstelle von f.

Lineare Funktionen

$m, n \in \mathbb{R};\ m \neq 0$

$y = f(x) = mx + n \qquad D_f = \mathbb{R} \qquad W_f = \mathbb{R}$

Anstieg: $m = \tan \alpha = \frac{f(x_2) - f(x_1)}{x_2 - x_1} = \frac{y_2 - y_1}{x_2 - x_1}$

α Schnittwinkel des Graphen von f mit der x-Achse

$m > 0 \Rightarrow$ wachsende (steigende) Gerade

$m < 0 \Rightarrow$ fallende Gerade

Nullstelle: $x_0 = -\frac{n}{m}$

Schnittpunkt des Graphen von f mit der y-Achse: $S(0;\ n)$

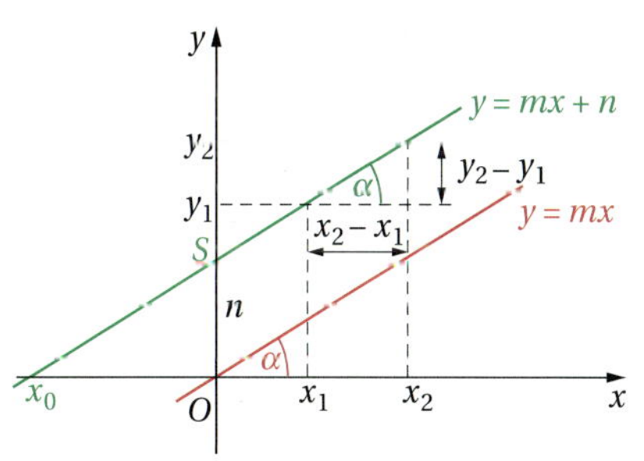

Quadratische Funktionen

$a, b, c, p, q \in \mathbb{R};\ a \neq 0$

Allgemeine Form: $y = f(x) = ax^2 + bx + c \qquad D_f = \mathbb{R}$

$W_f = [\frac{4ac - b^2}{4a};\ +\infty[$ für $a > 0$; $W_f =]-\infty;\ \frac{4ac - b^2}{4a}]$ für $a < 0$

Scheitelpunkt des Graphen von f: $S(-\frac{b}{2a};\ \frac{4ac - b^2}{4a})$

Normalform: $y = f(x) = x^2 + px + q \qquad D_f = \mathbb{R} \qquad W_f = [q - \frac{p^2}{4};\ +\infty[$

Nullstellen: $x_{1;2} = -\frac{p}{2} \pm \sqrt{\frac{p^2}{4} - q}$

Scheitelpunkt des Graphen von f: $S(-\frac{p}{2};\ -\frac{p^2}{4} + q)$

Spezialfälle:

$y = x^2$	$S(0;\ 0)$
$y = (x + d)^2$	$S(-d;\ 0)$
$y = (x + d)^2 + e$	$S(-d;\ e)$

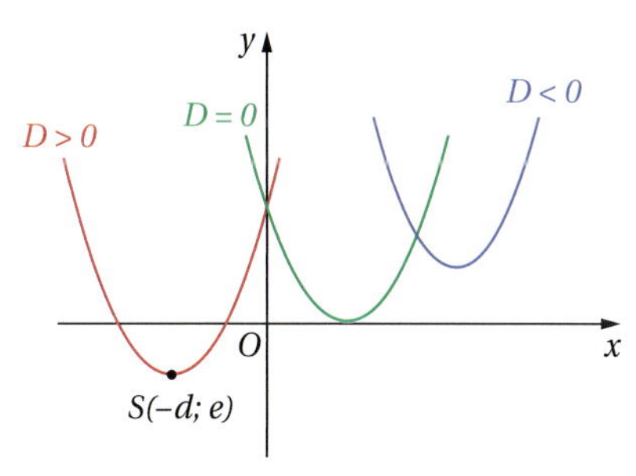

Die Funktion f besitzt

- zwei verschiedene Nullstellen, falls $D > 0$,
- genau eine (Doppel-)Nullstelle, falls $D = 0$,
- keine (reelle) Nullstelle, falls $D < 0$

(D Diskriminante von $f(x) = 0$, ↗ S. 16).

Potenzfunktionen

Potenzfunktionen mit ganzzahligen Exponenten — $y = f(x) = x^n \ (n \in \mathbb{Z})$

a) *n* positiv und gerade $(n = 2m;\ m \in \mathbb{N}^*)$

$D_f = \mathbb{R} \quad W_f = [0; +\infty[$

Nullstelle: $x_0 = 0$

Gemeinsame Punkte aller Funktionsgraphen: (–1; 1), (0; 0), (1; 1)

b) *n* positiv und ungerade $(n = 2m + 1;\ m \in \mathbb{N}^*)$

$D_f = \mathbb{R} \quad W_f = \mathbb{R}$

Nullstelle: $x_0 = 0$

Gemeinsame Punkte aller Funktionsgraphen: (–1; –1), (0; 0), (1; 1)

Die Graphen sind Parabeln *n*-ten Grades.

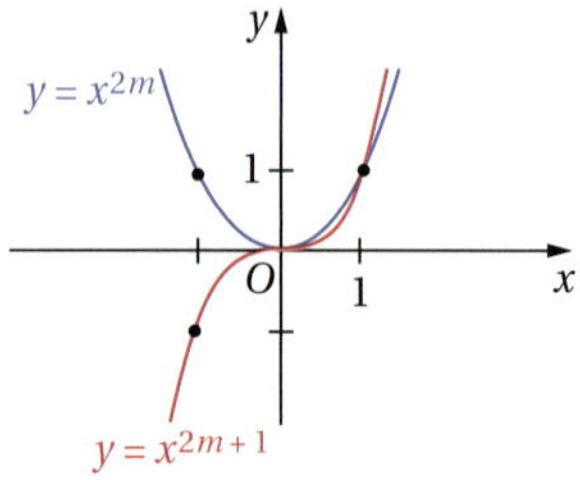

c) *n* negativ und gerade $(n = -2m;\ m \in \mathbb{N}^*)$

$D_f = \mathbb{R} \setminus \{0\}$

$W_f =]0; +\infty[$

Nullstellen: keine

Gemeinsame Punkte aller Funktionsgraphen: (–1; 1), (1; 1)

d) *n* negativ und ungerade $(n = -(2m - 1);\ m \in \mathbb{N}^*)$

$D_f = \mathbb{R} \setminus \{0\}$

$W_f = \mathbb{R} \setminus \{0\}$

Nullstellen: keine

Gemeinsame Punkte aller Funktionsgraphen: (–1; –1), (1; 1)

Die Graphen sind Hyperbeln.

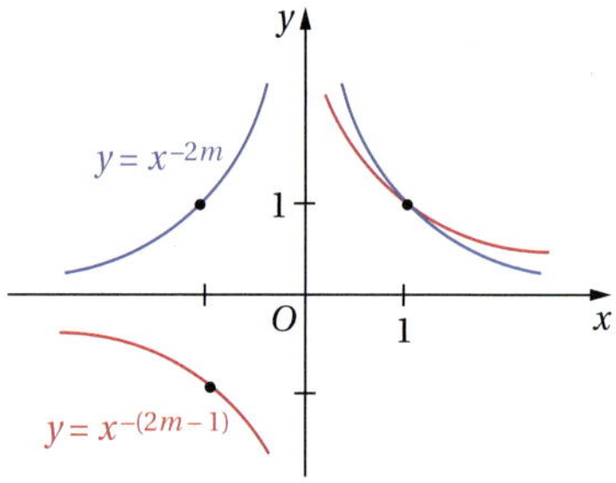

Potenzfunktionen mit gebrochenen Exponenten (Wurzelfunktionen)

Die Funktionen $y = f(x) = x^n$ mit $n = \frac{p}{q}$ $(p, q \in \mathbb{N}^*, q \nmid p)$ sind nichtrationale Funktionen **(Wurzelfunktionen).**

$D_f = [0; +\infty[\qquad W_f = [0; +\infty[\qquad$ *Nullstelle:* $x_0 = 0$

Gemeinsame Punkte aller Funktionsgraphen: (0; 0), (1; 1)

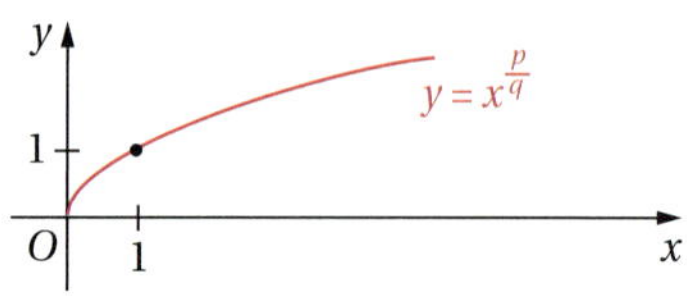

Trigonometrische Funktionen (Winkelfunktionen)

Sinusfunktion $y = f(x) = \sin x$ (↗ S. 26)

$D_f = \mathbb{R} \qquad W_f = [-1; +1]$

Nullstellen: $x_k = k\pi, \quad k \in \mathbb{Z}$

$\sin(x + 2k\pi) = \sin x \qquad$ *Periode:* 2π

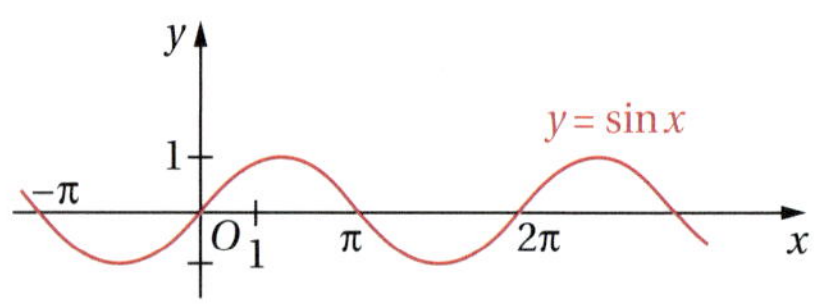

Für die Funktion $y = f(x) = a \sin(bx + c)$ gilt:

$D_f = \mathbb{R} \qquad W_f = [-a; +a] \qquad$ *Nullstellen:* $x_k = \frac{k\pi - c}{b} \qquad$ *Periode:* $\frac{2\pi}{|b|}$

Der Graph von $y = f(x) = a \sin(bx + c)$ ist gegenüber dem Graphen von $y = f(x) = a \sin bx$ um $\frac{c}{b}$ $(\frac{c}{b} > 0)$ in Richtung der negativen *x*-Achse verschoben.

Kosinusfunktion $y = f(x) = \cos x$ (↗ S. 26)

$D_f = \mathbb{R} \qquad W_f = [-1; +1]$

Nullstellen: $x_k = (2k + 1)\frac{\pi}{2}, \quad k \in \mathbb{Z}$

$\cos(x + 2k\pi) = \cos x \qquad$ *Periode:* 2π

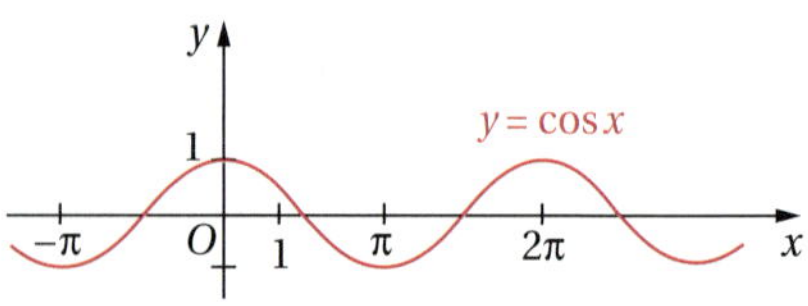

Tangensfunktion $y = f(x) = \tan x$ (↗ S. 26)	
$D_f = \mathbb{R}$ und $x \neq (2k+1)\frac{\pi}{2}$, $k \in \mathbb{Z}$ $W_f = \mathbb{R}$	
Nullstellen: $x_k = k\pi$, $k \in \mathbb{Z}$	
$\tan(x + k\pi) = \tan x$ *Periode:* π	

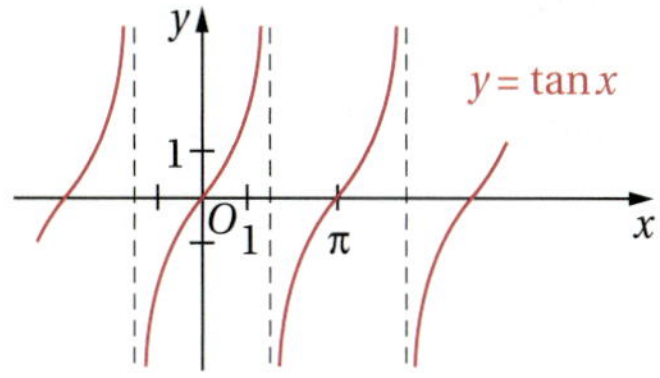

Werte trigonometrischer Funktionen für spezielle Argumente

$f(x)$ \ x	**0**	$\frac{\pi}{6}$	$\frac{\pi}{4}$	$\frac{\pi}{3}$	$\frac{\pi}{2}$	$\frac{2\pi}{3}$	$\frac{3\pi}{4}$	$\frac{5\pi}{6}$	π	$\frac{3\pi}{2}$	2π
sin x	0	$\frac{1}{2}$	$\frac{1}{2}\sqrt{2}$	$\frac{1}{2}\sqrt{3}$	1	$\frac{1}{2}\sqrt{3}$	$\frac{1}{2}\sqrt{2}$	$\frac{1}{2}$	0	–1	0
cos x	1	$\frac{1}{2}\sqrt{3}$	$\frac{1}{2}\sqrt{2}$	$\frac{1}{2}$	0	$-\frac{1}{2}$	$-\frac{1}{2}\sqrt{2}$	$-\frac{1}{2}\sqrt{3}$	–1	0	1
tan x	0	$\frac{1}{3}\sqrt{3}$	1	$\sqrt{3}$	–	$-\sqrt{3}$	–1	$-\frac{1}{3}\sqrt{3}$	0	–	0

Umkehrfunktionen trigonometrischer Funktionen

Arkussinusfunktion $y = f(x) = \arcsin x$
$D_f = [-1; 1]$ $W_f = [-\frac{\pi}{2}; \frac{\pi}{2}]$ *Nullstelle:* $x_0 = 0$

Arkuskosinusfunktion $y = f(x) = \arccos x$
$D_f = [-1; 1]$ $W_f = [0; \pi]$ *Nullstelle:* $x_0 = 1$

Arkustangensfunktion $y = f(x) = \arctan x$
$D_f = \mathbb{R}$ $W_f =]-\frac{\pi}{2}; \frac{\pi}{2}[$ *Nullstelle:* $x_0 = 0$

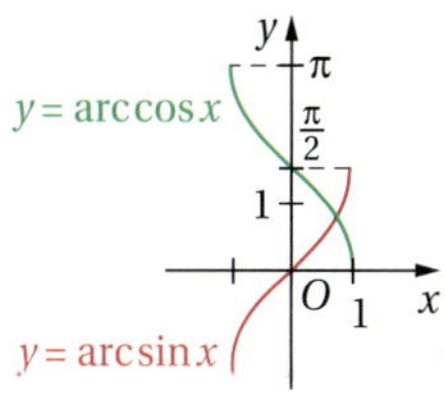

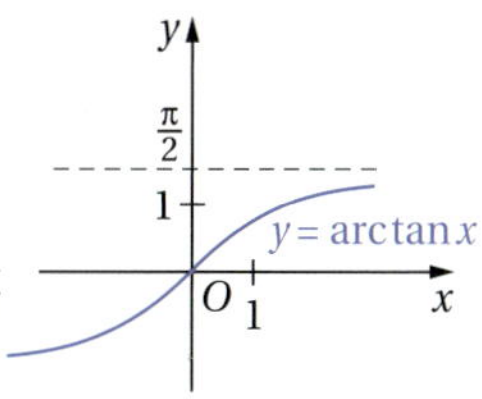

Exponential- und Logarithmusfunktionen

Exponentialfunktionen
$y = f(x) = a^x$ $(a \in \mathbb{R}, a > 0, a \neq 1)$
$D_f = \mathbb{R}$ $W_f =]0; +\infty[$ *Nullstellen:* keine
Gemeinsamer Punkt aller Funktionsgraphen: (0; 1)
Spezialfall: $y = f(x) = e^x$ (e eulersche Zahl; ↗ S. 5)

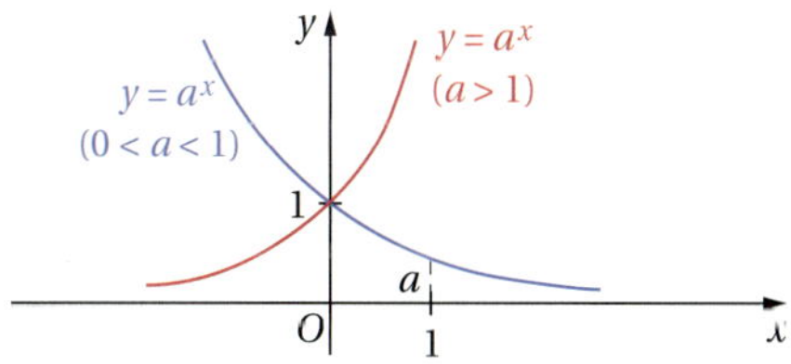

Logarithmusfunktionen
$y = f(x) = \log_a x$ $(a \in \mathbb{R}, a > 0, a \neq 1)$
$D_f =]0; +\infty[$ $W_f = \mathbb{R}$ *Nullstelle:* $x_0 = 1$
Gemeinsamer Punkt aller Funktionsgraphen: (1; 0)
Spezialfälle: $y = f(x) = \log_{10} x = \lg x$
$y = f(x) = \log_e x = \ln x$
$y = f(x) = \log_2 x = \operatorname{lb} x$

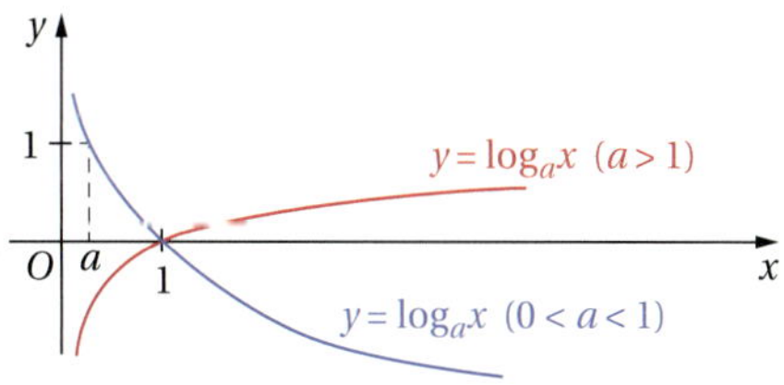

Werte spezieller Logarithmusfunktionen

$f(x)$ \ x	**0,5**	**1**	**2**	**3**	**4**	**6**	**8**	**10**	**100**
lg x	–0,3010	0	0,3010	0,4771	0,6021	0,7782	0,9031	1	2
ln x	–0,6931	0	0,6931	1,0986	1,3863	1,7918	2,0794	2,3026	4,6052
lb x	–1	0	1	1,5850	2	2,5850	3	3,3220	6,6439
$\log_{0,5} x$	1	0	–1	–1,5850	–2	–2,5850	–3	–3,3220	–6,6439

Folgen und Reihen; Grenzwerte

Grundbegriffe

Zahlenfolge (a_n)	Funktion f mit $D_f = \mathbb{N}^*$ und $W_f \subseteq \mathbb{R}$ $\quad$ a_n n-tes Glied der Zahlenfolge (a_n) Das Glied a_n gibt zugleich eine **Bildungsvorschrift** der Folge (a_n) an.
Grenzwert; konvergente Zahlenfolge	Eine Zahlenfolge (a_n) konvergiert zum **Grenzwert** g (ist **konvergent**), wenn es zu jeder vorgegebenen positiven Zahl ε ein $n_0 \in \mathbb{N}^*$ gibt, sodass $\|a_n - g\| < \varepsilon$ für alle $n \geq n_0$. (Das heißt: Von einem bestimmten Glied a_n an ist der Abstand aller Folgenglieder von g kleiner als ε.) *Schreibweise:* $\lim\limits_{n \to \infty} a_n = g$
divergente Zahlenfolge	Jede nicht konvergente Zahlenfolge ist **divergent.**
***n*-te Partialsumme**	$s_n = a_1 + a_2 + \ldots + a_n = \sum\limits_{i=1}^{n} a_i$
(unendliche) Reihe	$a_1 + a_2 + \ldots + a_n + \ldots = \sum\limits_{i=1}^{\infty} a_i$ Eine Reihe $\sum\limits_{i=1}^{\infty} a_i$ ist **konvergent** (hat den **Grenzwert** s), wenn ihre Partialsummenfolge (s_n) gegen s konvergiert; s heißt dann die **Summe** der Reihe.

Spezielle Folgen und ihre Partialsummen

$a, d, q \in \mathbb{R}; \quad i, n \in \mathbb{N}^*$

arithmetische Zahlenfolge	$a_1;\ a_1 + d;\ a_1 + 2d;\ \ldots;\ a_1 + (n-1)d;\ \ldots$ $\quad$ a_1 Anfangsglied **Rekursive Bildungsvorschrift:** $a_{n+1} = a_n + d;\ a_1$ **Explizite Bildungsvorschrift:** $a_n = a_1 + (n-1)d$ Für $d < 0$ **fallende Folge** $\quad$ $d = 0$ **konstante Folge** $\quad$ $d > 0$ **wachsende Folge** $s_n = \sum\limits_{i=1}^{n} a_i = a_1 + a_2 + \ldots + a_n$ $= a_1 + (a_1 + d) + \ldots + [a_1 + (n-1)d] = \frac{n}{2}(a_1 + a_n) = na_1 + \frac{(n-1)n}{2} d$
geometrische Zahlenfolge	$a_1;\ a_1q;\ a_1q^2;\ \ldots;\ a_1q^{n-1};\ \ldots\ (a_1 \neq 0,\ q \neq 0)$ $\quad$ a_1 Anfangsglied **Rekursive Bildungsvorschrift:** $a_{n+1} = a_nq;\ a_1$ **Explizite Bildungsvorschrift:** $a_n = a_1 \cdot q^{n-1}$ Für $a_1 > 0$: $\quad$ $0 < q < 1$ **fallende Folge** $\quad$ $q = 1$ **konstante Folge** $q > 1$ **wachsende Folge** $\quad$ $q < 0$ **alternierende Folge** $s_n = \sum\limits_{i=1}^{n} a_i = a_1 + a_2 + \ldots + a_n$ $= a_1 + a_1q + \ldots + a_1q^{n-1} = a_1 \frac{q^n - 1}{q - 1} = a_1 \frac{1 - q^n}{1 - q}$ $\quad$ (falls $q \neq 1$)
geometrische Reihe	$s = \sum\limits_{n=1}^{\infty} a_1q^{n-1} = \frac{a_1}{1-q}$ $\quad$ $(a_1 \neq 0;\ q \neq 1;\ \|q\| < 1)$

Spezielle Partialsummen	$i, n \in \mathbb{N}^*$
$1 + 2 + 3 + \ldots + n = \sum\limits_{i=1}^{n} i = \frac{n(n+1)}{2}$	$1 + 4 + 9 + \ldots + n^2 = \sum\limits_{i=1}^{n} i^2 = \frac{n(n+1)(2n+1)}{6}$
$1 + 3 + 5 + \ldots + (2n-1) = \sum\limits_{i=1}^{n} (2i-1) = n^2$	$1 + 8 + 27 + \ldots + n^3 = \sum\limits_{i=1}^{n} i^3 = [\frac{n(n+1)}{2}]^2$

Grenzwerte für konvergente Folgen

$a_i, b_i \in \mathbb{R}$; $n \in \mathbb{N}^*$

Grenzwertsätze	Falls $\lim\limits_{n\to\infty} a_n = a$ und $\lim\limits_{n\to\infty} b_n = b$, so gilt: $\lim\limits_{n\to\infty}(a_n \pm b_n) = a \pm b$ $\lim\limits_{n\to\infty}(a_n b_n) = ab$ $\lim\limits_{n\to\infty}\frac{a_n}{b_n} = \frac{a}{b}$ $(b_n \neq 0;\ b \neq 0)$
spezielle Grenzwerte	$\lim\limits_{n\to\infty}\frac{1}{n} = 0$ $\lim\limits_{n\to\infty}\sqrt[n]{n} = 1$ $\lim\limits_{n\to\infty}(1+\frac{1}{n})^n = \mathrm{e}$ (e eulersche Zahl) $\lim\limits_{n\to\infty}\frac{a^n}{n!} = 0$ $\lim\limits_{n\to\infty} k^n = \begin{cases} 0 & \text{für } \lvert k\rvert < 1 \\ 1 & \text{für } k = 1 \end{cases}$ (Für $\lvert k \rvert > 1$ divergiert die Folge.)

Grenzwerte und Stetigkeit von Funktionen

Grenzwert für $x \to x_0$	Eine Zahl g heißt **Grenzwert** der Funktion f für x gegen x_0, wenn es zu jeder vorgegebenen positiven Zahl ε eine Zahl $\delta > 0$ gibt, sodass $\lvert f(x) - g \rvert < \varepsilon$ für alle x mit $\lvert x - x_0 \rvert < \delta$ und $x \neq x_0$. (Das heißt: Die Funktionswerte aller x, deren Abstand von x_0 kleiner als δ ist, unterscheiden sich von g um weniger als ε.) *Schreibweise:* $\lim\limits_{x\to x_0} f(x) = g$
Grenzwert für $x \to \infty$	Eine Zahl g heißt **Grenzwert** von f für $x \to +\infty$ (oder $-\infty$), wenn es zu jeder vorgegebenen positiven Zahl ε eine Stelle x_1 gibt, sodass $\lvert f(x) - g \rvert < \varepsilon$ für alle $x > x_1$ $(x < x_1)$. (Das heißt: Die Werte $f(x)$ der Funktion f unterscheiden sich von g für alle x, die größer (kleiner) als ein bestimmtes x_1 sind, um weniger als ε.) *Schreibweise:* $\lim\limits_{x\to\infty} f(x) = g$
Grenzwertsätze	Mit $\lim\limits_{x\to a} f(x) = u$ und $\lim\limits_{x\to a} g(x) = v$ gilt: $\lim\limits_{x\to a}[f(x) \pm g(x)] = u \pm v$ $\lim\limits_{x\to a}[f(x)\cdot g(x)] = u \cdot v$ $\lim\limits_{x\to a}\frac{f(x)}{g(x)} = \frac{u}{v}$ (falls $v \neq 0$)
Regel von L'HOSPITAL	Ist $\lim\limits_{x\to a} f(x) = 0$ sowie $\lim\limits_{x\to a} g(x) = 0$ und existieren in einer Umgebung von a sowohl die Ableitungen von f und g als auch $\lim\limits_{x\to a}\frac{f'(x)}{g'(x)}$, so gilt: $\lim\limits_{x\to a}\frac{f(x)}{g(x)} = \lim\limits_{x\to a}\frac{f'(x)}{g'(x)}$ *Anmerkung:* Die Regel ist ebenfalls anwendbar, wenn für $x \to a$ sowohl $f(x) \to \infty$ als auch $g(x) \to \infty$, sofern die oben angegebenen weiteren Bedingungen erfüllt sind. Auch andere unbestimmte Ausdrücke (wie „$0 \cdot \infty$", „$\infty - \infty$") lassen sich mit der Regel von L'HOSPITAL behandeln, indem man die darin enthaltenen Funktionen vorher so umformt, dass sie an der zu untersuchenden Stelle auf die Ausdrücke „$\frac{0}{0}$" oder „$\frac{\infty}{\infty}$" führen.
spezielle Grenzwerte	$\lim\limits_{x\to 0}\frac{\sin x}{x} = 1$ $\lim\limits_{x\to 1}\frac{\ln x}{x-1} = 1$ $\lim\limits_{x\to 0}\frac{a^x - 1}{x} = \ln a$ $(a > 0)$ $\lim\limits_{x\to 0}\frac{\tan x}{x} = 1$ $\lim\limits_{x\to\infty}\frac{x^n}{\mathrm{e}^x} = 0$ $\lim\limits_{x\to\infty}\frac{\log_a x}{x^n} = 0$ $(a > 0;\ n > 0)$
Stetigkeit	Eine Funktion f heißt **an der Stelle $x_0 \in D_f$ stetig,** wenn der Grenzwert von f an der Stelle x_0 existiert und mit dem Funktionswert $f(x_0)$ übereinstimmt. Eine Funktion f heißt **stetig,** wenn sie an jeder Stelle ihres Definitionsbereiches stetig ist. (Das heißt vereinfacht: Der Graph einer stetigen Funktion lässt sich in einem Zug zeichnen, er weist keine Lücken oder Sprünge auf.)
Zwischenwertsatz	Ist f eine in $[a;\ b]$ stetige Funktion mit $f(a) \neq f(b)$, dann nimmt f in diesem Intervall jeden Wert zwischen $f(a)$ und $f(b)$ mindestens einmal an.

Differenzialrechnung

Grundbegriffe

f Funktion; $x_0, x_0 + h \in D_f$

Differenzenquotient von f mit $y = f(x)$	$d(h) = \frac{f(x_0+h) - f(x_0)}{h}$ bzw. $\frac{\Delta y}{\Delta x} = \frac{f(x_0 + \Delta x) - f(x_0)}{\Delta x}$ Der Differenzenquotient gibt den Anstieg der Sekante durch die Punkte $P_0(x_0; f(x_0))$ und $P(x_0 + h; f(x_0 + h))$ des Graphen von f an.	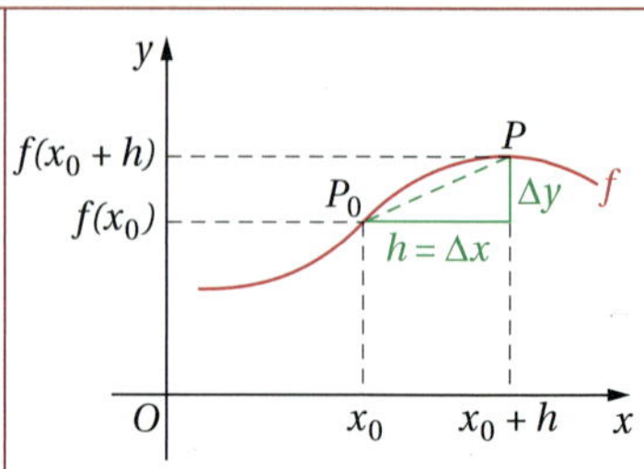
Differenzialquotient (1. Ableitung) von f an der Stelle x_0	$\lim\limits_{h \to 0} \frac{f(x_0+h) - f(x_0)}{h} = f'(x_0)$ $f'(x_0)$ gibt den Anstieg der Tangente an den Graphen der Funktion f im Punkt $P_0(x_0; f(x_0))$ an: $f'(x_0) = \tan\alpha$ Existiert $f'(x_0)$, so heißt f **differenzierbar** an der Stelle x_0.	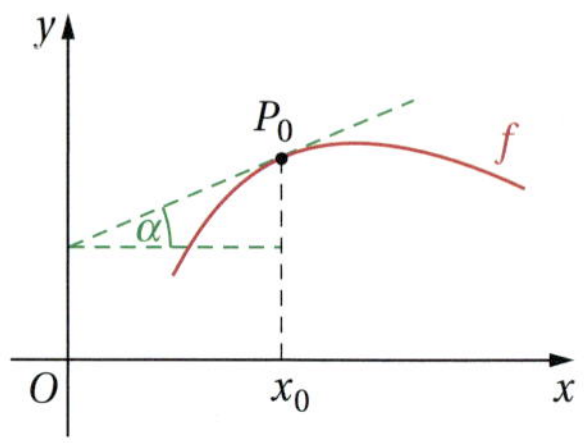
1. Ableitung von f (Ableitungsfunktion)	$y' = f'(x) = \lim\limits_{h \to 0} \frac{f(x+h) - f(x)}{h}$ bzw. $\frac{\mathrm{d}y}{\mathrm{d}x} = \lim\limits_{\Delta x \to 0} \frac{\Delta y}{\Delta x}$	
höhere Ableitungen	$y'' = [f'(x)]' = f''(x) = \frac{\mathrm{d}^2 y}{\mathrm{d}x^2}$ (2. Ableitung); … $y^{(n)} = [f^{(n-1)}(x)]' = f^{(n)}(x) = \frac{\mathrm{d}^n y}{\mathrm{d}x^n}$ (n-te Ableitung)	

Ableitungen (Ableitungsfunktionen) spezieller Funktionen

$f(x)$	$f'(x)$	$f''(x)$	$f(x)$	$f'(x)$	$f''(x)$
$a = \text{const.}$	0	0	$\sin x$	$\cos x$	$-\sin x$
x^n	nx^{n-1}	$n(n-1)x^{n-2}$	$\cos x$	$-\sin x$	$-\cos x$
$\sqrt{x}$	$\frac{1}{2\sqrt{x}}$	$-\frac{1}{4x\sqrt{x}}$	$\tan x$	$\frac{1}{\cos^2 x} = 1 + \tan^2 x$	$2\tan x(1 + \tan^2 x)$
a^x	$a^x \ln a$	$a^x (\ln a)^2$	$\log_a x$	$\frac{1}{x \cdot \ln a}$	$\frac{-1}{x^2 \cdot \ln a}$
e^x	e^x	e^x	$\ln x$	$\frac{1}{x}$	$-\frac{1}{x^2}$

Differenziationsregeln

$u = u(x)$, $v = v(x)$ differenzierbar; $c \in \mathbb{R}$

Faktorregel	$y = c \cdot u \quad \Rightarrow \quad y' = c \cdot u'$	**Produktregel**	$y = u \cdot v \quad \Rightarrow \quad y' = u' \cdot v + u \cdot v'$
Summenregel	$y = u \pm v \quad \Rightarrow \quad y' = u' \pm v'$	**Quotientenregel**	$y = \frac{u}{v}$ (mit $v \neq 0$) $\quad \Rightarrow \quad y' = \frac{u'v - uv'}{v^2}$

Kettenregel	$y = f[g(x)]$ bzw. $y = f(u)$ mit $u = g(x)$ $\Rightarrow$ $y' = f'(u) \cdot g'(x)$ bzw. $y' = \frac{dy}{dx} = \frac{dy}{du} \cdot \frac{du}{dx}$
Differenziation der Umkehrfunktion	$x = g(y)$ Umkehrfunktion von $y = f(x)$ $\Rightarrow$ $g'(y) = \frac{1}{f'(x)}$

Anwendungen der Differenzialrechnung

Kurvenuntersuchungen

f mindestens zweimal differenzierbar

Monotonieverhalten	$f'(x) > 0$ für alle $x \in [a; b]$ $\Rightarrow$ f ist in $[a; b]$ streng monoton wachsend. $f'(x) < 0$ für alle $x \in [a; b]$ $\Rightarrow$ f ist in $[a; b]$ streng monoton fallend.
Konvex- bzw. Konkavbögen	$f''(x) > 0$ für alle $x \in [a; b]$, also f' in $[a; b]$ monoton wachsend. $\Rightarrow$ Graph von f ist linksgekrümmt bzw. (von unten gesehen) konvex. (1) $f''(x) < 0$ für alle $x \in [a; b]$, also f' in $[a; b]$ monoton fallend. $\Rightarrow$ Graph von f ist rechtsgekrümmt bzw. (von unten gesehen) konkav. (2)

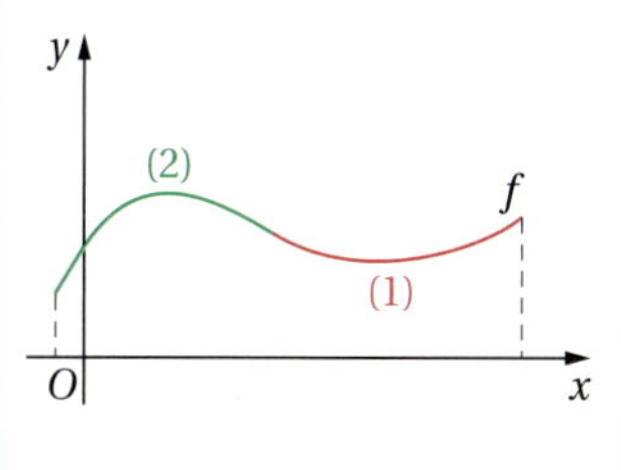

Verhalten der Funktion an speziellen Stellen (bzw. ihres Graphen in speziellen Punkten)

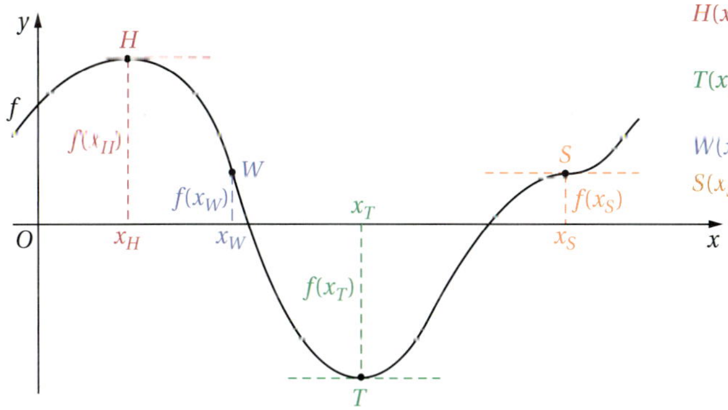

$H(x_H; f(x_H))$ Hochpunkt (lokaler Maximumpunkt)

$T(x_T; f(x_T))$ Tiefpunkt (lokaler Minimumpunkt)

$W(x_W; f(x_W))$ Wendepunkt

$S(x_S; f(x_S))$ Sattelpunkt (Horizontalwendepunkt)

	notwendige Bedingung	**hinreichende Bedingung**
$f(x_H)$ ist ein lokales Maximum; x_H ist eine lokale Maximumstelle von f	$f'(x_H) = 0$	$f'(x_H) = 0$ und $f''(x_H) < 0$ bzw. $f'(x_H) = 0$ und $f'(x)$ wechselt beim Durchgang durch x_H mit wachsendem x das Vorzeichen von plus zu minus.
$f(x_T)$ ist ein lokales Minimum; x_T ist eine lokale Minimumstelle von f	$f'(x_T) = 0$	$f'(x_T) = 0$ und $f''(x_T) > 0$ bzw. $f'(x_T) = 0$ und $f'(x)$ wechselt beim Durchgang durch x_T mit wachsendem x das Vorzeichen von minus zu plus.
x_W ist eine Wendestelle von f	$f''(x_W) = 0$	$f''(x_W) = 0$ und $f'''(x_W) \neq 0$
S ist ein Sattelpunkt von f	$f'(x_S) = 0$ $f''(x_S) = 0$	$f'(x_S) = 0$ und $f''(x_S) = 0$ und $f'''(x_S) \neq 0$

Näherungsweises Bestimmen von Nullstellen stetiger Funktionen

Sekanten-näherungsverfahren (regula falsi)	Aus zwei Näherungswerten x_1 und x_2 für die gesuchte Nullstelle x_0 von f mit $f(x_1) < 0$ und $f(x_2) > 0$ (oder umgekehrt) bestimmt man einen genaueren Näherungswert x_3 mit $x_3 = x_1 - \frac{x_2 - x_1}{f(x_2) - f(x_1)} \cdot f(x_1)$. Das Verfahren wird mit x_1 und x_3 (bzw. x_2 und x_3) fortgesetzt.	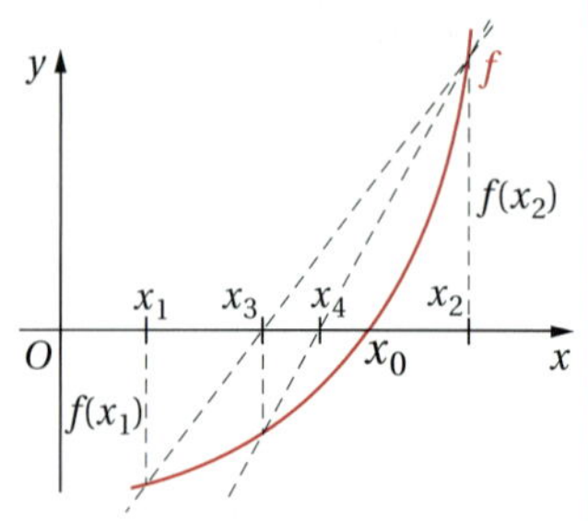
Tangenten-näherungsverfahren (newtonsches Näherungsverfahren)	Aus einem (hinreichend guten) Näherungswert x_1 für die gesuchte Nullstelle x_0 bestimmt man einen (i. Allg. genaueren) Näherungswert x_2 mit $x_2 = x_1 - \frac{f(x_1)}{f'(x_1)}$. Das Verfahren wird unter Verwendung von x_2 fortgesetzt. Bedingung: $f'(x_i) \neq 0$ und $f'(x_0) \neq 0$ sowie $\frac{f(x) \cdot f''(x)}{[f'(x)]^2} < 1$ für alle x des x_0 enthaltenen Intervalls	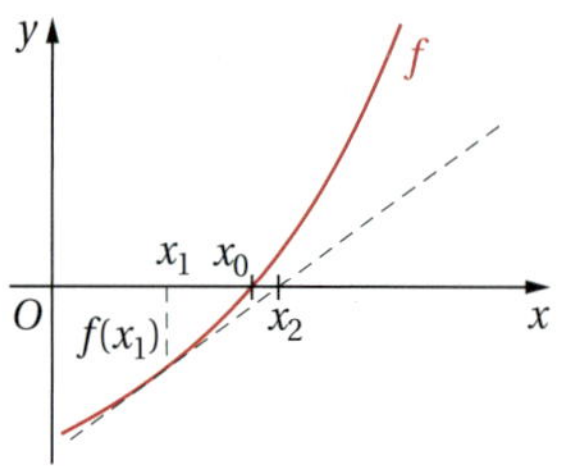

Näherungsfunktionen

Satz von Taylor	Eine beliebige Funktion f sei in einer Umgebung von $x = x_0$ mindestens $(n+1)$-mal stetig differenzierbar. Dann gilt: $f(x) = f(x_0) + \frac{f'(x_0)}{1!}(x - x_0) + \frac{f''(x_0)}{2!}(x - x_0)^2 + \ldots + \frac{f^{(n)}(x_0)}{n!}(x - x_0)^n + R_{n+1}(x)$ mit $R_{n+1}(x) = \frac{f^{(n+1)}(x_0 + \delta(x - x_0))}{(n+1)!}(x - x_0)^{n+1} \quad (0 < \delta < 1)$
Formel von MacLaurin	Taylor-Entwicklung für $x_0 = 0$: $f(x) = f(0) + f'(0) \cdot x + \frac{f''(0)}{2!}x^2 + \ldots + \frac{f^{(n)}(0)}{n!}x^n + R_{n+1}(x)$ mit $R_{n+1}(x) = \frac{f^{(n+1)}(\delta \cdot x)}{(n+1)!}x^{n+1} \quad (0 < \delta < 1)$
Taylor-Entwicklung spezieller Funktionen	$\sin x = x - \frac{x^3}{3!} + \frac{x^5}{5!} - \frac{x^7}{7!} + \ldots + (-1)^{n-1} \cdot \frac{x^{2n-1}}{(2n-1)!} + \ldots$ $\cos x = 1 - \frac{x^2}{2!} + \frac{x^4}{4!} - \frac{x^6}{6!} + \ldots + (-1)^n \cdot \frac{x^{2n}}{(2n)!} + \ldots$ $e^x = 1 + x + \frac{x^2}{2!} + \frac{x^3}{3!} + \ldots + \frac{x^n}{n!} + \ldots$ *Spezialfall:* $e = 1 + 1 + \frac{1}{2!} + \frac{1}{3!} + \ldots + \frac{1}{n!} + \ldots = 2{,}7182818\ldots$ (eulersche Zahl, ↗ S. 5) $\ln(1 + x) = x - \frac{x^2}{2} + \frac{x^3}{3} - \frac{x^4}{4} + \ldots + (-1)^{n-1} \cdot \frac{x^n}{n} + \ldots \quad (-1 < x \leq 1)$ *Spezialfall:* $\ln 2 = 1 - \frac{1}{2} + \frac{1}{3} - \frac{1}{4} + \ldots + (-1)^{n-1} \cdot \frac{1}{n} + \ldots = 0{,}6931471\ldots$ $(1 + x)^p = 1 + px + \frac{p(p-1)}{2!}x^2 + \ldots + \frac{p(p-1) \cdot \ldots \cdot (p-n+2)}{(n-1)!}x^n + \ldots \quad (p \in \mathbb{R};\ -1 \leq x < 1)$ *Spezialfall:* $\frac{1}{1+x} = 1 - x + x^2 - x^3 + \ldots + (-1)^{n-1} \cdot x^{n-1} + \ldots$

Integralrechnung

Grundbegriffe

Stammfunktion	F ist eine **Stammfunktion** der Funktion f mit $y = f(x)$ $\Leftrightarrow$ $F'(x) = f(x)$ für alle x aus dem gemeinsamen Definitionsbereich von f und F. Mit $y = F(x)$ ist auch jede Funktion $y = F(x) + C$ eine Stammfunktion von f.
unbestimmtes Integral	$\int f(x)\,\mathrm{d}x = F(x) + C$ (Menge aller Stammfunktionen von f) C heißt **Integrationskonstante.**
bestimmtes Integral	$\int_a^b f(x)\,\mathrm{d}x = F(b) - F(a)$ (falls F eine Stammfunktion der im Intervall $[a; b]$ stetigen Funktion f ist)
Eigenschaften des bestimmten Integrals	$\int_a^a f(x)\,\mathrm{d}x = 0$ $\quad$ $\int_b^a f(x)\,\mathrm{d}x = -\int_a^b f(x)\,\mathrm{d}x$ $\int_a^b f(x)\,\mathrm{d}x = \int_a^c f(x)\,\mathrm{d}x + \int_c^b f(x)\,\mathrm{d}x$ (für $c \in [a; b]$)

Grundintegrale und weitere spezielle unbestimmte Integrale

$\int 0\,\mathrm{d}x = C$	$\int a\,\mathrm{d}x = ax + C \quad (a \in \mathbb{R})$	$\int x^n\,\mathrm{d}x = \frac{1}{n+1}\,x^{n+1} + C \;(n \in \mathbb{R};\, n \neq -1)$
$\int \frac{1}{x}\,\mathrm{d}x = \ln\lvert x\rvert + C \;(x \neq 0)$	$\int \sin x\,\mathrm{d}x = -\cos x + C$	$\int \cos x\,\mathrm{d}x = \sin x + C$
$\int a^x\,\mathrm{d}x = \frac{a^x}{\ln a} + C \;(a \neq 1)$	$\int \mathrm{e}^x\,\mathrm{d}x = \mathrm{e}^x + C$	$\int \frac{1}{\cos^2 x}\,\mathrm{d}x = \tan x + C$
$\int \sqrt{x}\,\mathrm{d}x = \frac{2}{3}\sqrt{x^3} + C$	$\int \frac{1}{x \cdot \ln a}\,\mathrm{d}x = \log_a x + C$	$\int \sin^2 x\,\mathrm{d}x = \frac{1}{2}(x - \sin x \cos x) + C$
$\int \cos^2 x\,\mathrm{d}x = \frac{1}{2}(x + \sin x \cos x) + C$	$\int \frac{\mathrm{d}x}{\sqrt{x^2 \pm a^2}} = \ln\lvert x + \sqrt{x^2 \pm a^2}\rvert + C$	$\int \tan x\,\mathrm{d}x = -\ln\lvert\cos x\rvert + C$

Integrationsregeln

Faktorregel	$\int a \cdot u(x)\,\mathrm{d}x = a\int u(x)\,\mathrm{d}x \quad (a = \text{const.})$
Summenregel (Linearität)	$\int [u(x) \pm v(x)]\,\mathrm{d}x = \int u(x)\,\mathrm{d}x \pm \int v(x)\,\mathrm{d}x$
Substitutionsregel	$\int f[g(x)] \cdot g'(x)\,\mathrm{d}x = \int f(u)\,\mathrm{d}u$ (mit $u = g(x)$ und $\mathrm{d}u = g'(x)\mathrm{d}x$) *Spezialfall:* $\int \frac{f'(x)}{f(x)}\,\mathrm{d}x = \ln\lvert f(x)\rvert + C$ (für $f(x) \neq 0$ für alle x)
Regel für partielle Integration	$\int u'(x) \cdot v(x)\,\mathrm{d}x = u(x) \cdot v(x) - \int u(x) \cdot v'(x)\,\mathrm{d}x$ $\quad$ kurz: $\int u'v\,\mathrm{d}x = uv - \int uv'\,\mathrm{d}x$

Anwendungen der Integralrechnung

Flächenberechnung

f in $[a; b]$ stetig

<table>
<tr><td rowspan="2">Flächeninhalt zwischen Graphen und x-Achse</td><td>$f(x) \geq 0$ für alle $x \in [a; b]$
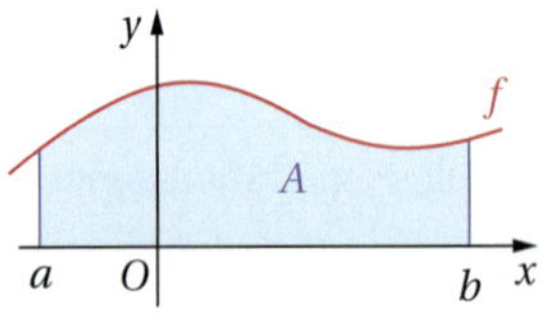
$A = \int_a^b f(x)\,dx$</td><td>$f(x) \leq 0$ für alle $x \in [a; b]$
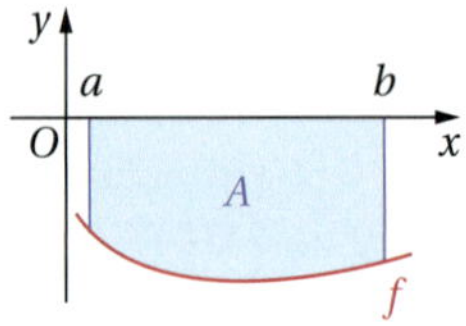
$A = \left| \int_a^b f(x)\,dx \right| = -\int_a^b f(x)\,dx$</td></tr>
<tr><td colspan="2">$f(x)$ besitzt in $[a; b]$ Nullstellen
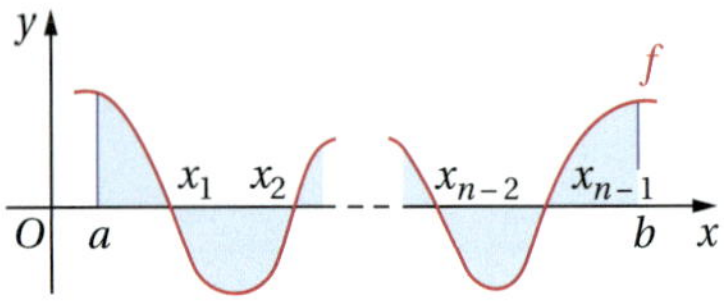
$A = \left| \int_a^{x_1} f(x)\,dx \right| + \left| \int_{x_1}^{x_2} f(x)\,dx \right| + \ldots + \left| \int_{x_{n-1}}^{b} f(x)\,dx \right|$</td></tr>
<tr><td rowspan="2">Flächeninhalt zwischen zwei Graphen</td><td colspan="2">$f(x) \geq g(x)$ für alle $x \in [a; b]$
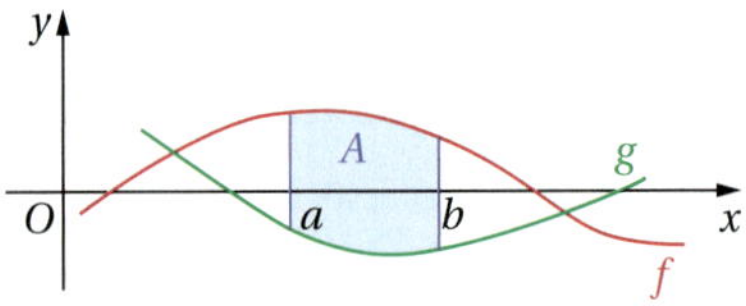
$A = \int_a^b [f(x) - g(x)]\,dx$
(unabhängig davon, ob f oder g in $[a; b]$ eine Nullstelle besitzt)</td></tr>
<tr><td colspan="2">Graphen von f und g schneiden einander in $[a; b]$
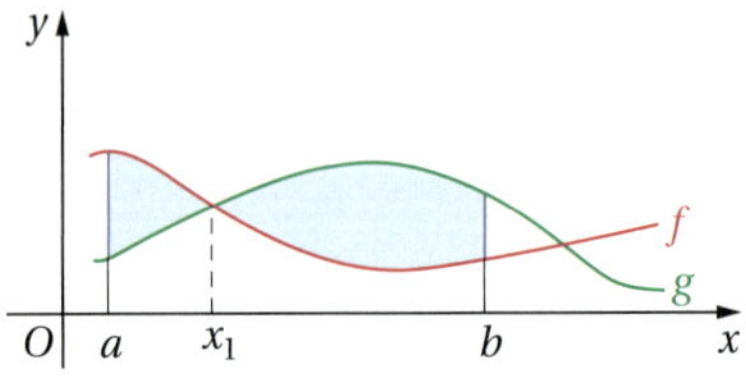
$A = \int_a^{x_1} [f(x) - g(x)]\,dx + \int_{x_1}^{b} [g(x) - f(x)]\,dx$
Allgemein:
$A = \left| \int_a^{x_1} [f(x) - g(x)]\,dx \right| + \left| \int_{x_1}^{b} [f(x) - g(x)]\,dx \right|$</td></tr>
</table>

Näherungsweises Berechnen bestimmter Integrale

Für die näherungsweise Berechnung des bestimmten Integrals $\int_a^b f(x)\,dx$ (und der entsprechenden Flächeninhalte) wird das Intervall $[a; b]$ in n Teile der Länge $d = \frac{b-a}{n}$ zerlegt.

Die Teilpunkte sind dann $x_0 = a$, $x_1 = a + d$, $x_2 = a + 2d$, …, $x_{n-1} = a + (n-1)d$, $x_n = a + nd = b$.

<table>
<tr><td>Rechteck-formel</td><td>Die Fläche A wird durch Rechtecke mit der Fläche
$A_i = d \cdot f(x_i) = d \cdot y_i \quad (i = 0, 1, \ldots, (n-1))$
angenähert.
$A = \int_a^b f(x)\,dx \approx d \cdot (y_0 + y_1 + \ldots + y_{n-1})$</td><td>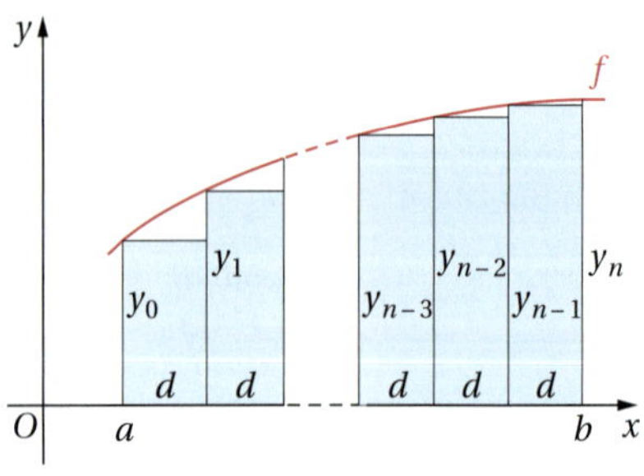</td></tr>
</table>

Trapezformel (Sekantenformel)	Die Fläche A wird durch Trapeze mit der Fläche $A_i = \frac{y_i + y_{i+1}}{2} d \quad (i = 0, 1, \ldots, (n-1))$ angenähert. $A = \int_a^b f(x)\,dx \approx \frac{d}{2}(y_0 + 2y_1 + 2y_2 + \ldots + 2y_{n-1} + y_n)$	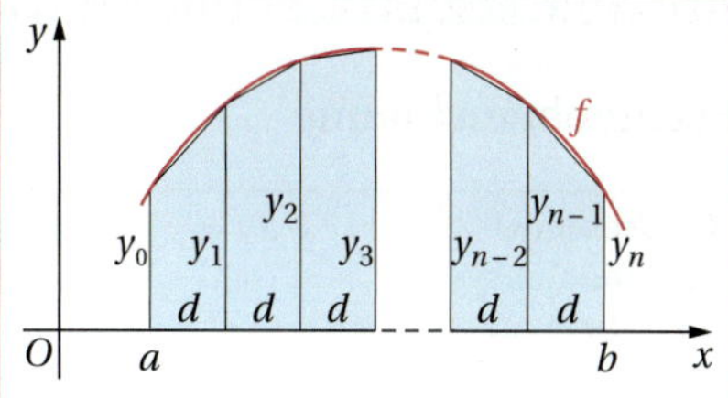
Parabelformel (simpsonsche Regel)	Die zu berechnende Fläche wird durch Teilflächen unter Parabelbögen angenähert. Man teilt $[a; b]$ in n Intervalle und legt durch jeweils drei aufeinander folgende Punkte $(x_{i-1}; y_{i-1})$, $(x_i; y_i)$ und $(x_{i+1}; y_{i+1})$ mit $i = 1, \ldots, (n-1)$ einen Parabelbogen. $A = \int_a^b f(x)\,dx \approx \frac{d}{3}[(y_0 + 4y_1 + y_2) + (y_2 + 4y_3 + y_4) + \ldots + (y_{n-2} + 4y_{n-1} + y_n)]$ bzw. $A = \int_a^b f(x)\,dx \approx \frac{d}{3}(y_0 + 4y_1 + 2y_2 + 4y_3 + 2y_4 + \ldots + 2y_{n-2} + 4y_{n-1} + y_n)$ (n gerade)	
keplersche Fassregel	Man verwendet für die Bestimmung der Näherungsparabel nur die Punkte $(a; f(a))$, $(x_m; f(x_m))$ und $(b; f(b))$ mit $x_m = \frac{1}{2}(a + b)$. $A = \int_a^b f(x)\,dx \approx \frac{b-a}{6}(f(a) + 4f(x_m) + f(b))$	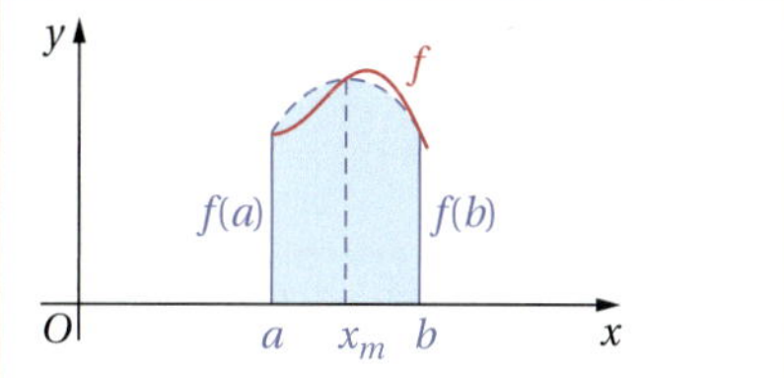

Bogenlänge ebener Kurven

Für $a \leq x \leq b$ hat der entsprechende Abschnitt des Graphen von f die Bogenlänge $s = \int_a^b \sqrt{1 + [f'(x)]^2}\,dx$.

Berechnung von Rotationskörpern

f in $[a; b]$ stetig und streng monoton

Rotiert das Flächenstück, das zwischen dem Graphen der Funktion

$y = f(x)$ für $a \leq x \leq b$, den Parallelen zur y-Achse durch $x_1 = a$ und $x_2 = b$ und der x-Achse liegt, um die x-Achse, so gilt für **Volumen** V_x bzw. **Mantelfläche** M_x des entstehenden Rotationskörpers:

$$V_x = \pi\int_a^b y^2\,dx = \pi\int_a^b [f(x)]^2\,dx$$

$$M_x = 2\pi\int_a^b y\sqrt{1 + y'^2}\,dx = 2\pi\int_a^b f(x)\sqrt{1 + [f'(x)]^2}\,dx$$

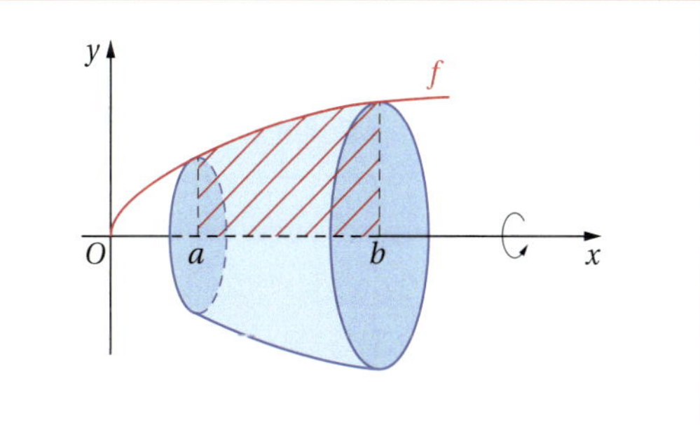

$x = g(y)$ für $c \leq y \leq d$ (mit $c = f(a)$ und $d = f(b)$), den Parallelen zur x-Achse durch $y_1 = c$ und $y_2 = d$ und der y-Achse liegt, um die y-Achse, so gilt für **Volumen** V_y bzw. **Mantelfläche** M_y des entstehenden Rotationskörpers:

$$V_y = \pi\int_c^d x^2\,dy = \pi\int_c^d [g(y)]^2\,dy = \left|\pi\int_a^b x^2 f'(x)\,dx\right|$$

$$M_y = 2\pi\int_c^d x\sqrt{1 + x'^2}\,dy = 2\pi\int_c^d g(y)\sqrt{1 + [g'(y)]^2}\,dy$$

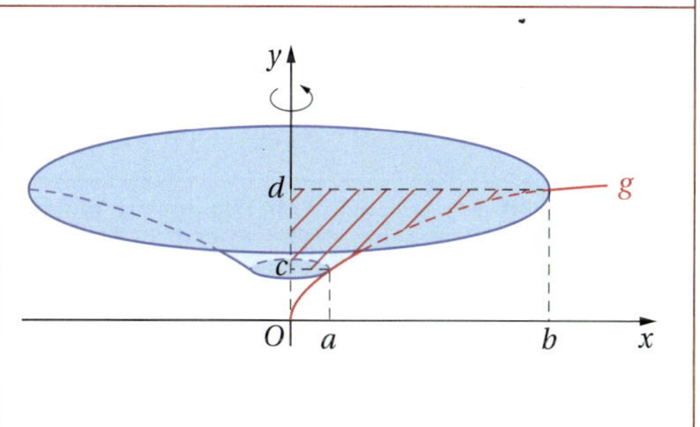

Ebene Koordinatengeometrie (Analytische Geometrie der Ebene)

Koordinatensysteme

kartesisches Koordinatensystem	x_1, y_1 Koordinaten von P_1 x_1 Abszisse y_1 Ordinate O Koordinatenursprung	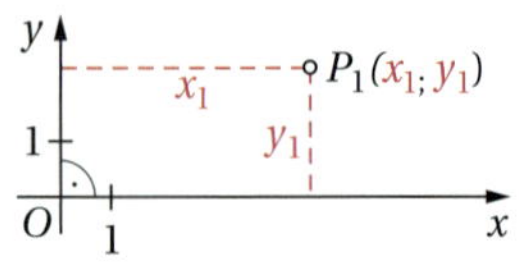
Polarkoordinaten-system	r_1, φ_1 Polarkoordinaten von P_1 r_1 Radius φ_1 Polarwinkel (Phase, Anomalie)	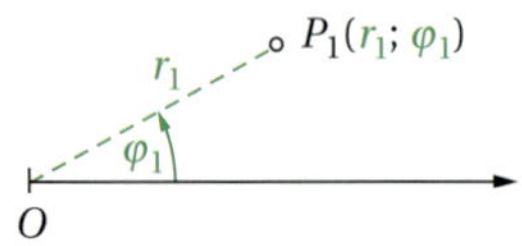
Koordinatentransformationen		
Transformation von kartesischen Koordinaten in Polarkoordinaten (und umgekehrt)	$x = r \cdot \cos\varphi$ $\quad r = \sqrt{x^2 + y^2}$ $y = r \cdot \sin\varphi$ $\quad \cos\varphi = \frac{x}{\sqrt{x^2 + y^2}}$ $\sin\varphi = \frac{y}{\sqrt{x^2 + y^2}}$	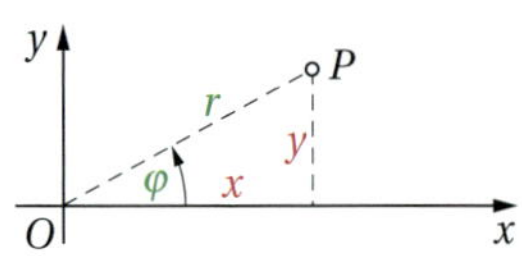
Parallelverschiebung (Translation) eines kartesischen Koordinatensystems	x, y Koordinaten von P im ursprünglichen System x', y' Koordinaten von P im neuen System $x = x' + c$ $\quad x' = x - c$ $y = y' + d$ $\quad y' = y - d$	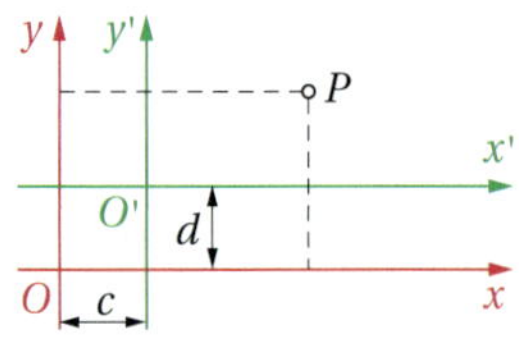
Drehung (Rotation) eines kartesischen Koordinatensystems um den Winkel φ	x, y Koordinaten von P im ursprünglichen System x', y' Koordinaten von P im neuen System $O = O'$ $x = x' \cdot \cos\varphi - y' \cdot \sin\varphi$ $\quad x' = x \cdot \cos\varphi + y \cdot \sin\varphi$ $y = x' \cdot \sin\varphi + y' \cdot \cos\varphi$ $\quad y' = -x \cdot \sin\varphi + y \cdot \cos\varphi$	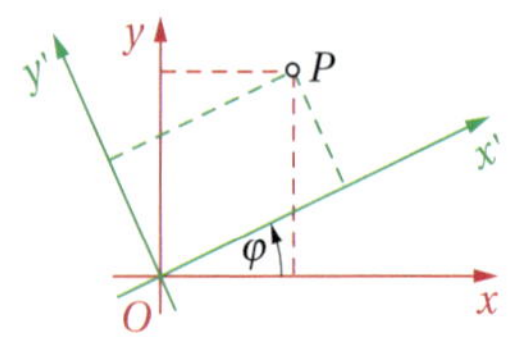

Strecken; Dreiecke

Länge s einer Strecke	$s = \overline{P_1P_2} = \sqrt{(x_2 - x_1)^2 + (y_2 - y_1)^2}$	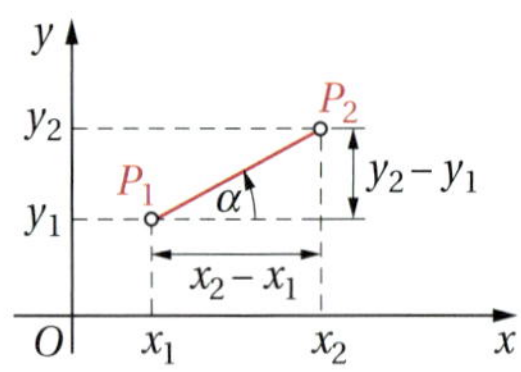
Anstieg m einer Strecke	$m = \tan\alpha = \frac{y_2 - y_1}{x_2 - x_1}$	
Mittelpunkt M einer Strecke	$x_M = \frac{x_1 + x_2}{2}$ $\quad y_M = \frac{y_1 + y_2}{2}$	
Teilung (Teilpunkt T) einer Strecke	Für einen Teilpunkt T mit $\overrightarrow{P_1T} = \lambda\,\overrightarrow{TP_2}$ gilt: $x_T = \frac{x_1 + \lambda x_2}{1 + \lambda}$; $\quad y_T = \frac{y_1 + \lambda y_2}{1 + \lambda}$ $\quad$ (λ Teilverhältnis mit $\lambda \in \mathbb{R}$ und $\lambda \neq -1$)	
Flächeninhalt A eines Dreiecks (↗ S. 27)	Für ein Dreieck mit den Eckpunkten P_1, P_2 und P_3 gilt: $A = \frac{1}{2}\,\lvert x_1(y_2 - y_3) + x_2(y_3 - y_1) + x_3(y_1 - y_2) \rvert$	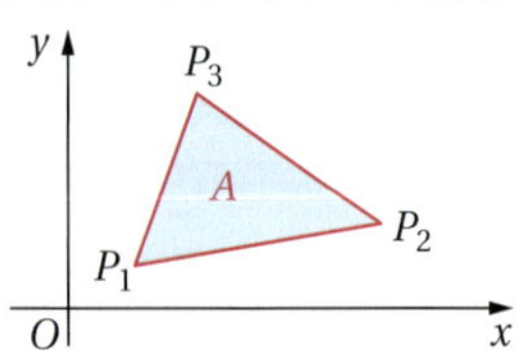
Schwerpunkt S eines Dreiecks	$x_S = \frac{x_1 + x_2 + x_3}{3}$; $\quad y_S = \frac{y_1 + y_2 + y_3}{3}$	

Geraden

$m, n \in \mathbb{R}$; $A, B, C \in \mathbb{R}$

Punktrichtungsgleichung	$y - y_0 = m(x - x_0)$ $\quad m = \tan\alpha \quad (\alpha \neq 90°)$ Gerade durch $P_0(x_0;\, y_0)$ mit dem Anstieg m	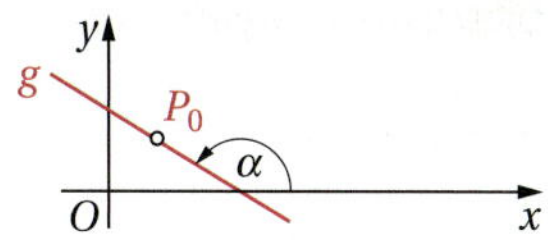
Zweipunktegleichung	$y - y_1 = \frac{y_2 - y_1}{x_2 - x_1}(x - x_1)$ $m = \tan\alpha = \frac{y_2 - y_1}{x_2 - x_1} \quad (x_2 \neq x_1)$ Gerade durch $P_1(x_1;\, y_1)$ und $P_2(x_2;\, y_2)$	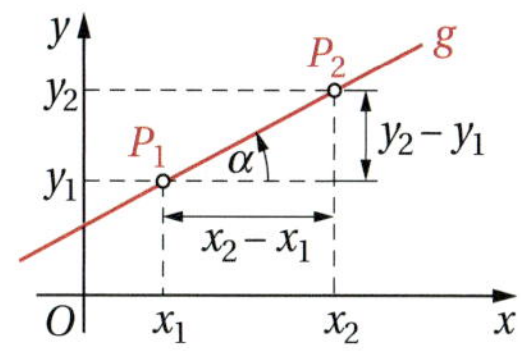
kartesische Normalform (der Geradengleichung)	$y = mx + n \quad m = \tan\alpha \quad (\alpha \neq 90°)$ Gerade mit dem Anstieg m, die die y-Achse in $S_y(0;\, n)$ schneidet	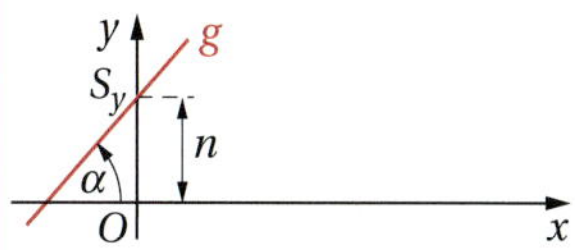
Achsenabschnittsgleichung	$\frac{x}{a} + \frac{y}{b} = 1$ Gerade, die die Achsen in $S_x(a;\, 0)$ bzw. $S_y(0;\, b)$ schneidet	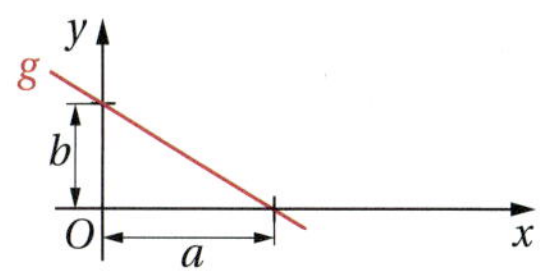
allgemeine Form (der Geradengleichung)	$Ax + By + C = 0 \quad (A^2 + B^2 > 0)$	$A = 0 \Rightarrow g$ parallel zur x-Achse $B = 0 \Rightarrow g$ parallel zur y-Achse
hessesche Normal(en)form (der Geradengleichung)	$x \cdot \cos\varphi + y \cdot \sin\varphi - p = 0$ p Abstand der Geraden vom Ursprung O φ Winkel zwischen positiver x-Achse und Lot p $\cos\varphi = \frac{A}{\sqrt{A^2 + B^2}}$; $\sin\varphi = \frac{B}{\sqrt{A^2 + B^2}}$; $p = \frac{-C}{\sqrt{A^2 + B^2}}$	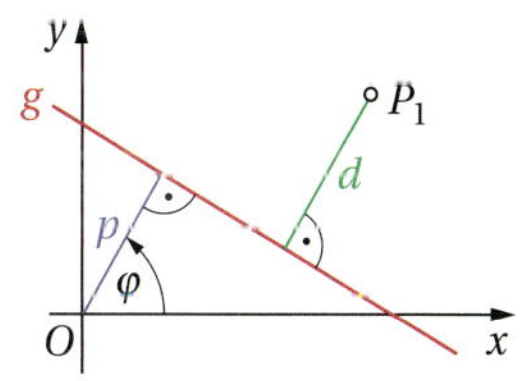
Abstand des Punktes P_1 von der Geraden g	$d = \lvert x_1 \cdot \cos\varphi + y_1 \cdot \sin\varphi - p \rvert = \frac{\lvert Ax_1 + By_1 + C \rvert}{\sqrt{A^2 + B^2}}$	
Lagebeziehung zweier Geraden	$g_1\!: y = m_1 x + n_1 \quad g_2\!: y = m_2 x + n_2$ Schnittwinkel ψ: $\tan\psi = \frac{m_2 - m_1}{1 + m_1 m_2} \quad (\psi \neq 90°)$ $m_1 = m_2 \Rightarrow g_1 \parallel g_2$ $m_1 = -\frac{1}{m_2} \Rightarrow g_1 \perp g_2 \quad (m_2 \neq 0)$	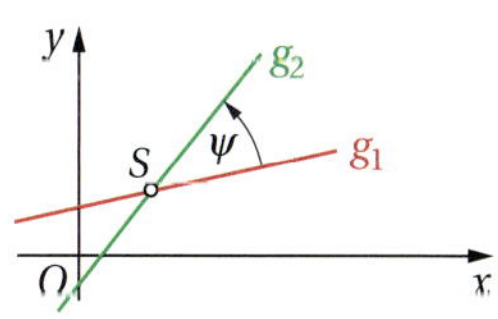

Kreis

$r > 0$; $c, d, r \in \mathbb{R}$

Kreisgleichung (allgemeine Lage)	Kreis mit Mittelpunkt $M(c;\, d)$ und Radius r: $(x - c)^2 + (y - d)^2 = r^2$	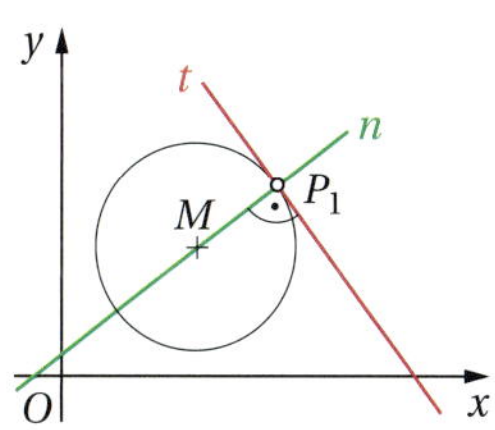
Mittelpunktsgleichung	Kreis mit Mittelpunkt $M(0;\, 0)$ und Radius r: $x^2 + y^2 = r^2$	
Tangente im Punkt P_1	$(x - c)(x_1 - c) + (y - d)(y_1 - d) = r^2 \quad M(c;\, d)$ $x x_1 + y y_1 = r^2 \quad M(0;\, 0)$	
Normale im Punkt P_1	$y - y_1 = \frac{y_1 - d}{x_1 - c} \cdot (x - x_1) \quad M(c;\, d)$ $y - y_1 = \frac{y_1}{x_1} \cdot (x - x_1) \quad M(0;\, 0)$	

Kegelschnitte

$a, b, c, d, p \in \mathbb{R};\ a, b > 0$

Wird ein doppelter Kreiskegel mit einer Ebene zum Schnitt gebracht, so werden die Schnittflächen von Kurven berandet, die man als **Kegelschnitte** bezeichnet.

Abhängig vom Verhältnis des Schnittwinkels α, den die Schnittebene mit der Kegelachse einschließt, zum (halben) Öffnungswinkel φ des Kegels ist die entstehende Kurve eine **Ellipse** ($\alpha > \varphi$), eine **Parabel** ($\alpha = \varphi$) oder eine **Hyperbel** ($\alpha < \varphi$).
Der **Kreis** ist ein Sonderfall der Ellipse ($\alpha = 90°$). Beim Schnitt durch S entstehen entartete Kegelschnitte (Geradenpaar bzw. Punkt).

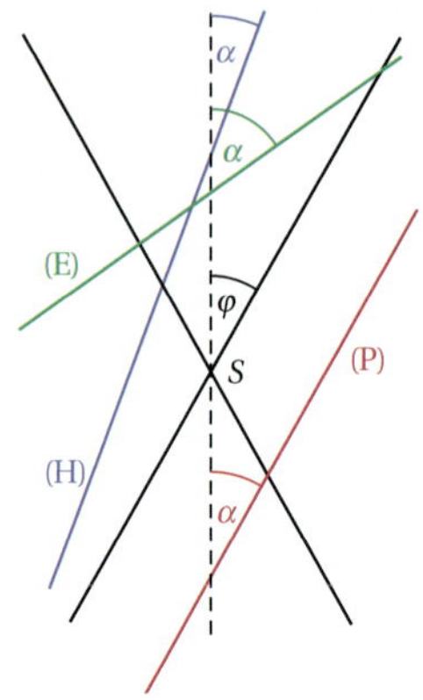

Kegelschnitte im Koordinatensystem (Mittelpunkts- bzw. Scheitelpunktslage)

Ellipse

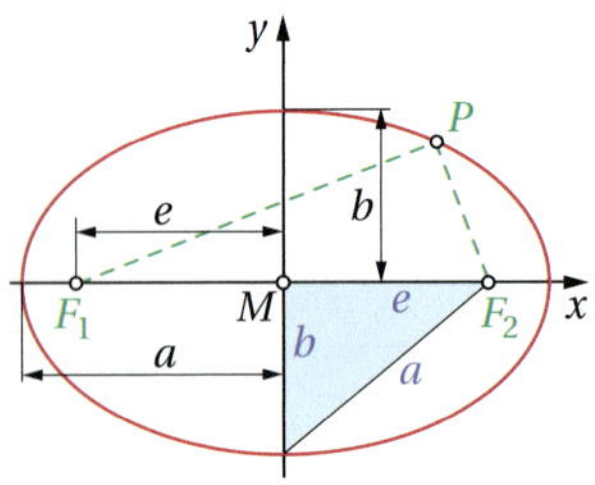

Es gilt: $\overline{PF_1} + \overline{PF_2} = 2a$

Hyperbel

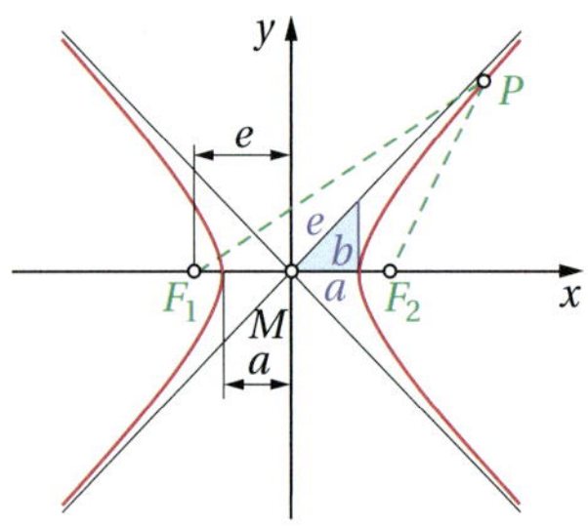

Es gilt: $|\overline{PF_1} - \overline{PF_2}| = 2a$

Parabel

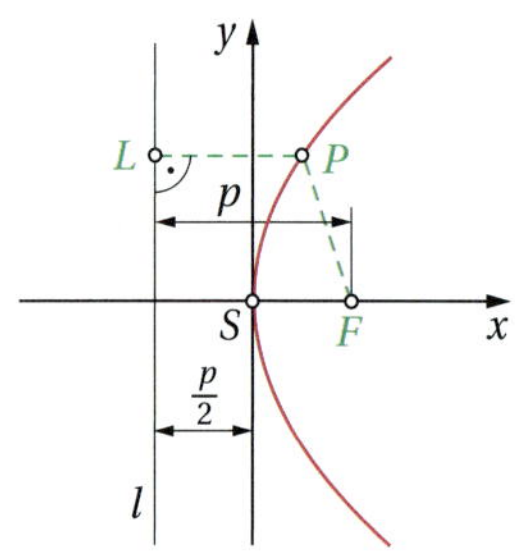

Es gilt: $\overline{PF} = \overline{PL}$

Begriff	Ellipse	Hyperbel	Parabel
	(a große Halbachse; b kleine Halbachse)		(p Halbparameter)
Mittelpunktsgleichung bzw. Scheitelgleichung	$\frac{x^2}{a^2} + \frac{y^2}{b^2} = 1 \quad M(0;0)$	$\frac{x^2}{a^2} - \frac{y^2}{b^2} = 1 \quad M(0;0)$	$y^2 = 2px \quad S(0;0)$
lineare Exzentrizität	$e = \sqrt{a^2 - b^2}$	$e = \sqrt{a^2 + b^2}$	–
Brennpunkt(e)	$F_{1;2}\,(\pm e; 0)$	$F_{1;2}\,(\pm e; 0)$	$F(\frac{p}{2}; 0)$ Leitlinie l: $x = -\frac{p}{2}$
Tangente in P_1	$\frac{x x_1}{a^2} + \frac{y y_1}{b^2} = 1$	$\frac{x x_1}{a^2} - \frac{y y_1}{b^2} = 1$	$y y_1 = p(x + x_1)$
Normale durch P_1	$y - y_1 = \frac{a^2 y_1}{b^2 x_1}(x - x_1)$	$y - y_1 = -\frac{a^2 y_1}{b^2 x_1}(x - x_1)$	$y - y_1 = -\frac{y_1}{p}(x - x_1)$
Asymptoten	–	$\frac{x}{a} \pm \frac{y}{b} = 0$	–
achsenparallele Lage $M(c; d)$ bzw. $S(c; d)$	$\frac{(x-c)^2}{a^2} + \frac{(y-d)^2}{b^2} = 1$	$\frac{(x-c)^2}{a^2} - \frac{(y-d)^2}{b^2} = 1$	$(y-d)^2 = 2p(x-c)$

Vektorrechnung und analytische Geometrie des Raumes

Begriff des Vektors

Eine nichtleere Menge V heißt (reeller) **Vektorraum,** wenn für ihre Elemente (die **Vektoren**) eine Addition sowie eine Vielfachbildung (Multiplikation mit reellen Zahlen, sog. skalare Multiplikation) so definiert sind, dass für alle $\vec{a}, \vec{b}, \vec{c} \in V$ und alle $r, s \in \mathbb{R}$ die folgenden Gesetze gelten:

(1) $\vec{a} + \vec{b} = \vec{b} + \vec{a}$ (Kommutativgesetz der Addition)

(2) $(\vec{a} + \vec{b}) + \vec{c} = \vec{a} + (\vec{b} + \vec{c})$ (Assoziativgesetz der Addition)

(3) Es gibt ein Element $\vec{o} \in V$, sodass für alle $\vec{a} \in V$ gilt: $\vec{a} + \vec{o} = \vec{a}$ (Existenz eines Nullelements)

(4) Zu jedem $\vec{a} \in V$ gibt es in V ein Element $-\vec{a}$ mit $\vec{a} + (-\vec{a}) = \vec{o}$. (Existenz eines entgegengesetzten Elements)

(5) $r(s\vec{a}) = (rs)\vec{a}$ (7) $(r + s)\vec{a} = r\vec{a} + s\vec{a}$ (Rechengesetze der Vielfachbildung)

(6) $r(\vec{a} + \vec{b}) = r\vec{a} + r\vec{b}$ (8) $1\vec{a} = \vec{a}$

Die Menge der **Verschiebungen** einer Ebene bzw. des Raumes bildet einen Vektorraum.
Die zu einer Verschiebung gehörende Menge (Äquivalenzklasse) gleich langer, zueinander paralleler und gleich orientierter Pfeile wird als **Schubvektor** bzw. **geometrischer Vektor** bezeichnet. Jeder Pfeil der Menge ist ein Repräsentant des Vektors.
Ein (Schub-)Vektor ist eine durch Betrag (Länge), Richtung und Orientierung (Durchlaufsinn) gekennzeichnete Größe (vereinfachter Vektorbegriff).

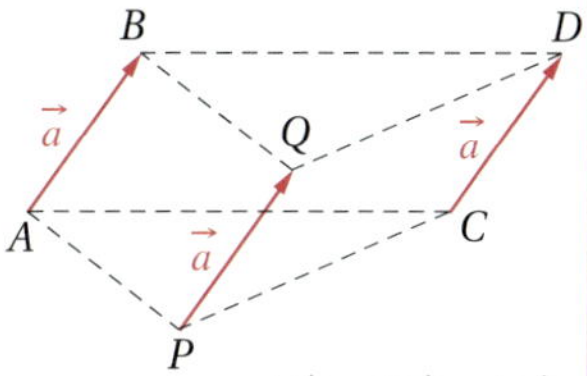

$\vec{a} = \overrightarrow{AB} = \overrightarrow{CD} = \overrightarrow{PQ}$

Nullvektor $\vec{o}$	Vektor mit dem Betrag 0 und unbestimmter Richtung (identische Abbildung in der Menge der Verschiebungen)
Einheitsvektor	Vektor mit dem Betrag 1
entgegengesetzter Vektor von $\vec{a}$	Vektor mit gleichem Betrag und gleicher Richtung, aber entgegengesetzter Orientierung wie $\vec{a}$

Linearkombination; Basis

Linearkombination	Ein Vektor $\vec{b}$ heißt **Linearkombination** der Vektoren $\vec{a}_1, \vec{a}_2, \ldots, \vec{a}_n$, wenn es reelle Zahlen $r_1, r_2, \ldots, r_n$ gibt, sodass gilt: $\vec{b} = r_1\vec{a}_1 + r_2\vec{a}_2 + \ldots + r_n\vec{a}_n$
lineare Unabhängigkeit	Die Vektoren $\vec{a}_1, \vec{a}_2, \ldots, \vec{a}_n$ heißen **linear unabhängig** genau dann, wenn die Gleichung $r_1\vec{a}_1 + r_2\vec{a}_2 + \ldots + r_n\vec{a}_n = \vec{o}$ $(r_i \in \mathbb{R})$ nur für $r_1 = r_2 = \ldots = r_n = 0$ lösbar ist (d.h., wenn sich keiner der Vektoren als Linearkombination der übrigen darstellen lässt).
lineare Abhängigkeit	Anderenfalls heißen die Vektoren $\vec{a}_1, \vec{a}_2, \ldots, \vec{a}_n$ **linear abhängig.**
Basis $\{\vec{a}_1, \vec{a}_2, \ldots, \vec{a}_n\}$	Die Vektoren $\vec{a}_1, \vec{a}_2, \ldots, \vec{a}_n$ heißen **Basis** des Vektorraumes V genau dann, wenn sie linear unabhängig sind und jeder Vektor $\vec{x} \in V$ als Linearkombination dieser Vektoren darstellbar ist, d.h., wenn gilt: $\vec{x} = r_1\vec{a}_1 + r_2\vec{a}_2 + \ldots + r_n\vec{a}_n$ $(r_i \in \mathbb{R})$ Die reellen Zahlen $r_1, r_2, \ldots, r_n$ werden die **Koordinaten** und die Vektoren $r_1\vec{a}_1, r_2\vec{a}_2, \ldots, r_n\vec{a}_n$ die **Komponenten** von $\vec{x}$ bezüglich der Basis $\{\vec{a}_1, \vec{a}_2, \ldots, \vec{a}_n\}$ genannt.
Dimension	Die Anzahl der Vektoren einer Basis (d.h. die maximale Anzahl linear unabhängiger Vektoren) des Vektorraumes V nennt man dessen **Dimension.** Der euklidische Anschauungsraum ist dreidimensional; jedes Tripel linear unabhängiger Vektoren bildet eine Basis.
Koordinatensystem $(O; \vec{a}_1, \vec{a}_2, \ldots, \vec{a}_n)$	Ein Punkt O sowie eine Basis $\{\vec{a}_1, \vec{a}_2, \ldots, \vec{a}_n\}$ legen ein **Koordinatensystem** fest.

Vektoren im kartesischen Koordinatensystem

Begriff des kartesischen Koordinatensystems	Ein Koordinatensystem $(O; \vec{i}; \vec{j}; \vec{k})$ heißt **kartesisches** (orthonormiertes) **Koordinatensystem** genau dann, wenn gilt: $\lvert \vec{i} \rvert = \lvert \vec{j} \rvert = \lvert \vec{k} \rvert = 1$ $\sphericalangle(\vec{i}, \vec{j}) = \sphericalangle(\vec{j}, \vec{k}) = \sphericalangle(\vec{k}, \vec{i}) = 90°$ $\vec{i}, \vec{j}$ und $\vec{k}$ bilden in dieser Reihenfolge ein Rechtssystem (Rechte-Hand-Regel).
Komponenten- bzw. Koordinatendarstellung eines Vektors $\vec{a}$	$\vec{a} = a_x\vec{i} + a_y\vec{j} + a_z\vec{k} = \begin{pmatrix} a_x \\ a_y \\ a_z \end{pmatrix} = (a_x; a_y; a_z)$ $a_x\vec{i}, a_y\vec{j}, a_z\vec{k}$ Komponenten von $\vec{a}$ a_x, a_y, a_z Koordinaten von $\vec{a}$
Ortsvektor $\vec{p}_1$ eines Punktes $P_1(x_1; y_1; z_1)$	$\vec{p}_1 = \overrightarrow{OP_1} = x_1\vec{i} + y_1\vec{j} + z_1\vec{k}$
Vektor durch zwei Punkte P_1 und P_2	$\overrightarrow{P_1P_2} = \vec{p}_2 - \vec{p}_1 = (x_2 - x_1)\vec{i} + (y_2 - y_1)\vec{j} + (z_2 - z_1)\vec{k} = \begin{pmatrix} x_2 - x_1 \\ y_2 - y_1 \\ z_2 - z_1 \end{pmatrix}$
Betrag eines Vektors $\vec{a}$	$\lvert \vec{a} \rvert = a = \sqrt{a_x^2 + a_y^2 + a_z^2}$
Länge einer Strecke s	$s = \overline{P_1P_2} = \lvert \overrightarrow{P_1P_2} \rvert = \sqrt{(x_2 - x_1)^2 + (y_2 - y_1)^2 + (z_2 - z_1)^2}$

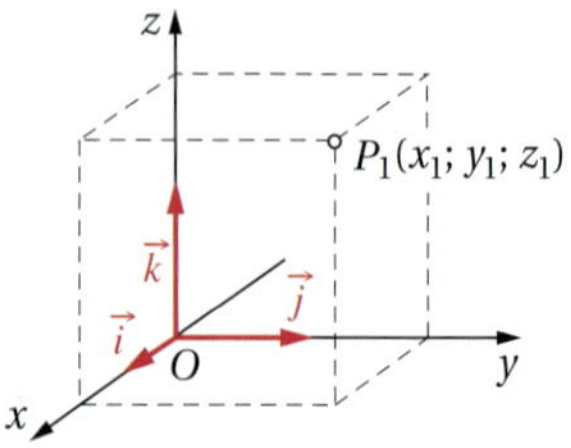

Operationen mit Vektoren

$a_i, b_k \in \mathbb{R}$

Addition	$\vec{a} + \vec{b} = (a_x + b_x)\vec{i} + (a_y + b_y)\vec{j} + (a_z + b_z)\vec{k} = \begin{pmatrix} a_x + b_x \\ a_y + b_y \\ a_z + b_z \end{pmatrix}$
Subtraktion	$\vec{a} - \vec{b} = \vec{a} + (-\vec{b})$ $\vec{b} - \vec{a} = \vec{b} + (-\vec{a})$
Vielfachbildung (Multiplikation mit einem Skalar)	$r\vec{a} = ra_x\vec{i} + ra_y\vec{j} + ra_z\vec{k} = \begin{pmatrix} ra_x \\ ra_y \\ ra_z \end{pmatrix} = r\begin{pmatrix} a_x \\ a_y \\ a_z \end{pmatrix}$ $(r \in \mathbb{R})$
Skalarprodukt (Punktprodukt; inneres Produkt)	Unter dem **Skalarprodukt** $\vec{a} \cdot \vec{b}$ zweier Vektoren $\vec{a}$ und $\vec{b}$ versteht man eine reelle Zahl c, für die gilt: $\vec{a} \cdot \vec{b} = \lvert \vec{a} \rvert \lvert \vec{b} \rvert \cos\sphericalangle(\vec{a}, \vec{b})$ bzw. $c = ab\cos\gamma$ mit $\gamma = \sphericalangle(\vec{a}, \vec{b})$ Für die Einheitsvektoren $\vec{i}, \vec{j}$ und $\vec{k}$ gilt: $\vec{i} \cdot \vec{i} = \vec{j} \cdot \vec{j} = \vec{k} \cdot \vec{k} = 1$ $\vec{i} \cdot \vec{j} = \vec{i} \cdot \vec{k} = \vec{j} \cdot \vec{k} = 0$ Eigenschaften des Skalarprodukts: $\vec{a} \cdot \vec{b} = \vec{b} \cdot \vec{a}$ (Kommutativgesetz) $\vec{a} \cdot (\vec{b} + \vec{c}) = \vec{a} \cdot \vec{b} + \vec{a} \cdot \vec{c}$ (Distributivgesetz) $r(\vec{a} \cdot \vec{b}) = (r\vec{a}) \cdot \vec{b} = \vec{a} \cdot (r\vec{b})$ (Multiplikation mit einer reellen Zahl r) $\vec{a} \perp \vec{b} \Rightarrow \vec{a} \cdot \vec{b} = 0$ Berechnung des Skalarprodukts mithilfe der Koordinaten der Vektoren $\vec{a}$ und $\vec{b}$: $\vec{a} \cdot \vec{b} = a_xb_x + a_yb_y + a_zb_z$
Winkel zwischen Vektoren	$\cos\sphericalangle(\vec{a}, \vec{b}) = \frac{\vec{a} \cdot \vec{b}}{\lvert\vec{a}\rvert \lvert\vec{b}\rvert} = \frac{a_xb_x + a_yb_y + a_zb_z}{\sqrt{a_x^2 + a_y^2 + a_z^2}\sqrt{b_x^2 + b_y^2 + b_z^2}}$

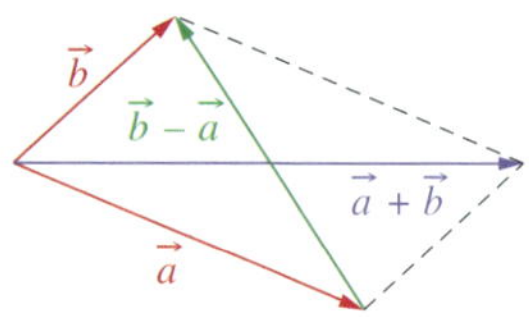

Vektorprodukt (Kreuzprodukt; äußeres Produkt)

Unter dem **Vektorprodukt** $\vec{a} \times \vec{b}$ zweier Vektoren $\vec{a}$ und $\vec{b}$ versteht man einen Vektor $\vec{c}$ mit folgenden Eigenschaften:

(1) $|\vec{c}| = |\vec{a}|\,|\vec{b}|\sin\sphericalangle(\vec{a}, \vec{b})$ bzw. $c = ab\sin\gamma$ mit $\gamma = \sphericalangle(\vec{a}, \vec{b})$

(2) $\vec{c} \perp \vec{a}$ und $\vec{c} \perp \vec{b}$

(3) $\vec{a}, \vec{b}$ und $\vec{c}$ bilden in dieser Reihenfolge ein Rechtssystem (falls $\vec{a}$ und $\vec{b}$ linear unabhängig).

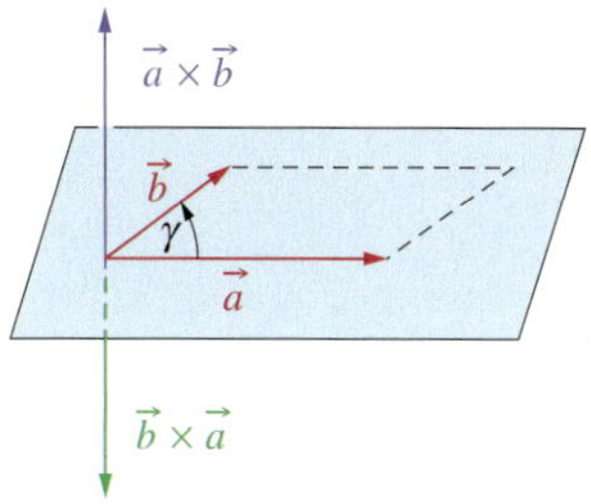

Das Vektorprodukt ist dem Betrage nach gleich dem Flächeninhalt des von $\vec{a}$ und $\vec{b}$ aufgespannten Parallelogramms.

Für die Einheitsvektoren $\vec{i}$, $\vec{j}$ und $\vec{k}$ gilt:

$\vec{i} \times \vec{i} = \vec{j} \times \vec{j} = \vec{k} \times \vec{k} = \vec{o}$

$\vec{i} \times \vec{j} = \vec{k}; \quad \vec{i} \times \vec{k} = -\vec{j}; \quad \vec{j} \times \vec{k} = \vec{i}$

Eigenschaften des Vektorprodukts:

$\vec{a} \times \vec{b} = -(\vec{b} \times \vec{a})$	(Alternativgesetz)
$\vec{a} \times (\vec{b} + \vec{c}) = \vec{a} \times \vec{b} + \vec{a} \times \vec{c}$	(Distributivgesetz)
$r(\vec{a} \times \vec{b}) = (r\vec{a}) \times \vec{b} = \vec{a} \times (r\vec{b})$	(Multiplikation mit einer reellen Zahl r)
$\vec{a}, \vec{b}$ kollinear $\Rightarrow \vec{a} \times \vec{b} = \vec{o}$	

Berechnung des Vektorprodukts mithilfe der Koordinaten von $\vec{a}$ und $\vec{b}$ (Komponenten- bzw. Koordinatendarstellung von $\vec{a} \times \vec{b}$):

$$\vec{a} \times \vec{b} = \begin{vmatrix} \vec{i} & \vec{j} & \vec{k} \\ a_x & a_y & a_z \\ b_x & b_y & b_z \end{vmatrix} = (a_y b_z - a_z b_y)\,\vec{i} + (a_z b_x - a_x b_z)\,\vec{j} + (a_x b_y - a_y b_x)\,\vec{k} = \begin{pmatrix} a_y b_z - a_z b_y \\ a_z b_x - a_x b_z \\ a_x b_y - a_y b_x \end{pmatrix}$$

Flächeninhalte

Flächeninhalt des von den Vektoren $\vec{a}$ und $\vec{b}$ aufgespannten Parallelogramms *ABCD:*

$A = |\vec{a} \times \vec{b}| = ab\sin\gamma$

Flächeninhalt des von $\vec{a}$ und $\vec{b}$ aufgespannten Dreiecks *ABD:*

$A = \frac{1}{2}\,|\vec{a} \times \vec{b}| = \frac{1}{2}\,ab\sin\gamma$

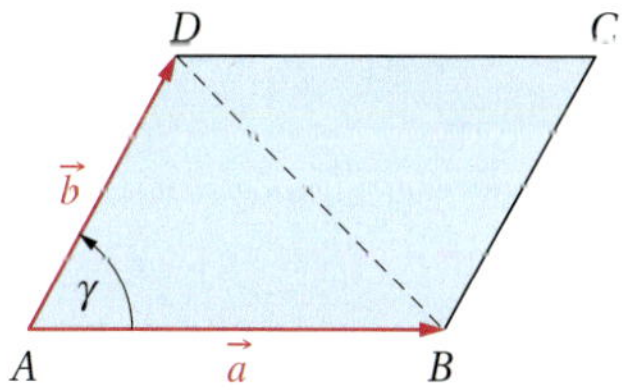

Weitere Produkte von Vektoren

Spatprodukt

$$(\vec{a} \times \vec{b}) \cdot \vec{c} = \vec{a} \cdot (\vec{b} \times \vec{c}) = \begin{vmatrix} a_x & a_y & a_z \\ b_x & b_y & b_z \\ c_x & c_y & c_z \end{vmatrix} = (a_y b_z - a_z b_y)\,c_x + (a_z b_x - a_x b_z)\,c_y + (a_x b_y - a_y b_x)\,c_z$$

Das Spatprodukt ist eine reelle Zahl. Sind die Vektoren $\vec{a}$, $\vec{b}$ und $\vec{c}$ komplanar, so ist es gleich null.

Volumen eines Spates

Das Spatprodukt ist dem Betrage nach gleich dem Volumen des von $\vec{a}$, $\vec{b}$ und $\vec{c}$ aufgespannten Spates (Parallelepipeds).

Für dessen Volumen gilt:

$V = |(\vec{a} \times \vec{b}) \cdot \vec{c}|$

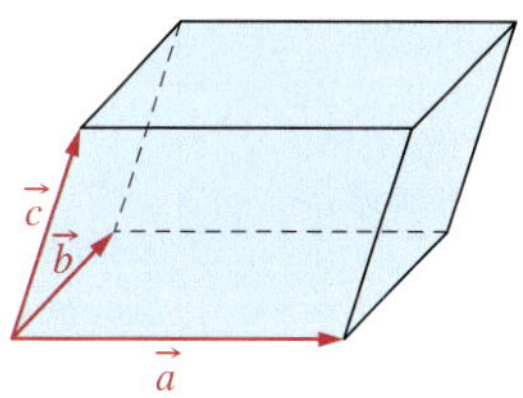

doppeltes Vektorprodukt

$\vec{a} \times (\vec{b} \times \vec{c}) = (\vec{a} \cdot \vec{c})\,\vec{b} - (\vec{a} \cdot \vec{b})\,\vec{c}$

Das doppelte Vektorprodukt ergibt einen Vektor, der in der Ebene der Vektoren $\vec{b}$ und $\vec{c}$ liegt.

Geraden

$a_i, b_k, t \in \mathbb{R}$

Punktrichtungs-gleichung	Gerade durch den Punkt P_0 mit dem Richtungsvektor $\vec{a}$: $\vec{x} = \overrightarrow{OP_0} + t\vec{a} = \vec{p}_0 + t\vec{a}$ (t Parameter) Schreibweise unter Verwendung von Koordinaten (im Raum bzw. in der xy-Ebene): $\begin{pmatrix} x \\ y \\ z \end{pmatrix} = \begin{pmatrix} x_0 \\ y_0 \\ z_0 \end{pmatrix} + t\begin{pmatrix} a_x \\ a_y \\ a_z \end{pmatrix}$ bzw. $\begin{pmatrix} x \\ y \end{pmatrix} = \begin{pmatrix} x_0 \\ y_0 \end{pmatrix} + t\begin{pmatrix} a_x \\ a_y \end{pmatrix}$	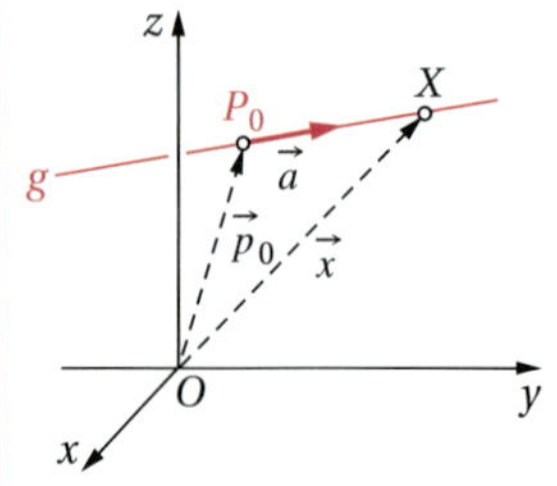
Zweipunkte-gleichung	Gerade durch die Punkte P_1 und P_2: $\vec{x} = \overrightarrow{OP_1} + t\,\overrightarrow{P_1P_2} = \vec{p}_1 + t(\vec{p}_2 - \vec{p}_1)$ (t Parameter) Schreibweise unter Verwendung von Koordinaten (im Raum bzw. in der xy-Ebene): $\begin{pmatrix} x \\ y \\ z \end{pmatrix} = \begin{pmatrix} x_1 \\ y_1 \\ z_1 \end{pmatrix} + t\begin{pmatrix} x_2 - x_1 \\ y_2 - y_1 \\ z_2 - z_1 \end{pmatrix}$ bzw. $\begin{pmatrix} x \\ y \end{pmatrix} = \begin{pmatrix} x_1 \\ y_1 \end{pmatrix} + t\begin{pmatrix} x_2 - x_1 \\ y_2 - y_1 \end{pmatrix}$	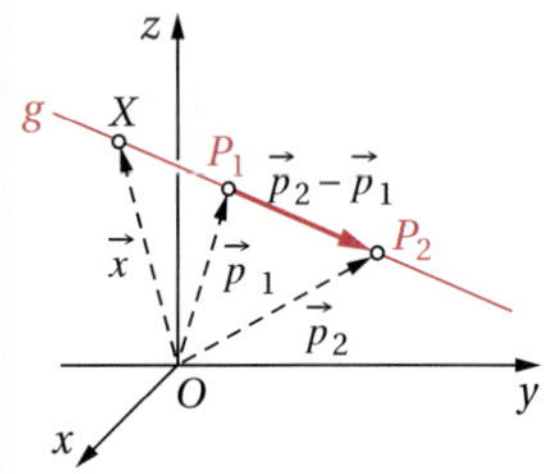
hessesche Normal(en)form (der Geraden-gleichung)	In der xy-Ebene gilt: $(\vec{x} - \vec{p}_0) \cdot \vec{n}^{\,0} = 0$ mit $\vec{n}^{\,0} = \frac{\vec{n}}{\lvert\vec{n}\rvert}$ ($P_0 \in g$; $\vec{n} \perp g$)	$\vec{n}$ Normalenvektor der Geraden g $\vec{n}^{\,0}$ Normaleneinheitsvektor

Ebenen

$a_i, b_k, r, s, A, B, C, D \in \mathbb{R}$

Punktrichtungs-gleichung	Ebene durch den Punkt P_0 und mit den Richtungs-vektoren $\vec{a}$ und $\vec{b}$: $\vec{x} = \overrightarrow{OP_0} + r\vec{a} + s\vec{b} = \vec{p}_0 + r\vec{a} + s\vec{b}$ (r, s Parameter) Schreibweise unter Verwendung von Koordinaten: $\begin{pmatrix} x \\ y \\ z \end{pmatrix} = \begin{pmatrix} x_0 \\ y_0 \\ z_0 \end{pmatrix} + r\begin{pmatrix} a_x \\ a_y \\ a_z \end{pmatrix} + s\begin{pmatrix} b_x \\ b_y \\ b_z \end{pmatrix}$	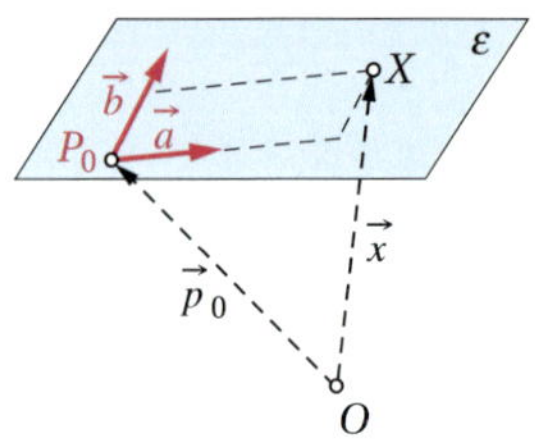
Dreipunkte-gleichung	Ebene durch die Punkte P_1, P_2 und P_3: $\vec{x} = \overrightarrow{OP_1} + r\,\overrightarrow{P_1P_2} + s\,\overrightarrow{P_1P_3} = \vec{p}_1 + r(\vec{p}_2 - \vec{p}_1) + s(\vec{p}_3 - \vec{p}_1)$ (r, s Parameter)	
allgemeine Form (der Ebenen-gleichung)	Parameterfreie Darstellung (Koordinatendarstellung): $Ax + By + Cz + D = 0$ ($A, B, C, D \in \mathbb{R}$; $A^2 + B^2 + C^2 > 0$)	
hessesche Normal(en)form (der Ebenen-gleichung)	$(\vec{x} - \vec{p}_0) \cdot \vec{n}^{\,0} = 0$ mit $\vec{n}^{\,0} = \frac{\vec{n}}{\lvert\vec{n}\rvert}$; $P_0 \in \varepsilon$ $\vec{n}$ Normalenvektor der Ebene ε $\vec{n}^{\,0}$ Normaleneinheitsvektor Koordinatendarstellung: $\frac{Ax + By + Cz + D}{\sqrt{A^2 + B^2 + C^2}} = 0$ $\vec{n} = \begin{pmatrix} A \\ B \\ C \end{pmatrix}$	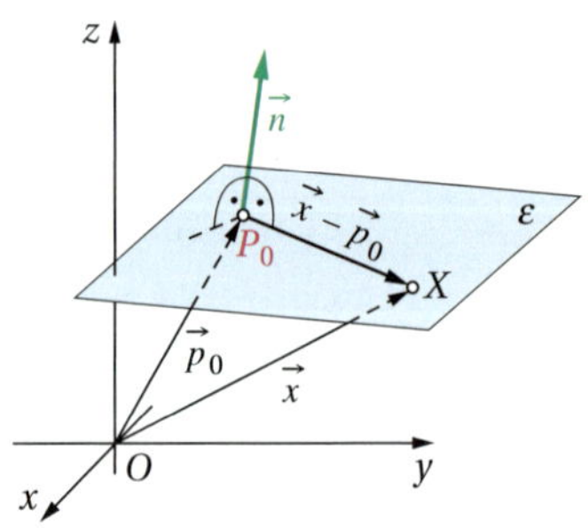

Lagebeziehungen

$a_i, b_k, r, t \in \mathbb{R}$

Lagebeziehung zweier Geraden	Für Geraden g und h mit $g: \vec{x} = \vec{p}_0 + t\vec{a}$ und $h: \vec{x} = \vec{p}_1 + r\vec{b}$ gibt es folgende Lagebeziehungen: 1. g und h liegen in einer Ebene genau dann, wenn die Vektoren $\vec{a}$, $\vec{b}$ und $\vec{p}_1 - \vec{p}_0$ linear abhängig sind a) g und h sind zueinander **parallel** ($\vec{a}$ und $\vec{b}$ linear abhängig) b) g und h **schneiden** einander in genau einem Punkt S ($\vec{a}$ und $\vec{b}$ linear unabhängig) 2. g und h sind zueinander **windschief** genau dann, wenn die Vektoren $\vec{a}$, $\vec{b}$ und $\vec{p}_1 - \vec{p}_0$ linear unabhängig sind.	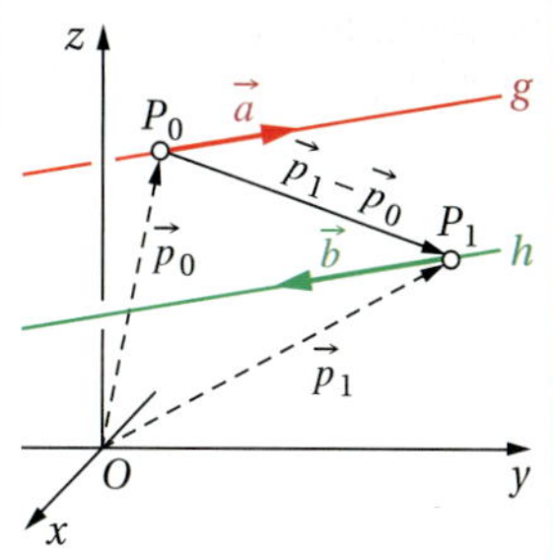
Schnittpunkt zweier Geraden	Die Koordinaten des **Schnittpunktes** S lassen sich folgendermaßen berechnen: $\begin{pmatrix} x_S \\ y_S \\ z_S \end{pmatrix} = \begin{pmatrix} x_0 \\ y_0 \\ z_0 \end{pmatrix} + t_S \begin{pmatrix} a_x \\ a_y \\ a_z \end{pmatrix} = \begin{pmatrix} x_1 \\ y_1 \\ z_1 \end{pmatrix} + r_S \begin{pmatrix} b_x \\ b_y \\ b_z \end{pmatrix}$	
Schnittwinkel φ ($0 \le \varphi \le 90°$)	Winkel zwischen (einander schneidenden) Geraden g und h: $\cos\varphi = \frac{\lvert\vec{a} \cdot \vec{b}\rvert}{ab}$ ($\vec{a}$, $\vec{b}$ Richtungsvektoren von g, h)	
	Winkel zwischen Gerade g und Ebene ε: $\sin\varphi = \frac{\lvert\vec{a} \cdot \vec{n}\rvert}{an}$ ($\vec{a}$ Richtungsvektor von g; $\vec{n}$ Normalenvektor von ε)	
	Winkel zwischen Ebenen ε_1 und ε_2: $\cos\varphi = \frac{\lvert\vec{m} \cdot \vec{n}\rvert}{mn}$ ($\vec{m}$, $\vec{n}$ Normalenvektor von ε_1, ε_2)	
Abstände	Abstand eines Punktes P_1 von einer Geraden g bzw. Ebene ε: $d = \lvert(\vec{p}_1 - \vec{p}_0) \cdot \vec{n}^0\rvert$ (mit $(\vec{x} - \vec{p}_0) \cdot \vec{n}^0 = 0$ hessesche Normalenform von g bzw. ε)	
	Abstand windschiefer Geraden g, h: $d = \lvert(\vec{p}_0 - \vec{q}_0) \cdot \vec{n}^0\rvert$ ($P_0 \in g$, $Q_0 \in h$; $\vec{n}^0$ Normaleneinheitsvektor von g und h)	

Kugel (und Kreis)

$c, d, e, r \in \mathbb{R};\ r > 0$

Gleichung (allgemeine Lage)	Kugel mit Mittelpunkt $M(c; d; e)$ und Radius r: $(\vec{x} - \vec{m})^2 = r^2$ bzw. $(x - c)^2 + (y - d)^2 + (z - e)^2 = r^2$ In der xy-Ebene beschreibt die vektorielle Gleichung $(\vec{x} - \vec{m})^2 = r^2$ einen **Kreis** mit dem Mittelpunkt $M(c; d)$ und dem Radius r. (Koordinatendarstellung des Kreises ↗ S. 41)	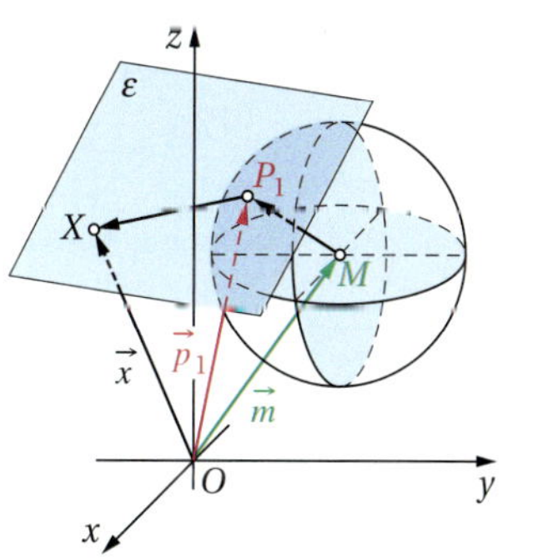
Mittelpunkts-gleichung	Kugel k mit Mittelpunkt $M(0; 0; 0)$ und Radius r: $\vec{x}^2 = r^2$ bzw. $x^2 + y^2 + z^2 = r^2$	
Tangential-ebene in P_1	Tangentialebene ε im Berührungspunkt P_1 an die Kugel k mit Mittelpunkt $M(c; d; e)$ und Radius r: $(\vec{x} - \vec{m}) \cdot (\vec{p}_1 - \vec{m}) = r^2$ bzw. $(x - c)(x_1 - c) + (y - d)(y_1 - d) + (z - e)(z_1 - e) = r^2$ Darstellung in hessescher Normalform (mit dem Radiusvektor $\vec{p}_1 - \vec{m}$ als Normalenvektor): $(\vec{x} - \vec{p}_1) \cdot (\vec{p}_1 - \vec{m}) = 0$	

Kombinatorik

Grundbegriffe

$n, k \in \mathbb{N};\ a, b \in \mathbb{R}$

Fakultät	$n! = 1 \cdot 2 \cdot 3 \cdot \ldots \cdot (n-1) \cdot n = \prod_{k=1}^{n} k \quad (n > 1)$ (*Sprechweise:* „n Fakultät“) $0! = 1 \quad 1! = 1$ Es gilt: $(n+1)! = (n+1) \cdot n!$
Binomialkoeffizienten	$\binom{n}{k} = \frac{n \cdot (n-1) \cdot (n-2) \cdot \ldots \cdot [n-(k-1)]}{1 \cdot 2 \cdot 3 \cdot \ldots \cdot k} = \frac{n!}{k!(n-k)!} \quad (0 < k \leq n)$ (*Sprechweise:* „n über k“) $\binom{n}{0} = 1$ *Rechenregeln:* $\binom{n}{k} = \binom{n}{n-k} \qquad \binom{n}{k} + \binom{n}{k+1} = \binom{n+1}{k+1}$
Potenzen von Binomen (binomischer Satz)	$(a+b)^n = \binom{n}{0} a^n + \binom{n}{1} a^{n-1} b + \binom{n}{2} a^{n-2} b^2 + \ldots + \binom{n}{n-1} a b^{n-1} + \binom{n}{n} b^n = \sum_{k=0}^{n} \binom{n}{k} a^{n-k} b^k$ $(a \pm b)^0 = 1$ $(a \pm b)^1 = a \pm b$ $(a \pm b)^2 = a^2 \pm 2ab + b^2$ $(a \pm b)^3 = a^3 \pm 3a^2 b + 3ab^2 \pm b^3$ $(a \pm b)^4 = a^4 \pm 4a^3 b + 6a^2 b^2 \pm 4ab^3 + b^4$ $(a \pm b)^5 = a^5 \pm 5a^4 b + 10a^3 b^2 \pm 10a^2 b^3 + 5ab^4 \pm b^5$ … 1 1 1 1 2 1 1 3 3 1 1 4 6 4 1 … pascalsches Zahlendreieck

Anordnungen und ihre Interpretation mithilfe des Urnenmodells

$n, k, n_k \in \mathbb{N}^*$

Permutationen	Jede mögliche Anordnung von n Elementen, in der alle Elemente verwendet werden, heißt **Permutation** dieser Elemente.
	Anzahl der **Permutationen** von n verschiedenen Elementen **ohne Wiederholung:** $P_n = n!$ P_n gibt die Anzahl der Möglichkeiten an, eine geordnete Stichprobe *ohne Zurücklegen* vom Umfang n aus einer Urne mit n unterscheidbaren Kugeln zu entnehmen.
	Anzahl der **Permutationen** von n Elementen **mit Wiederholung:** ${}^{W}P_n = \frac{n!}{n_1! \cdot n_2! \cdot \ldots \cdot n_k!} \quad (\text{mit } n_1 + n_2 + \ldots + n_k = n)$ ${}^{W}P_n$ gibt die Anzahl der Möglichkeiten an, eine geordnete Stichprobe *mit Zurücklegen* vom Umfang n aus einer Urne mit k unterscheidbaren Kugeln so zu entnehmen, dass diese Kugeln jeweils mit einer Häufigkeit von n_1, n_2, … bzw. n_k gezogen werden.
Variationen	Jede mögliche Anordnung (mit Berücksichtigung der Reihenfolge) aus je k von n Elementen heißt **Variation** dieser Elemente (Variation von n Elementen zur k-ten Klasse).
	Anzahl der **Variationen** k-ter Klasse von n verschiedenen Elementen **ohne Wiederholung:** $V_n^k = \frac{n!}{(n-k)!} = \binom{n}{k} \cdot k! \quad (k \leq n)$ V_n^k gibt die Anzahl der Möglichkeiten an, eine geordnete Stichprobe *ohne Zurücklegen* vom Umfang k aus einer Urne mit n unterscheidbaren Kugeln zu entnehmen.
	Anzahl der **Variationen** k-ter Klasse von n verschiedenen Elementen **mit Wiederholung:** ${}^{W}V_n^k = n^k$ ${}^{W}V_n^k$ gibt die Anzahl der Möglichkeiten an, eine geordnete Stichprobe *mit Zurücklegen* vom Umfang k aus einer Urne mit n unterscheidbaren Kugeln zu entnehmen.

Kombinationen	Jede mögliche Anordnung (ohne Berücksichtigung der Reihenfolge) aus je k von n Elementen heißt **Kombination** dieser Elemente (Kombination von n Elementen zur k-ten Klasse).
	Anzahl der **Kombinationen** k-ter Klasse von n verschiedenen Elementen **ohne Wiederholung:** $C_n^{\,k} = \binom{n}{k} \quad (k \leq n)$ $C_n^{\,k}$ gibt die Anzahl der Möglichkeiten an, eine ungeordnete Stichprobe *ohne Zurücklegen* vom Umfang k aus einer Urne mit n unterscheidbaren Kugeln zu entnehmen.
	Anzahl der **Kombinationen** k-ter Klasse von n verschiedenen Elementen **mit Wiederholung:** $^{W}C_n^{\,k} = \binom{n+k-1}{k}$ $^{W}C_n^{\,k}$ gibt die Anzahl der Möglichkeiten an, eine ungeordnete Stichprobe *mit Zurücklegen* vom Umfang k aus einer Urne mit n unterscheidbaren Kugeln zu entnehmen.

Beschreibende Statistik

Lagemaße statistischer Untersuchungen

$n, k \in \mathbb{N}^*; \; n \geq 2$

Modalwert (Modus) m	häufigster Wert unter den Ergebnissen einer Stichprobe
Mittelwert (arithmetisches Mittel) $\bar{x}$	Für eine Stichprobe vom Umfang n aus einer Grundgesamtheit gilt: $\bar{x} = \frac{x_1 + x_2 + \ldots + x_n}{n} = \frac{1}{n} \sum_{i=1}^{n} x_i$ (↗ S. 13)
gewogenes arithmetisches Mittel	Für die bei einer Stichprobe vom Umfang n mit den absoluten Häufigkeiten $H_1, H_2, \ldots,$ bzw. H_k auftretenden Werte (Ergebnisse) $x_1, x_2, \ldots, x_k$ gilt: $\bar{x} = \frac{H_1 \cdot x_1 + H_2 \cdot x_2 + \ldots + H_k \cdot x_k}{n} \quad (k \leq n)$ bzw. (unter Verwendung der relativen Häufigkeiten $h_1, h_2, \ldots$ bzw. h_k) $\bar{x} = h_1 \cdot x_1 + h_2 \cdot x_2 + \ldots + h_k \cdot x_k \quad (k \leq n)$
geometrisches Mittel g	$g = \sqrt[n]{x_1 \cdot x_2 \cdot \ldots \cdot x_n} \quad (x_i > 0$ für $i = 1, 2, \ldots, n)$ (↗ S. 13)
harmonisches Mittel h	$h = \frac{n}{\frac{1}{x_1} + \frac{1}{x_2} + \ldots + \frac{1}{x_n}} = \frac{n}{\sum_{i=1}^{n} \frac{1}{x_i}} \quad (x_i > 0$ für $i = 1, 2, \ldots, n)$ (↗ S. 13)
Zentralwert (Median) z	in der Mitte stehender Wert der nach der Größe geordneten Ergebnisse einer Stichprobe (gegebenenfalls Mittelwert der zwei in der Mitte stehenden Ergebnisse)

Streumaße statistischer Untersuchungen

$n \in \mathbb{N}^*$

Spannweite (Streu- oder Variationsbreite) w	Differenz zwischen größtem und kleinstem Ergebnis einer Stichprobe: $w = x_{max} - x_{min}$
Halbweite H	Differenz zwischen dem oberen und dem unteren Viertelwert: $H = x_{3/4} - x_{1/4}$ ($x_{3/4}$ und $x_{1/4}$ sind die in der Mitte der oberen bzw. unteren Hälfte der Datenreihe stehenden Werte)
mittlere (lineare) Abweichung d vom Mittelwert	$d = \frac{\lvert x_1 - \bar{x} \rvert + \lvert x_2 - \bar{x} \rvert + \ldots + \lvert x_n - \bar{x} \rvert}{n} = \frac{1}{n} \sum_{i=1}^{n} \lvert x_i - \bar{x} \rvert$

Ma

(empirische) Varianz (Streuung) s^2	Für Stichproben vom Umfang n gilt: $s^2 = \frac{(x_1-\bar{x})^2 + (x_2-\bar{x})^2 + \ldots + (x_n-\bar{x})^2}{n-1} = \frac{1}{n-1}\sum_{i=1}^{n}(x_i-\bar{x})^2$
Standardabweichung s	$s = \sqrt{s^2} \qquad (s \geq 0)$
Varianz (Streuung) σ^2	Für Grundgesamtheiten vom Umfang N gilt: $\sigma^2 = \frac{(x_1-\mu)^2 + (x_2-\mu)^2 + \ldots + (x_N-\mu)^2}{N} = \frac{1}{N}\sum_{i=1}^{N}(x_i-\mu)^2$ mit $\mu = \frac{1}{N}\sum_{i=1}^{N} x_i$

Korrelationskoeffizient und Regressionsgerade

Der Grad des Zusammenhangs der Zufallsgrößen X und Y, für die n Paare von Einzelwerten $(x_i; y_i)$ vorliegen, wird durch den **Korrelationskoeffizienten** r_{xy} beschrieben:

$$r_{xy} = \frac{\sum_{i=1}^{n}(x_i-\bar{x})(y_i-\bar{y})}{\sqrt{\sum_{i=1}^{n}(x_i-\bar{x})^2 \cdot \sum_{i=1}^{n}(y_i-\bar{y})^2}} = \frac{\sum_{i=1}^{n} x_i y_i - \frac{1}{n}\sum_{i=1}^{n} x_i \sum_{i=1}^{n} y_i}{\sqrt{\sum_{i=1}^{n} x_i^2 - \frac{1}{n}\left(\sum_{i=1}^{n} x_i\right)^2} \cdot \sqrt{\sum_{i=1}^{n} y_i^2 - \frac{1}{n}\left(\sum_{i=1}^{n} y_i\right)^2}}$$

$\bar{x}, \bar{y}$ Mittelwerte von x_i bzw. y_i

Gleichung der zur Vorhersage von y-Werten dienenden **Regressionsgeraden:**

$$y - \bar{y} = \frac{r_{xy} s_y}{s_x}(x - \bar{x})$$

$\bar{x}, \bar{y}$ Mittelwerte von x_i bzw. y_i

s_x, s_y Standardabweichungen von x_i bzw. y_i

Wahrscheinlichkeitsrechnung

Grundlegende Begriffe

Zufallsversuch (Zufallsexperiment)	Versuch mit mehreren möglichen Ergebnissen $x_1, x_2, \ldots, x_n$
Ergebnismenge (Stichprobenraum) Ω	Menge aller möglichen Ergebnisse $\Omega = \{x_1, x_2, \ldots, x_n\}$
Ereignis E	Teilmenge der Ergebnismenge Ω $(E \subseteq \Omega)$
Ereignismenge	Menge aller Teilmengen von Ω (Potenzmenge 2^{Ω})
spezielle Ereignisse	**Sicheres Ereignis:** Ereignis, das bei jeder Versuchsdurchführung eintritt $(E = \Omega)$ **Unmögliches Ereignis:** Ereignis, das bei keiner Versuchsdurchführung eintritt $(E = \emptyset)$ **Elementarereignis (atomares Ereignis):** Ereignis mit genau einem Ergebnis x $(E = \{x\})$
Gegenereignis $\bar{E}$	Komplementärmenge von E (Ereignis, das genau dann eintritt, wenn E nicht eintritt)
absolute Häufigkeit $H_n(x_i)$ bzw. $H_n(E)$	Anzahl des Eintretens des Ergebnisses x_i bzw. des Ereignisses E bei n Versuchsdurchführungen
relative Häufigkeit $h_n(x_i)$ bzw. $h_n(E)$	$h_n(x_i) = \frac{H_n(x_i)}{n}$ bzw. $h_n(E) = \frac{H_n(E)}{n}$
BERNOULLI-Versuch (BERNOULLI-Experiment)	Zufallsversuch mit genau zwei möglichen Ergebnissen, d.h. Vorgang mit zufälligem Ergebnis, bei dem nur zwischen *Erfolg* und *Misserfolg* unterschieden wird

Wahrscheinlichkeit und ihre grundlegenden Eigenschaften

$A, E, E_1, E_2 \subseteq \Omega$

Bei einer hinreichend großen Anzahl von Versuchen kann die relative Häufigkeit des Eintretens eines Ereignisses E als Maß für dessen **Wahrscheinlichkeit** gewählt werden.
Der Zahlenwert für die Wahrscheinlichkeit des Ereignisses E wird mit $P(E)$ bezeichnet.

Gleichverteilung (klassische Wahrscheinlichkeit)

Ein Zufallsversuch (Zufallsexperiment), bei dem alle Elementarereignisse die gleiche Wahrscheinlichkeit haben, heißt **LAPLACE-Experiment.** Für jedes $E \subseteq \Omega$ gilt:

$$P(E) = \frac{\text{Anzahl der für } E \text{ günstigen Ergebnisse}}{\text{Anzahl der möglichen Ergebnisse}}$$

Regeln und Sätze für das Rechnen mit Wahrscheinlichkeiten

(1) $0 \leq P(E) \leq 1$	
(2) $A = \{x_1, x_2, \ldots, x_k\} \subseteq \Omega$ $\Rightarrow P(A) = P(\{x_1\}) + P(\{x_2\}) + \ldots + P(\{x_k\})$	Summenregel für Elementarereignisse
(3) $P(\Omega) = 1$	Wahrscheinlichkeit des sicheren Ereignisses
(4) $P(\emptyset) = 0$	Wahrscheinlichkeit des unmöglichen Ereignisses
(5) $P(\bar{E}) = 1 - P(E)$	Wahrscheinlichkeit des Gegenereignisses
(6) $E_1 \subseteq E_2 \Rightarrow P(E_1) \leq P(E_2)$	
(7) $P(E_1 \cup E_2) = P(E_1) + P(E_2) - P(E_1 \cap E_2)$	Additionssatz für zwei Ereignisse

Mehrstufige Zufallsversuche; bedingte Wahrscheinlichkeit

$A, B, E_i, F_i \subseteq \Omega$

n-stufiger Zufallsversuch	Zusammenfassung von n (Teil-)Zufallsversuchen zu einem Zufallsversuch
Pfadregeln	**1. Pfadregel (Produktregel):** Die Wahrscheinlichkeit eines Ergebnisses (eines Elementarereignisses) in einem mehrstufigen Zufallsversuch ist gleich dem Produkt der Wahrscheinlichkeiten längs des zugehörigen Pfades im Baumdiagramm. 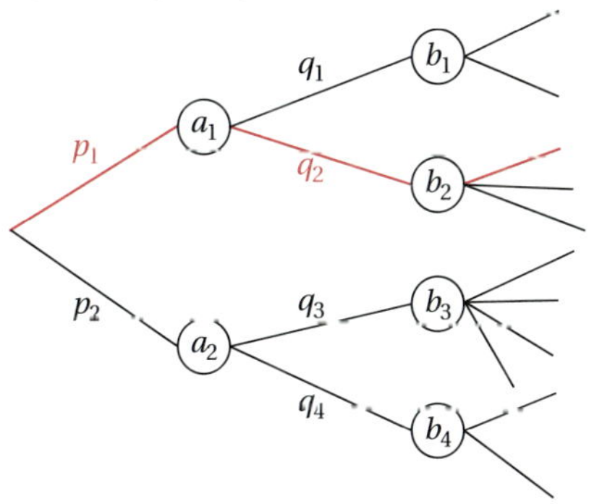 $P(\{a_1; b_2; \ldots\}) = p_1 \cdot q_2 \cdot \ldots$ **2. Pfadregel (Summenregel):** Die Wahrscheinlichkeit eines beliebigen Ereignisses in einem Zufallsversuch ist gleich der Summe der Wahrscheinlichkeiten der für dieses Ereignis günstigen Pfade (d.h. der Pfade, bei denen das Ereignis eintritt).
BERNOULLI-Kette	Wird ein BERNOULLI-Versuch insgesamt n-mal unabhängig voneinander (nacheinander) durchgeführt, so spricht man von einer BERNOULLI-Kette der Länge n.
bernoullische Formel	Für die Wahrscheinlichkeit des Auftretens von genau k Erfolgen bei einer BERNOULLI-Kette der Länge n gilt: $P(\text{genau } k \text{ Erfolge}) = \binom{n}{k} \cdot p^k \cdot (1-p)^{n-k}$ (↗ Binomialverteilung, S. 53)

bedingte Wahrscheinlichkeit $P_B(A)$	Wahrscheinlichkeit des Ereignisses *A* unter der Voraussetzung, dass das Ereignis *B* mit einer bestimmten Wahrscheinlichkeit bereits eingetreten ist: $P_B(A) = \frac{P(A \cap B)}{P(B)}$ (für $P(B) > 0$)
unabhängige Ereignisse	Das Eintreten des einen Ereignisses hat keinen Einfluss auf das Eintreten des anderen. *A* und *B* sind genau dann voneinander **unabhängig,** wenn gilt: $P_B(A) = P(A)$ bzw. $P_A(B) = P(B)$
Multiplikationssatz (Verallgemeinerung der 1. Pfadregel)	Für die Wahrscheinlichkeit, dass sowohl *A* als auch *B* eintritt, gilt: $P(A \cap B) = P(A) \cdot P_A(B) = P(B) \cdot P_B(A)$ (für $P(A), P(B) > 0$) Spezialfall für unabhängige Ereignisse *A* und *B:* $P(A \cap B) = P(A) \cdot P(B)$
Satz der totalen Wahrscheinlichkeit (Verallgemeinerung der 2. Pfadregel)	Bilden $B_1, B_2, \ldots, B_n$ eine **Zerlegung** von Ω, d.h., ist $B_1 \cup B_2 \cup \ldots \cup B_n = \Omega$ und $B_i \cap B_j = \emptyset$ (für $i \neq j$), so gilt für jedes Ereignis $A \in 2^{\Omega}$: $P(A) = P(B_1) \cdot P_{B_1}(A) + P(B_2) \cdot P_{B_2}(A) + \ldots + P(B_n) \cdot P_{B_n}(A)$
bayessche Formel	Bilden $B_1, B_2, \ldots, B_n$ eine **Zerlegung** von Ω und ist *A* ein beliebiges Ereignis aus 2^{Ω}, so gilt für jedes *i* (mit $i = 1, 2, \ldots, n$): $P_A(B_i) = \frac{P(B_i) \cdot P_{B_i}(A)}{P(A)} = \frac{P(B_i) \cdot P_{B_i}(A)}{P(B_1) \cdot P_{B_1}(A) + P(B_2) \cdot P_{B_2}(A) + \ldots + P(B_n) \cdot P_{B_n}(A)}$

Zufallsgrößen und ihre Verteilung

Zufallsgröße (Zufallsvariable) *X*	Größe, die bei verschiedenen, unter gleichen Bedingungen durchgeführten Zufallsversuchen verschiedene Werte $x_1, x_2, \ldots$ annehmen kann Eine **diskrete Zufallsgröße** kann in einem Intervall nur endliche viele, eine **stetige Zufallsgröße** dagegen beliebig viele Werte annehmen.	
Wahrscheinlichkeitsverteilung	Funktion, die jedem Wert *x* einer Zufallsgröße *X* seine Wahrscheinlichkeit $P(X = x) = p$ zuordnet Diskrete Zufallsgrößen werden durch die **Wahrscheinlichkeitsfunktion** *f* mit $f(x_i) = P(X = x_i) = p_i$ und $\sum_{i=1}^{n} f(x_i) = 1$, stetige Zufallsgrößen durch die **Dichtefunktion** φ mit $\int_{-\infty}^{\infty} \varphi(x)\,dx = 1$ charakterisiert. Die **Verteilungsfunktion** Φ mit $\Phi(x) = P(X \leq x) = \sum_{x_i < x} f(x_i)$ bzw. $\Phi(x) = P(X \leq x) = \int_{-\infty}^{x} \varphi(z)\,dz$ gibt die **summierte Wahrscheinlichkeitsverteilung** von *X* an.	
Maße	**diskrete Verteilungen**	**stetige Verteilungen**
Erwartungswert *E*(*X*) (Mittelwert μ)	$E(X) = \mu = \sum_{i=1}^{n} x_i \cdot p_i$	$E(X) = \mu = \int_{-\infty}^{\infty} x \cdot \varphi(x)\,dx$
Varianz *V*(*X*) (Streuung σ^2)	$V(X) = \sigma^2 = \sum_{i=1}^{n} (x_i - \mu)^2 \cdot p_i = E[(X-\mu)^2]$	$V(X) = \sigma^2 = \int_{-\infty}^{\infty} (x-\mu)^2 \cdot \varphi(x)\,dx = E[(X-\mu)^2]$
Standardabweichung σ	$\sigma = \sqrt{V(X)}$	$\sigma = \sqrt{V(X)}$
tschebyschewsche Ungleichung	$P(\lvert X - E(X) \rvert \geq \alpha) \leq \frac{V(X)}{\alpha^2}$ (für $\alpha \in \mathbb{R}$ und $\alpha \geq 0$)	

Spezielle Verteilungen

Gleichverteilung	Es gibt n verschiedene Werte $x_1, x_2, \ldots, x_n$, für die gilt: $P(X = x_i) = \frac{1}{n}$ $(i = 1, 2, \ldots, n)$ **Erwartungswert** und **Varianz:** $E(X) = \mu = \frac{n+1}{2}$ $V(X) = \sigma^2 = \frac{n^2-1}{12}$
hypergeometrische Verteilung	$P(X = k) = \frac{\binom{M}{k} \cdot \binom{N-M}{n-k}}{\binom{N}{n}}$ (N, M, n Parameter) *Mögliche Interpretation:* Ziehen aus einer Urne mit weißen und schwarzen Kugeln ohne Zurücklegen N Anzahl der Kugeln in der Urne; M Anzahl der weißen Kugeln in der Urne n Anzahl der gezogenen Kugeln; k Anzahl der gezogenen weißen Kugeln **Erwartungswert** und **Varianz:** $\mu = n \cdot p$ $\sigma^2 = n \cdot p \cdot (1-p) \cdot \frac{N-n}{N-1}$ (mit $p = \frac{M}{N}$)
Binomialverteilung (bernoullische oder newtonsche Verteilung)	$b(n; p; k) = B_{n;p}(\{k\}) = P(X = k) = \binom{n}{k} \cdot p^k \cdot (1-p)^{n-k}$ (n, p Parameter) *Mögliche Interpretation:* Ziehen aus einer Urne mit weißen und schwarzen Kugeln mit Zurücklegen p Anteil der weißen Kugeln in der Urne; n Anzahl der gezogenen Kugeln k Anzahl der gezogenen weißen Kugeln Es gilt: $b(n; p; k) = b(n; 1-p; n-k)$ **Erwartungswert** und **Varianz:** $\mu = n \cdot p$ $\sigma^2 = n \cdot p \cdot (1-p)$ Summierte binomiale Wahrscheinlichkeiten: $B(n; p; k) = B_{n;p}(\{0; 1; 2; \ldots; k\}) = P(X \le k) = \sum_{i=0}^{k} \binom{n}{i} \cdot p^i \cdot (1-p)^{n-i}$

Normalverteilung (stetiger Zufallsgrößen)

Eine **Normalverteilung (Gauss-Verteilung)** einer stetigen Zufallsgröße X liegt vor, wenn für deren Dichtefunktion φ gilt:

$$\varphi(x) = \frac{1}{\sqrt{2\pi\sigma^2}} \cdot e^{-\frac{1}{2}\left(\frac{x-\mu}{\sigma}\right)^2}$$

(μ Erwartungswert; σ^2 Varianz; e eulersche Zahl, ↗ S. 5)

Werden insbesondere $\mu = 0$ und $\sigma^2 = 1$ gewählt, so spricht man von einer **Standardnormalverteilung.**

Näherungsformeln für die Binomialverteilung

Für den Fall, dass bei einer Binomialverteilung n sehr groß und p sehr klein ist, gilt folgende **Näherungsformel von Poisson:**

$$b(n; p; k) = P(X = k) \approx \frac{\mu^k \cdot e^{-\mu}}{k!}$$

(e eulersche Zahl, ↗ S. 5)

Für große n kann eine Annäherung (Approximation) der Binomialverteilung durch die (Standard-)Normalverteilung erfolgen.
Werden $\mu = 0$ und $\sigma^2 = 1$ gewählt, so gelten die folgenden **Näherungsformeln von Laplace:**

(1) lokale Näherung

$$b(n; p; k) = P(X = k) \approx \frac{1}{\sigma} \cdot \varphi\left(\frac{k-\mu}{\sigma}\right) \quad \text{mit } \varphi(z) = \frac{1}{\sqrt{2\pi}} e^{-\frac{1}{2}z^2} \quad \text{und } z = \frac{k-\mu}{\sigma}$$

(2) globale Näherung

$$B(n; p; k) = P(X \le k) \approx \Phi\left(\frac{k+0{,}5-\mu}{\sigma}\right) \quad \text{mit } \Phi(X) = \int_{-\infty}^{x} \varphi(z)\,dz$$

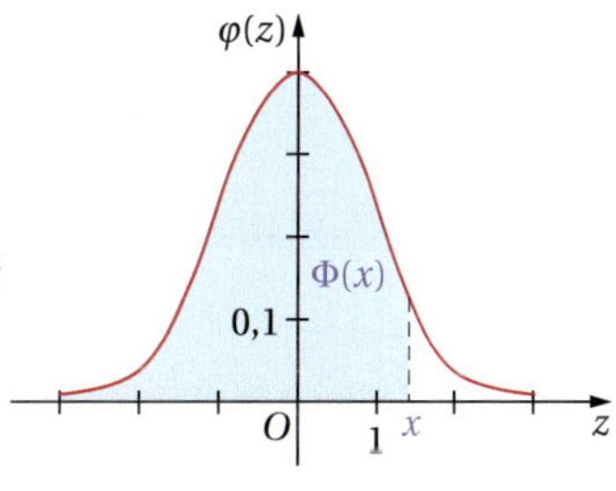

Dichtefunktionswerte $\varphi(x)$ der Standardnormalverteilung

$$\varphi(x) = \frac{1}{\sqrt{2\pi}} \cdot e^{-\frac{1}{2}x^2}$$

x	0	1	2	3	4	5	6	7	8	9
0,0	0,3989	3989	3989	3988	3986	3984	3982	3980	3977	3973
0,1	0,3970	3965	3961	3956	3951	3945	3939	3932	3925	3918
0,2	0,3910	3902	3894	3885	3876	3867	3857	3847	3836	3825
0,3	0,3814	3802	3790	3778	3765	3752	3739	3725	3712	3697
0,4	0,3683	3668	3653	3637	3621	3605	3589	3572	3555	3538
0,5	0,3521	3503	3485	3467	3448	3429	3410	3391	3372	3352
0,6	0,3332	3312	3292	3271	3251	3230	3209	3187	3166	3144
0,7	0,3123	3101	3079	3056	3034	3011	2989	2966	2943	2920
0,8	0,2897	2874	2850	2827	2803	2780	2756	2732	2709	2685
0,9	0,2661	2637	2613	2589	2565	2541	2516	2492	2468	2444
1,0	0,2420	2396	2371	2347	2323	2299	2275	2251	2227	2203
1,1	0,2179	2155	2131	2107	2083	2059	2036	2012	1989	1965
1,2	0,1942	1919	1895	1872	1849	1826	1804	1781	1758	1736
1,3	0,1714	1691	1669	1647	1626	1604	1582	1561	1539	1518
1,4	0,1497	1476	1456	1435	1415	1394	1374	1354	1334	1315
1,5	0,1295	1276	1257	1238	1219	1200	1182	1163	1145	1127
1,6	0,1109	1092	1074	1057	1040	1023	1006	0989	0973	0957
1,7	0,0940	0925	0909	0893	0878	0863	0848	0833	0818	0804
1,8	0,0790	0775	0761	0748	0734	0721	0707	0694	0681	0669
1,9	0,0656	0644	0632	0620	0608	0596	0584	0573	0562	0551
2,0	0,0540	0529	0519	0508	0498	0488	0478	0468	0459	0449
2,1	0,0440	0431	0422	0413	0404	0396	0387	0379	0371	0363
2,2	0,0355	0347	0339	0332	0325	0317	0310	0303	0297	0290
2,3	0,0283	0277	0270	0264	0258	0252	0246	0241	0235	0229
2,4	0,0224	0219	0213	0208	0203	0198	0194	0189	0184	0180
2,5	0,0175	0171	0167	0163	0158	0154	0151	0147	0143	0139
2,6	0,0136	0132	0129	0126	0122	0119	0116	0113	0110	0107
2,7	0,0104	0101	0099	0096	0093	0091	0088	0086	0084	0081
2,8	0,0079	0077	0075	0073	0071	0069	0067	0065	0063	0061
2,9	0,0060	0058	0056	0055	0053	0051	0050	0048	0047	0046
3,0	0,0044	0043	0042	0040	0039	0038	0037	0036	0035	0034
3,1	0,0033	0032	0031	0030	0029	0028	0027	0026	0025	0025
3,2	0,0024	0023	0022	0022	0021	0020	0020	0019	0018	0018
3,3	0,0017	0017	0016	0016	0015	0015	0014	0014	0013	0013
3,4	0,0012	0012	0012	0011	0011	0010	0010	0010	0009	0009
3,5	0,0009	0008	0008	0008	0008	0007	0007	0007	0007	0006
3,6	0,0006	0006	0006	0005	0005	0005	0005	0005	0005	0004
3,7	0,0004	0004	0004	0004	0004	0004	0003	0003	0003	0003
3,8	0,0003	0003	0003	0003	0002	0002	0002	0002	0002	0002
3,9	0,0002	0002	0002	0002	0002	0002	0002	0002	0001	0001
4,0	0,0001	0001	0001	0001	0001	0001	0001	0001	0001	0001
4,1	0,0001	0001	0001	0001	0001	0001	0001	0001	0001	0001
4,2	0,0001	0001	0001	0001						

Es gilt: $\varphi(-x) = \varphi(x)$

Anmerkung: Alle nicht aufgeführten Werte sind (auf vier Dezimalstellen gerundet) 0,0000.
$\varphi(1{,}24) = 0{,}1849$ $\varphi(-0{,}96) = \varphi(0{,}96) = 0{,}2516$

Funktionswerte Φ(x) der Standardnormalverteilung

$$\Phi(x) = \int_{-\infty}^{x} \varphi(z)\,dz$$

x	0	1	2	3	4	5	6	7	8	9
0,0	0,5000	5040	5080	5120	5160	5200	5239	5279	5319	5359
0,1	0,5398	5438	5478	5517	5557	5596	5636	5675	5714	5754
0,2	0,5793	5832	5871	5910	5948	5987	6026	6064	6103	6141
0,3	0,6179	6217	6255	6293	6331	6368	6406	6443	6480	6517
0,4	0,6555	6591	6628	6664	6700	6736	6772	6808	6844	6879
0,5	0,6915	6950	6985	7019	7054	7088	7123	7157	7190	7224
0,6	0,7258	7291	7324	7357	7389	7422	7454	7486	7518	7549
0,7	0,7580	7612	7642	7673	7704	7734	7764	7794	7823	7852
0,8	0,7881	7910	7939	7967	7996	8023	8051	8079	8106	8133
0,9	0,8159	8186	8212	8238	8264	8289	8315	8340	8365	8389
1,0	0,8413	8438	8461	8485	8508	8531	8554	8577	8599	8621
1,1	0,8643	8665	8686	8708	8729	8749	8770	8790	8810	8830
1,2	0,8849	8869	8888	8907	8925	8944	8962	8980	8997	9015
1,3	0,9032	9049	9066	9082	9099	9115	9131	9147	9162	9177
1,4	0,9192	9207	9222	9236	9251	9265	9279	9292	9306	9319
1,5	0,9332	9345	9357	9370	9382	9394	9406	9418	9430	9441
1,6	0,9452	9463	9474	9485	9495	9505	9515	9525	9535	9545
1,7	0,9554	9564	9573	9582	9591	9599	9608	9616	9625	9633
1,8	0,9641	9649	9656	9664	9671	9678	9686	9693	9700	9706
1,9	0,9713	9719	9726	9732	9738	9744	9750	9756	9762	9767
2,0	0,9773	9778	9783	9788	9793	9798	9803	9808	9812	9817
2,1	0,9821	9826	9830	9834	9838	9842	9846	9850	9854	9857
2,2	0,9861	9865	9868	9871	9875	9878	9881	9884	9887	9890
2,3	0,9893	9896	9898	9901	9904	9906	9909	9911	9913	9916
2,4	0,9918	9920	9922	9925	9927	9929	9931	9932	9934	9936
2,5	0,9938	9940	9941	9943	9945	9946	9948	9949	9951	9952
2,6	0,9953	9955	9956	9957	9959	9960	9961	9962	9963	9964
2,7	0,9965	9966	9967	9968	9969	9970	9971	9972	9973	9974
2,8	0,9974	9975	9976	9977	9977	9978	9979	9980	9980	9981
2,9	0,9981	9982	9983	9983	9984	9984	9985	9985	9986	9986
3,0	0,9987	9987	9987	9988	9988	9989	9989	9989	9990	9990
3,1	0,9990	9991	9991	9991	9992	9992	9992	9992	9993	9993
3,2	0,9993	9993	9994	9994	9994	9994	9994	9995	9995	9995
3,3	0,9995	9995	9995	9996	9996	9996	9996	9996	9996	9997
3,4	0,9997	9997	9997	9997	9997	9997	9997	9997	9997	9998
3,5	0,9998	9998	9998	9998	9998	9998	9998	9998	9998	9998
3,6	0,9998	9998	9999	9999	9999	9999	9999	9999	9999	9999
3,7	0,9999	9999	9999	9999	9999	9999	9999	9999	9999	9999
3,8	0,9999	9999	9999	9999	9999	9999	9999	9999	9999	9999
3,9	1,0000									

Es gilt: $\Phi(-x) = 1 - \Phi(x)$

Anmerkung: Alle nicht aufgeführten Werte sind (auf vier Dezimalstellen gerundet) 1,0000.
$\Phi(1{,}24) = 0{,}8925$ $\Phi(-0{,}96) = 1 - \Phi(0{,}96) = 1 - 0{,}8315 = 0{,}1685$

Binomiale Wahrscheinlichkeiten

$$b(n; p; k) = P(X = k) = \binom{n}{k} \cdot p^k \cdot (1-p)^{n-k}$$

n	k	p										k	n
		0,05	0,10	$\frac{1}{6}$	0,20	0,25	0,30	$\frac{1}{3}$	0,40	0,45	0,50		
5	0	0,7738	5905	4019	3277	2373	1681	1317	0778	0503	0313	5	5
	1	0,2036	3281	4019	4096	3955	3602	3292	2592	2059	1563	4	
	2	0,0214	0729	1608	2048	2637	3087	3292	3456	3369	3125	3	
	3	0,0011	0081	0322	0512	0879	1323	1646	2304	2757	3125	2	
	4		0005	0032	0064	0146	0284	0412	0768	1128	1563	1	
	5			0001	0003	0010	0024	0041	0102	0185	0313	0	
10	0	0,5987	3487	1615	1074	0563	0282	0173	0060	0025	0010	10	10
	1	0,3151	3874	3230	2684	1877	1211	0867	0403	0207	0098	9	
	2	0,0746	1937	2907	3020	2816	2335	1951	1209	0763	0439	8	
	3	0,0105	0574	1550	2013	2503	2668	2601	2150	1665	1172	7	
	4	0,0010	0112	0543	0881	1460	2001	2276	2508	2384	2051	6	
	5	0,0001	0015	0130	0264	0584	1029	1366	2007	2340	2461	5	
	6		0001	0022	0055	0162	0368	0569	1115	1596	2051	4	
	7			0002	0008	0031	0090	0163	0425	0746	1172	3	
	8				0001	0004	0014	0030	0106	0229	0439	2	
	9						0001	0003	0016	0042	0098	1	
	10								0001	0003	0010	0	
15	0	0,4633	2059	0649	0352	0134	0047	0023	0005	0001	0000	15	15
	1	0,3658	3432	1947	1319	0668	0305	0171	0047	0016	0005	14	
	2	0,1348	2669	2726	2309	1559	0916	0599	0219	0090	0032	13	
	3	0,0307	1285	2363	2501	2252	1700	1299	0634	0318	0139	12	
	4	0,0049	0428	1418	1876	2252	2186	1948	1268	0780	0417	11	
	5	0,0006	0105	0624	1032	1651	2061	2143	1859	1404	0916	10	
	6		0019	0208	0430	0917	1472	1786	2066	1914	1527	9	
	7		0003	0053	0138	0393	0811	1148	1771	2013	1964	8	
	8			0011	0035	0131	0348	0574	1181	1647	1964	7	
	9			0002	0007	0034	0116	0223	0612	1048	1527	6	
	10				0001	0007	0030	0067	0245	0515	0916	5	
	11					0001	0006	0015	0074	0191	0417	4	
	12						0001	0003	0016	0052	0139	3	
	13								0003	0010	0032	2	
	14									0001	0005	1	
20	0	3585	1216	0261	0115	0032	0008	0003	0000	0000	0000	20	20
	1	3774	2702	1043	0576	0211	0068	0030	0005	0001	0000	19	
	2	1887	2852	1982	1369	0669	0278	0143	0031	0008	0002	18	
	3	0596	1901	2379	2054	1339	0716	0429	0123	0040	0011	17	
	4	0133	0898	2022	2182	1897	1304	0911	0350	0139	0046	16	
	5	0022	0319	1294	1746	2023	1789	1457	0746	0365	0148	15	
	6	0003	0089	0647	1091	1686	1916	1821	1244	0746	0370	14	
	7		0020	0259	0545	1124	1643	1821	1659	1221	0739	13	
	8		0004	0084	0222	0609	1144	1480	1797	1623	1201	12	
	9		0001	0022	0074	0271	0654	0987	1597	1771	1602	11	
	10			0005	0020	0099	0308	0543	1171	1593	1762	10	
	11			0001	0005	0030	0120	0247	0710	1185	1602	9	
	12				0001	0008	0039	0092	0355	0727	1201	8	
n	k	0,95	0,90	$\frac{5}{6}$	0,80	0,75	0,70	$\frac{2}{3}$	0,60	0,55	0,50	k	n
		p											

Binomiale Wahrscheinlichkeiten

$$b(n;p;k) = P(X=k) = \binom{n}{k} \cdot p^k \cdot (1-p)^{n-k}$$

n	k	p: 0,05	0,10	$\frac{1}{6}$	0,20	0,25	0,30	$\frac{1}{3}$	0,40	0,45	0,50	k	n
20	13					0002	0010	0028	0146	0366	0739	7	20
	14						0002	0007	0049	0150	0370	6	
	15							0001	0013	0049	0148	5	
	16								0003	0013	0046	4	
	17									0002	0011	3	
	18										0002	2	
50	0	0,0769	0052	0001	0000	0000	0000	0000	0000	0000	0000	50	50
	1	0,2025	0286	0011	0002	0000	0000	0000	0000	0000	0000	49	
	2	0,2611	0779	0054	0011	0001	0000	0000	0000	0000	0000	48	
	3	0,2199	1386	0172	0044	0004	0000	0000	0000	0000	0000	47	
	4	0,1360	1809	0405	0128	0016	0001	0000	0000	0000	0000	46	
	5	0,0658	1849	0745	0295	0049	0006	0001	0000	0000	0000	45	
	6	0,0260	1541	1118	0554	0123	0018	0004	0000	0000	0000	44	
	7	0,0086	1076	1405	0870	0259	0048	0012	0000	0000	0000	43	
	8	0,0024	0643	1510	1169	0463	0110	0033	0002	0000	0000	42	
	9	0,0006	0333	1410	1364	0721	0220	0077	0005	0000	0000	41	
	10	0,0001	0152	1156	1398	0985	0386	0157	0014	0001	0000	40	
	11		0061	0841	1271	1194	0602	0286	0035	0004	0000	39	
	12		0022	0546	1033	1294	0838	0465	0076	0011	0001	38	
	13		0007	0319	0755	1261	1050	0679	0147	0027	0003	37	
	14		0002	0169	0499	1110	1189	0898	0260	0059	0008	36	
	15		0001	0081	0299	0888	1223	1077	0415	0116	0020	35	
	16			0035	0164	0648	1147	1178	0606	0207	0044	34	
	17			0014	0082	0432	0983	1178	0808	0339	0087	33	
	18			0005	0037	0264	0772	1080	0987	0508	0160	32	
	19			0002	0016	0148	0558	0910	1109	0700	0270	31	
	20			0001	0006	0077	0370	0705	1146	0888	0419	30	
	21				0002	0036	0227	0503	1091	1038	0598	29	
	22				0001	0016	0128	0332	0959	1119	0788	28	
	23					0006	0067	0202	0778	1115	0960	27	
	24					0002	0032	0114	0584	1026	1080	26	
	25					0001	0014	0059	0405	0873	1123	25	
	26						0006	0028	0259	0687	1080	24	
	27						0002	0013	0154	0500	0960	23	
	28						0001	0005	0084	0336	0788	22	
	29							0002	0043	0208	0598	21	
	30							0001	0020	0119	0419	20	
	31								0009	0063	0270	19	
	32								0003	0031	0160	18	
	33								0001	0014	0087	17	
	34									0006	0044	16	
	35									0002	0020	15	
	36									0001	0008	14	
	37										0003	13	
	38										0001	12	
n	k	0,95	0,90	$\frac{5}{6}$	0,80	0,75	0,70	$\frac{2}{3}$	0,60	0,55	0,50	k	n
		p											

Anmerkung: Alle nicht aufgeführten Werte sind (bei Rundung auf vier Dezimalstellen) 0,0000.
$b(50; 0{,}3; 13) = 0{,}1050$ $b(50; 0{,}7; 37) = 0{,}1050$

Summierte binomiale Wahrscheinlichkeiten

$$B(n; p; k) = P(X \le k) = \sum_{i=0}^{k} \binom{n}{i} \cdot p^i \cdot (1-p)^{n-i}$$

n	*k*	*p*										*k*	*n*
		0,05	**0,10**	$\frac{1}{6}$	**0,20**	**0,25**	**0,30**	$\frac{1}{3}$	**0,40**	**0,45**	**0,50**		
5	**0**	0,7738	5905	4019	3277	2373	1681	1317	0778	0503	0313	**4**	5
	1	0,9774	9185	8038	7373	6328	5282	4609	3370	2562	1875	**3**	
	2	0,9988	9914	9645	9421	8965	8369	7901	6826	5931	5000	**2**	
	3		9995	9967	9933	9844	9692	9547	9130	8688	8125	**1**	
	4			9999	9997	9990	9976	9959	9898	9815	9688	**0**	
10	**0**	0,5987	3487	1615	1074	0563	0282	0173	0060	0025	0010	**9**	10
	1	0,9139	7361	4845	3758	2440	1493	1040	0464	0233	0107	**8**	
	2	0,9885	9298	7752	6778	5256	3828	2991	1673	0996	0547	**7**	
	3	0,9990	9872	9303	8791	7759	6496	5593	3823	2660	1719	**6**	
	4	0,9999	9984	9845	9672	9219	8497	7869	6331	5044	3770	**5**	
	5		9999	9976	9936	9803	9527	9234	8338	7384	6230	**4**	
	6			9997	9991	9965	9894	9803	9452	8980	8281	**3**	
	7				9999	9996	9984	9966	9877	9726	9453	**2**	
	8						9999	9996	9983	9955	9893	**1**	
	9								9999	9997	9990	**0**	
15	**0**	0,4633	2059	0649	0352	0134	0047	0023	0005	0001	0000	**14**	15
	1	0,8290	5490	2596	1671	0802	0353	0194	0052	0017	0005	**13**	
	2	0,9638	8159	5322	3980	2361	1268	0794	0271	0107	0037	**12**	
	3	0,9945	9444	7685	6482	4613	2969	2092	0905	0424	0176	**11**	
	4	0,9994	9873	9102	8358	6865	5155	4041	2173	1204	0592	**10**	
	5	0,9999	9978	9726	9389	8516	7216	6184	4032	2608	1509	**9**	
	6		9997	9934	9819	9434	8689	7970	6098	4522	3036	**8**	
	7			9987	9958	9827	9500	9118	7869	6535	5000	**7**	
	8			9998	9992	9958	9848	9692	9050	8182	6964	**6**	
	9				9999	9992	9963	9915	9662	9231	8491	**5**	
	10					9999	9993	9982	9907	9745	9408	**4**	
	11						9999	9997	9981	9937	9824	**3**	
	12								9997	9989	9963	**2**	
	13									9999	9995	**1**	
20	**0**	0,3585	1216	0261	0115	0032	0008	0003	0000	0000	0000	**19**	20
	1	0,7358	3917	1304	0692	0243	0076	0033	0005	0001	0000	**18**	
	2	0,9245	6769	3287	2061	0913	0355	0176	0036	0009	0002	**17**	
	3	0,9841	8670	5665	4114	2252	1071	0604	0160	0049	0013	**16**	
	4	0,9974	9568	7687	6296	4148	2375	1515	0510	0189	0059	**15**	
	5	0,9997	9887	8982	8042	6172	4164	2972	1256	0553	0207	**14**	
	6		9976	9629	9133	7858	6080	4793	2500	1299	0577	**13**	
	7		9996	9887	9679	8982	7723	6615	4159	2520	1316	**12**	
	8		9999	9972	9900	9591	8867	8095	5956	4143	2517	**11**	
	9			9994	9974	9861	9520	9081	7553	5914	4119	**10**	
	10			9999	9994	9961	9829	9624	8725	7507	5881	**9**	
	11				9999	9991	9949	9870	9435	8692	7483	**8**	
	12					9998	9987	9963	9790	9420	8684	**7**	
	13						9997	9991	9935	9786	9423	**6**	
	14							9998	9984	9936	9793	**5**	
	15								9997	9985	9941	**4**	
	16									9997	9987	**3**	
	17										9998	**2**	
n	*k*	**0,95**	**0,90**	$\frac{5}{6}$	**0,80**	**0,75**	**0,70**	$\frac{2}{3}$	**0,60**	**0,55**	**0,50**	*k*	*n*
		p											

Summierte binomiale Wahrscheinlichkeiten

$$B(n;p;k) = P(X \le k) = \sum_{i=0}^{k} \binom{n}{i} \cdot p^i \cdot (1-p)^{n-i}$$

n	k	p: 0,05	0,10	$\frac{1}{6}$	0,20	0,25	0,30	$\frac{1}{3}$	0,40	0,45	0,50	k	n
25	0	0,2774	0718	0105	0038	0008	0001	0000	0000	0000	0000	24	25
	1	0,6424	2712	0629	0274	0070	0016	0005	0001	0000	0000	23	
	2	0,8729	5371	1887	0982	0321	0090	0035	0004	0001	0000	22	
	3	0,9659	7636	3816	2340	0962	0332	0149	0024	0005	0001	21	
	4	0,9928	9020	5937	4207	2137	0905	0462	0095	0023	0005	20	
	5	0,9988	9666	7720	6167	3783	1935	1120	0294	0086	0020	19	
	6	0,9998	9905	8908	7800	5611	3407	2215	0736	0258	0073	18	
	7		9977	9553	8909	7265	5118	3703	1536	0639	0216	17	
	8		9995	9843	9532	8506	6769	5376	2735	1340	0539	16	
	9		9999	9953	9827	9287	8106	6956	4246	2424	1148	15	
	10			9988	9944	9703	9022	8220	5858	3843	2122	14	
	11			9997	9985	9893	9558	9082	7323	5426	3450	13	
	12			9999	9996	9966	9825	9585	8462	6937	5000	12	
	13				9999	9991	9940	9836	9222	8173	6550	11	
	14					9998	9982	9944	9656	9040	7878	10	
	15						9995	9984	9868	9560	8852	9	
	16						9999	9996	9957	9826	9461	8	
	17							9999	9988	9942	9784	7	
	18								9997	9984	9927	6	
	19								9999	9996	9980	5	
	20									9999	9995	4	
	21										9999	3	
50	0	0,0769	0052	0001	0000	0000	0000	0000	0000	0000	0000	49	50
	1	0,2794	0338	0012	0002	0000	0000	0000	0000	0000	0000	48	
	2	0,5405	1117	0066	0013	0001	0000	0000	0000	0000	0000	47	
	3	0,7604	2503	0238	0057	0005	0000	0000	0000	0000	0000	46	
	4	0,8964	4312	0643	0185	0021	0002	0000	0000	0000	0000	45	
	5	0,9622	6161	1388	0480	0070	0007	0001	0000	0000	0000	44	
	6	0,9882	7702	2506	1034	0194	0025	0005	0000	0000	0000	43	
	7	0,9968	8779	3911	1904	0453	0073	0017	0000	0000	0000	42	
	8	0,9992	9421	5421	3073	0916	0183	0050	0002	0000	0000	41	
	9	0,9998	9755	6830	4437	1637	0402	0127	0008	0001	0000	40	
	10		9906	7986	5836	2622	0789	0284	0022	0002	0000	39	
	11		9968	8827	7107	3816	1390	0570	0057	0006	0000	38	
	12		9990	9373	8139	5110	2229	1035	0133	0018	0002	37	
	13		9997	9693	8894	6370	3279	1715	0280	0045	0005	36	
	14		9999	9862	9393	7481	4468	2612	0540	0104	0013	35	
	15			9943	9692	8369	5692	3690	0955	0220	0033	34	
	16			9978	9856	9017	6839	4868	1561	0427	0077	33	
	17			9992	9937	9449	7822	6046	2369	0765	0164	32	
	18			9997	9975	9713	8594	7126	3356	1273	0325	31	
n	k	0,95	0,90	$\frac{5}{6}$	0,80	0,75	0,70	$\frac{2}{3}$	0,60	0,55	0,50	k	n
		p											

Rekursionsformel: $B(n;p;k) = B(n;p;k-1) + b(n;p;k)$

Anmerkungen: Alle nicht aufgeführten Werte sind (bei Rundung auf vier Dezimalstellen) 1,0000.
Für schwächer unterlegte Tabelleneingänge ($p \ge 0{,}5$) gilt: $B(n;p;k) = 1 -$ (angegebener Wert)

$B(25; 0{,}25; 7) = 0{,}7265$ $B(20; 0{,}70; 11) = 1 - 0{,}8867 = 0{,}1133$

Summierte binomiale Wahrscheinlichkeiten

$$B(n; p; k) = P(X \leq k) = \sum_{i=0}^{k} \binom{n}{i} \cdot p^i \cdot (1-p)^{n-i}$$

n	k	p										k	n
		0,05	0,10	$\frac{1}{6}$	0,20	0,25	0,30	$\frac{1}{3}$	0,40	0,45	0,50		
50	19			9999	9991	9861	9152	8036	4465	1974	0595	30	50
	20				9997	9937	9522	8741	5610	2862	1013	29	
	21				9999	9974	9749	9244	6701	3900	1611	28	
	22					9990	9877	9576	7660	5019	2399	27	
	23					9996	9944	9778	8438	6134	3359	26	
	24					9999	9976	9892	9022	7160	4439	25	
	25						9991	9951	9427	8034	5561	24	
	26						9997	9979	9686	8721	6641	23	
	27						9999	9992	9840	9220	7601	22	
	28							9997	9924	9556	8389	21	
	29							9999	9966	9765	8987	20	
	30								9986	9884	9405	19	
	31								9995	9947	9675	18	
	32								9998	9978	9836	17	
	33								9999	9991	9923	16	
	34									9997	9967	15	
	35									9999	9987	14	
	36										9995	13	
	37										9998	12	
100	0	0,0059	0000	0000	0000	0000	0000	0000	0000	0000	0000	99	100
	1	0,0371	0003	0000	0000	0000	0000	0000	0000	0000	0000	98	
	2	0,1183	0019	0000	0000	0000	0000	0000	0000	0000	0000	97	
	3	0,2578	0078	0000	0000	0000	0000	0000	0000	0000	0000	96	
	4	0,4360	0237	0001	0000	0000	0000	0000	0000	0000	0000	95	
	5	0,6160	0576	0004	0000	0000	0000	0000	0000	0000	0000	94	
	6	0,7660	1172	0013	0001	0000	0000	0000	0000	0000	0000	93	
	7	0,8720	2061	0038	0003	0000	0000	0000	0000	0000	0000	92	
	8	0,9369	3209	0095	0009	0000	0000	0000	0000	0000	0000	91	
	9	0,9718	4513	0231	0023	0000	0000	0000	0000	0000	0000	90	
	10	0,9885	5832	0427	0057	0001	0000	0000	0000	0000	0000	89	
	11	0,9957	7030	0777	0126	0004	0000	0000	0000	0000	0000	88	
	12	0,9985	8018	1297	0253	0010	0000	0000	0000	0000	0000	87	
	13	0,9995	8761	2000	0469	0025	0001	0000	0000	0000	0000	86	
	14	0,9999	9274	2874	0804	0054	0002	0000	0000	0000	0000	85	
	15		9601	3877	1285	0111	0004	0000	0000	0000	0000	84	
	16		9794	4942	1923	0211	0010	0001	0000	0000	0000	83	
	17		9900	5994	2712	0376	0022	0002	0000	0000	0000	82	
	18		9954	6965	3621	0630	0045	0005	0000	0000	0000	81	
	19		9980	7803	4602	0995	0089	0011	0000	0000	0000	80	
	20		9992	8481	5595	1488	0165	0024	0000	0000	0000	79	
	21		9997	8998	6540	2114	0288	0048	0000	0000	0000	78	
	22		9999	9370	7389	2864	0479	0091	0001	0000	0000	77	
	23			9621	8109	3711	0755	0164	0003	0000	0000	76	
	24			9783	8686	4617	1136	0281	0006	0000	0000	75	
	25			9881	9125	5535	1631	0458	0012	0000	0000	74	
	26			9938	9442	6417	2244	0715	0024	0001	0000	73	
	27			9969	9658	7224	2964	1066	0046	0002	0000	72	
	28			9985	9800	7925	3768	1524	0084	0004	0000	71	
n	k	0,95	0,90	$\frac{5}{6}$	0,80	0,75	0,70	$\frac{2}{3}$	0,60	0,55	0,50	k	n
		p											

Summierte binomiale Wahrscheinlichkeiten

$$B(n;p;k) = P(X \leq k) = \sum_{i=0}^{k} \binom{n}{i} \cdot p^i \cdot (1-p)^{n-i}$$

n	k	p										k	n
		0,05	0,10	$\frac{1}{6}$	0,20	0,25	0,30	$\frac{1}{3}$	0,40	0,45	0,50		
100	29			9993	9888	8505	4623	2093	0148	0008	0000	70	100
	30			9997	9939	8962	5491	2766	0248	0015	0000	69	
	31			9999	9969	9307	6331	3525	0398	0030	0001	68	
	32				9985	9554	7107	4344	0615	0055	0002	67	
	33				9993	9724	7793	5188	0913	0098	0004	66	
	34				9997	9836	8371	6019	1303	0166	0009	65	
	35				9999	9906	8839	6803	1795	0272	0018	64	
	36				9999	9948	9201	7511	2386	0429	0033	63	
	37					9973	9470	8123	3068	0651	0060	62	
	38					9986	9660	8630	3822	0951	0105	61	
	39					9993	9790	9034	4621	1343	0176	60	
	40					9997	9875	9341	5433	1831	0284	59	
	41					9999	9928	9566	6225	2415	0443	58	
	42					9999	9960	9724	6967	3087	0666	57	
	43						9979	9831	7635	3828	0967	56	
	44						9989	9900	8211	4613	1356	55	
	45						9995	9943	8689	5413	1841	54	
	46						9997	9969	9070	6196	2421	53	
	47						9999	9983	9362	6931	3087	52	
	48						9999	9991	9577	7596	3822	51	
	49							9996	9729	8173	4602	50	
	50							9998	9832	8654	5398	49	
	51							9999	9900	9040	6178	48	
	52								9942	9338	6914	47	
	53								9968	9559	7579	46	
	54								9983	9716	8159	45	
	55								9991	9824	8644	44	
	56								9996	9894	9033	43	
	57								9998	9939	9334	42	
	58								9999	9966	9557	41	
	59									9982	9716	40	
	60									9991	9824	39	
	61									9995	9895	38	
	62									9998	9940	37	
	63									9999	9967	36	
	64										9982	35	
	65										9991	34	
	66										9996	33	
	67										9998	32	
	68										9999	31	
n	k	0,95	0,90	$\frac{5}{6}$	0,80	0,75	0,70	$\frac{2}{3}$	0,60	0,55	0,50	k	n
		p											

Rekursionsformel: $B(n;p;k) = B(n;p;k-1) + b(n;p;k)$

Anmerkungen: Alle nicht aufgeführten Werte sind (bei Rundung auf vier Dezimalstellen) 1,0000.
Für schwächer unterlegte Tabelleneingänge ($p \geq 0{,}5$) gilt: $B(n;p;k) = 1 -$ (angegebener Wert)

$B(50; 0{,}40; 21) = 0{,}6701$ $\quad$ $B(100; \frac{2}{3}; 66) = 1 - 0{,}5188 = 0{,}4812$

Summierte binomiale Wahrscheinlichkeiten

$$B(n;p;k) = P(X \le k) = \sum_{i=0}^{k} \binom{n}{i} \cdot p^i \cdot (1-p)^{n-i}$$

n	k	p										k	n
		0,05	0,10	$\frac{1}{6}$	0,20	0,25	0,30	$\frac{1}{3}$	0,40	0,45	0,50		
200	5	0,0623	0000	0000	0000	0000	0000	0000	0000	0000	0000	194	200
	9	0,4547	0035	0000	0000	0000	0000	0000	0000	0000	0000	190	
	10	0,5831	0081	0000	0000	0000	0000	0000	0000	0000	0000	189	
	14	0,9219	0929	0000	0000	0000	0000	0000	0000	0000	0000	185	
	15	0,9556	1431	0001	0000	0000	0000	0000	0000	0000	0000	184	
	19	0,9973	4655	0027	0000	0000	0000	0000	0000	0000	0000	180	
	20	0,9988	5591	0052	0001	0000	0000	0000	0000	0000	0000	179	
	24		8551	0426	0020	0000	0000	0000	0000	0000	0000	175	
	25		8995	0468	0036	0000	0000	0000	0000	0000	0000	174	
	29		9837	2366	0283	0002	0000	0000	0000	0000	0000	170	
	30		9905	3007	0430	0004	0000	0000	0000	0000	0000	169	
	34		9992	5943	1656	0044	0000	0000	0000	0000	0000	165	
	35		9996	6658	2151	0073	0000	0000	0000	0000	0000	164	
	39			8777	4718	0405	0005	0000	0000	0000	0000	160	
	40			9106	5422	0578	0009	0000	0000	0000	0000	159	
	44			9801	7887	1852	0072	0003	0000	0000	0000	155	
	45			9872	8349	2331	0111	0005	0000	0000	0000	154	
	49			9983	9506	4729	0506	0042	0000	0000	0000	150	
	50			9990	9655	5379	0695	0067	0000	0000	0000	149	
	54			9999	9934	7707	1988	0323	0001	0000	0000	145	
	55				9959	8162	2455	0453	0002	0000	0000	144	
	59				9995	9375	4733	1409	0013	0000	0000	140	
	60				9997	9546	5348	1778	0021	0000	0000	139	
	64					9897	7579	3755	0119	0001	0000	135	
	65					9932	8028	4338	0173	0002	0000	134	
	69					9990	9272	6670	0639	0016	0000	130	
	70					9994	9458	7192	0844	0026	0000	129	
	74					9999	9862	8794	2142	0133	0001	125	
	75						9906	9065	2590	0191	0003	124	
	79						9984	9716	4732	0673	0018	120	
	80						9990	9799	5307	0881	0028	119	
	84						9999	9958	7428	2175	0141	115	
	85						9999	9973	7868	2617	0200	114	
	89							9996	9143	4726	0687	110	
	90							9998	9345	5293	0894	109	
	94								9812	7392	2184	105	
	95								9869	7831	2623	104	
	99								9974	9113	4718	100	
	100								9983	9319	5282	99	
	104								9998	9801	7377	95	
	105								9999	9860	7816	94	
	109									9971	9105	90	
	110									9982	9313	89	
	114									9997	9800	85	
	115									9998	9859	84	
	120										9982	79	
	124										9998	75	
n	k	0,95	0,90	$\frac{5}{6}$	0,80	0,75	0,70	$\frac{2}{3}$	0,60	0,55	0,50	k	n
		p											

Anmerkung: Die Tabelle für $n = 200$ umfasst nur Werte für ausgewählte k.

Zufallszahlen (Zufallsziffern)

	1	2	3	4	5	6	7	8	9	10
1	15417	74829	98508	69237	70467	34085	49284	97138	93989	14949
2	83541	78590	79977	76459	34698	24757	68161	59220	38860	27550
3	83363	57671	82647	01759	08377	43949	09336	91279	73510	94567
4	31376	08426	01496	05707	94894	51621	17306	72636	71629	65120
5	65922	79156	22950	71072	80501	93759	85577	84671	99144	71309
6	44623	21571	22510	26078	22919	38014	74812	75848	14865	50707
7	65805	75499	92585	36047	08728	64845	56179	30677	13952	17741
8	93688	06385	99106	44950	47682	71020	63928	07473	53143	55538
9	36787	35165	41625	81646	10310	18362	67818	15497	41543	68104
10	15064	84305	26024	71232	77282	57088	66469	20092	17124	70810
11	73781	85945	09081	98055	11526	90691	15615	44830	97017	51826
12	26695	95847	07129	28755	21654	98159	84790	02153	33476	10877
13	92757	35124	39446	30201	90983	42613	50124	74041	92437	45890
14	92185	74853	27243	31847	74204	32685	96841	84106	47671	14727
15	74354	56786	84156	93849	83624	23295	97223	26876	02040	63305
16	59197	20737	18935	21679	94861	04571	56572	75516	57795	48323
17	00301	81564	88863	39162	51300	15466	18098	65846	32016	03620
18	79322	69113	50376	37006	39588	17941	64241	03042	54301	76495
19	46896	84356	67893	61217	22292	19955	36594	99542	15739	82020
20	94311	89493	04724	34761	58674	03370	17343	26488	94584	46804
21	50139	41011	19852	14712	60801	27399	53433	69217	37252	89608
22	45743	91990	91000	17480	50573	15265	91344	09868	74933	62735
23	64269	55393	37855	01869	02917	41863	10742	37109	41323	47310
24	14329	42915	01173	78025	73717	67185	18782	76148	61642	54586
25	49164	91933	42306	12947	01680	45921	88522	76925	16524	13480
26	63507	03320	12293	81871	22119	18613	96294	01829	03841	12788
27	31103	31984	50959	85256	56765	26668	31216	90250	52790	14013
28	87752	40845	96402	26261	18016	31328	95484	70209	78843	49634
29	34521	61518	86842	34276	64020	93595	76699	52993	42374	80862
30	60134	98695	05002	46655	66145	24412	88072	66297	79074	68815
31	06229	07384	52698	19903	35072	80833	77731	32709	10017	57464
32	97059	41147	74463	97601	67734	87007	24499	60309	99660	83221
33	46371	28520	24589	60795	36960	23796	31257	24457	83745	44343
34	36473	18603	18977	92183	12326	22106	98444	22002	84542	16639
35	30237	29527	99532	55131	81820	29715	39847	04796	12701	42349
36	85103	14708	27584	63442	78297	59167	66366	27044	64303	36958
37	25504	74076	31828	91636	76100	09238	08552	22605	50630	87013
38	96337	29252	08527	81256	02940	50825	10377	25971	61687	84186
39	56182	11865	71079	42516	97923	78872	42229	85906	56823	18838
40	90510	47483	96598	80450	30750	23532	55980	07279	83210	37192
41	26941	53548	17715	25011	21995	34264	07656	16232	34813	85433
42	13867	18774	01197	56723	35424	34840	15440	36266	25140	63227
43	15506	06973	81097	06518	25041	90625	58504	94562	29230	80827
44	08853	11983	82717	43617	57257	51678	90141	15501	90364	28763
45	73816	06882	91562	90555	49994	59448	03989	57337	17294	04923
46	70690	10003	56510	65010	16265	67211	03482	32463	07107	73883
47	68116	60841	10401	84722	60367	02492	20459	45129	23698	28483
48	90170	43107	71912	82744	94495	03554	53599	39307	68249	61059
49	80718	79591	75982	59376	63561	29768	26545	58682	97275	83963
50	57437	92583	48514	37163	60580	79939	22006	43375	64739	23795

Ma

Matrizen und Determinanten

Begriffe

$a_{ik}, r \in \mathbb{R};\ i, k, m, n \in \mathbb{N}^*$

Matrix	Eine rechteckige Anordnung von $m \cdot n$ Zahlen (z.B. der Koeffizienten eines linearen Gleichungssystems) in m Zeilen und n Spalten der folgenden Form wird **Matrix** vom Typ $(m; n)$ bzw. **$(m; n)$-Matrix** genannt: $\mathbf{A} = \mathbf{A}_{(m;\,n)} = (a_{ik})_{(m;\,n)} = \begin{pmatrix} a_{11} & a_{12} & \dots & a_{1n} \\ a_{21} & a_{22} & \dots & a_{2n} \\ \dots & \dots & & \dots \\ a_{m1} & a_{m2} & \dots & a_{mn} \end{pmatrix}$ Die Zahlen a_{ik} heißen *Elemente* (*Komponenten*) von **A.** Eine Matrix vom Typ $(m; n)$ kann als Zusammenstellung von m Zeilenvektoren bzw. n Spaltenvektoren aufgefasst werden. **Elementare Matrizenumformungen:** (1) Vertauschen zweier Zeilen (2) Multiplizieren (Vervielfachen) der Elemente einer Zeile mit einer von null verschiedenen reellen Zahl r (3) Addieren einer Zeile zu einer anderen
Zeilen- und Spaltenvektoren	Die $(1; n)$-Matrizen stellen **Zeilenvektoren,** die $(m; 1)$-Matrizen **Spaltenvektoren** dar. Speziell entsprechen die (3; 1)-Matrizen den Vektoren des (dreidimensionalen) Raumes und die (2; 1)-Matrizen den Vektoren der Ebene.
Rang einer Matrix	Unter dem Rang r einer Matrix $\mathbf{A}_{(m;\,n)}$ versteht man die Maximalzahl linear unabhängiger Zeilenvektoren (bzw. Spaltenvektoren). Bei elementaren Matrizenumformungen bleibt der Rang einer Matrix unverändert.
erweiterte Matrix	Aus $\mathbf{A} = \mathbf{A}_{(m;\,n)} = (a_{ik})_{(m;\,n)}$ und $\mathbf{B} = \mathbf{B}_{(m;\,p)} = (b_{ik})_{(m;\,p)}$ ergibt sich die **erweiterte Matrix A|B** folgendermaßen: $\mathbf{A}\vert\mathbf{B} = \left(\begin{array}{cccc\|cccc} a_{11} & a_{12} & \dots & a_{1n} & b_{11} & b_{12} & \dots & b_{1p} \\ a_{21} & a_{22} & \dots & a_{2n} & b_{21} & b_{22} & \dots & b_{2p} \\ \dots & \dots & & \dots & \dots & \dots & & \dots \\ a_{m1} & a_{m2} & \dots & a_{mn} & b_{m1} & b_{m2} & \dots & b_{mp} \end{array}\right)$ Die Matrizen **A**, **B** und **A|B** haben die gleiche Zeilenzahl m.

Quadratische Matrizen

$a_{ik} \in \mathbb{R};\ i, k, m, n \in \mathbb{N}^*$

Stimmen Zeilen- und Spaltenzahl einer Matrix $\mathbf{A} = \mathbf{A}_{(m;\,n)} = (a_{ik})_{(m;\,n)}$ überein (d.h., gilt $m = n$), so spricht man von einer **quadratischen Matrix** vom Typ $(n; n)$ oder der **Ordnung n.**

Die Elemente $a_{11}, a_{22}, \dots, a_{nn}$ bilden die *Hauptdiagonale* der Matrix.

obere Dreiecksmatrix	$a_{ik} = 0$ für alle $i > k$ (Alle Elemente unterhalb der Hauptdiagonalen sind gleich null.)
untere Dreiecksmatrix	$a_{ik} = 0$ für alle $i < k$ (Alle Elemente oberhalb der Hauptdiagonalen sind gleich null.)
Diagonalmatrix	$a_{ik} = 0$ für alle $i \neq k$ (Alle Elemente außerhalb der Hauptdiagonalen sind gleich null.)
Einheitsmatrix E	$a_{ik} = \begin{cases} 1 & \text{für } i = k \\ 0 & \text{für } i \neq k \end{cases}$ (Diagonalmatrix, deren Elemente in der Hauptdiagonalen 1 sind)

transponierte Matrix	Werden in einer quadratischen Matrix **A** die Zeilen mit den entsprechenden Spalten vertauscht, so erhält man die **(zu A) transponierte Matrix $\mathbf{A}^T$.** Es gilt: $(\mathbf{A}^T)^T = \mathbf{A}$
Nullmatrix O	$a_{ik} = 0$ für alle i, k (Matrix beliebigen Typs, bei der alle Elemente gleich null sind)
inverse Matrix $\mathbf{A}^{-1}$	Die zu $\mathbf{A} = \mathbf{A}_{(n;\,n)}$ **inverse Matrix $\mathbf{A}^{-1}$** existiert genau dann, wenn der Rang von **A** gleich n ist, und für die Matrizenmultiplikation gilt: $\mathbf{A} \cdot \mathbf{A}^{-1} = \mathbf{A}^{-1} \cdot \mathbf{A} = \mathbf{E}$ $\quad (\mathbf{A}^{-1})^{-1} = \mathbf{A}$ $\quad (\mathbf{A}^{-1})^T = (\mathbf{A}^T)^{-1}$

Rechnen mit Matrizen

$a_{ik}, b_{ik}, c_{ik}, r, s \in \mathbb{R};\ i, k, m, n, p \in \mathbb{N}^*$

Addition/Subtraktion	Für $\mathbf{A} = \mathbf{A}_{(m;\,n)} = (a_{ik})_{(m;\,n)}$ und $\mathbf{B} = \mathbf{B}_{(m;\,n)} = (b_{ik})_{(m;\,n)}$ gilt: $\mathbf{A} \pm \mathbf{B} = \mathbf{C}$ mit $\mathbf{C} = \mathbf{C}_{(m;\,n)} = (c_{ik})_{(m;\,n)}$ und $c_{ik} = a_{ik} \pm b_{ik}$ Eine Addition (Subtraktion) ist nur für Matrizen gleichen Typs erklärt, sie erfolgt elementweise. *Rechenregeln (Eigenschaften):* $\mathbf{A} + \mathbf{B} = \mathbf{B} + \mathbf{A}$ $\quad (\mathbf{A} + \mathbf{B})^T = \mathbf{A}^T + \mathbf{B}^T$ $\quad \mathbf{A} + \mathbf{O} = \mathbf{A}$ $(\mathbf{A} + \mathbf{B}) + \mathbf{C} = \mathbf{A} + (\mathbf{B} + \mathbf{C})$ $\quad \mathbf{A} - \mathbf{A} = \mathbf{O}$
Vielfachbildung (Multiplikation mit einer reellen Zahl)	Für eine Matrix $\mathbf{A} = \mathbf{A}_{(m;\,n)} = (a_{ik})_{(m;\,n)}$ und eine reelle Zahl r gilt: $r\mathbf{A} = \mathbf{C}$ mit $\mathbf{C} = \mathbf{C}_{(m;\,n)} = (c_{ik})_{(m;\,n)}$ und $c_{ik} = ra_{ik}$ Die Vielfachbildung ist unabhängig vom Typ der Matrix, sie erfolgt elementweise. *Rechenregeln (Eigenschaften):* $(r + s)\mathbf{A} = r\mathbf{A} + s\mathbf{A}$ $\quad r(s\mathbf{A}) = (rs)\mathbf{A}$ $\quad 1\mathbf{A} = \mathbf{A}$ $r(\mathbf{A} + \mathbf{B}) = r\mathbf{A} + r\mathbf{B}$ $\quad 0\mathbf{A} = \mathbf{O}$
Multiplikation	Für $\mathbf{A} = \mathbf{A}_{(m;\,p)} = (a_{ik})_{(m;\,p)}$ und $\mathbf{B} = \mathbf{B}_{(p;\,n)} = (b_{ik})_{(p;\,n)}$ gilt: $\mathbf{A} \cdot \mathbf{B} = \mathbf{C}$ mit $\mathbf{C} = \mathbf{C}_{(m;\,n)} = (c_{ik})_{(m;\,n)}$ und $c_{ik} = \sum_{j=1}^{p} a_{ij} b_{jk}$ Das Produkt $\mathbf{A} \cdot \mathbf{B}$ ist nur für *verkettete* Matrizen definiert, d.h. nur für den Fall, dass die Spaltenzahl von **A** gleich der Zeilenzahl von **B** ist.
falksches Schema	Als Hilfsmittel zur Berechnung von $\mathbf{A} \cdot \mathbf{B}$ kann das folgende Schema dienen: (siehe unten)

$\mathbf{A} \cdot \mathbf{B}$			b_{11} ...	b_{1k}	... b_{1n}
			...	...	...
			b_{p1} ...	b_{pk}	... b_{pn}
a_{11}	...	a_{1p}	c_{11} ...	c_{1k}	... c_{1n}
...		...	...	...	...
a_{i1}	...	a_{ip}	c_{i1} ...	c_{ik}	... c_{in}
...		...	...	...	...
a_{m1}	...	a_{mp}	c_{m1} ...	c_{mk}	... c_{mn}

mit $c_{ik} = a_{i1}b_{1k} + \ldots + a_{ip}b_{pk}$

Anmerkung: Jede Zeile von **A** wird mit jeder Spalte von **B** so multipliziert wie das beim Skalarprodukt der entsprechenden Vektoren der Fall wäre.

Rechenregeln (Eigenschaften):

$(\mathbf{A} \cdot \mathbf{B}) \cdot \mathbf{C} = \mathbf{A} \cdot (\mathbf{B} \cdot \mathbf{C})$ $\quad (\mathbf{A} + \mathbf{B}) \cdot \mathbf{C} = \mathbf{A} \cdot \mathbf{C} + \mathbf{B} \cdot \mathbf{C}$ $\quad (r\mathbf{A}) \cdot (s\mathbf{B}) = rs(\mathbf{A} \cdot \mathbf{B})$

$(\mathbf{A} \cdot \mathbf{B})^T = \mathbf{B}^T \cdot \mathbf{A}^T$ $\quad (\mathbf{A} \cdot \mathbf{B})^{-1} = \mathbf{B}^{-1} \cdot \mathbf{A}^{-1}$

Im Allgemeinen ist $\mathbf{A} \cdot \mathbf{B} \neq \mathbf{B} \cdot \mathbf{A}$, d.h., die Matrizenmultiplikation ist nicht kommutativ.

Determinanten

$a_{ik} \in \mathbb{R};\ i, k, n \in \mathbb{N}^*$

Begriff	Eine (n-reihige) **Determinante** ist eine Funktion, die jeder quadratischen Matrix $\mathbf{A} = \mathbf{A}_{(n;\,n)} = (a_{ik})$ eindeutig eine reelle Zahl zuordnet. $\det \mathbf{A} = \lvert \mathbf{A} \rvert = \begin{vmatrix} a_{11} & a_{12} & \ldots & a_{1n} \\ a_{21} & a_{22} & \ldots & a_{2n} \\ \ldots & \ldots & & \ldots \\ a_{n1} & a_{n2} & \ldots & a_{nn} \end{vmatrix}$
Unterdeterminante	Die Unterdeterminante $\det \mathbf{A}_{ik}$ (des Elements a_{ik}) von $\det \mathbf{A}$ ergibt sich durch Streichen der i-ten Zeile und der k-ten Spalte der zu $\det \mathbf{A}$ gehörenden Matrix $\mathbf{A} = (a_{ik})$.
zweireihige Determinanten	$\lvert \mathbf{A} \rvert = \begin{vmatrix} a_{11} & a_{12} \\ a_{21} & a_{22} \end{vmatrix} = a_{11}a_{22} - a_{12}a_{21}$
dreireihige Determinanten	$\lvert \mathbf{A} \rvert = \begin{vmatrix} a_{11} & a_{12} & a_{13} \\ a_{21} & a_{22} & a_{23} \\ a_{31} & a_{32} & a_{33} \end{vmatrix} = a_{11} \begin{vmatrix} a_{22} & a_{23} \\ a_{32} & a_{33} \end{vmatrix} - a_{12} \begin{vmatrix} a_{21} & a_{23} \\ a_{31} & a_{33} \end{vmatrix} + a_{13} \begin{vmatrix} a_{21} & a_{22} \\ a_{31} & a_{32} \end{vmatrix}$ Berechnung mithilfe der **Regel von Sarrus:** 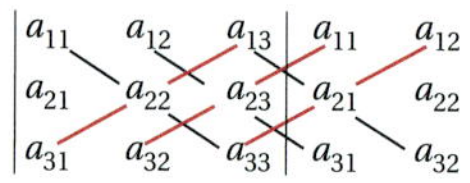 $a_{11}a_{22}a_{33} + a_{12}a_{23}a_{31} + a_{13}a_{21}a_{32}$ $- a_{12}a_{21}a_{33} - a_{11}a_{23}a_{32} - a_{13}a_{22}a_{31}$
***n*-reihige Determinanten**	Eine n-reihige Determinante kann nach jeder Zeile oder Spalte mithilfe von Unterdeterminanten entwickelt werden. *Beispiel:* Entwicklung nach den Elementen der ersten Zeile $\lvert \mathbf{A} \rvert = \sum_{i=1}^{n} (-1)^{i+1} a_{1i} \lvert \mathrm{A}_{1i} \rvert$

Lineare Gleichungssysteme

Grundbegriffe und Schreibweisen

$a_{ik}, b_i, x_i \in \mathbb{R};\ i, k, m, n \in \mathbb{N}^*$

Begriff des linearen Gleichungssystems	Ein System aus m linearen Gleichungen mit n Variablen $x_1, x_2, \ldots, x_n$ wird **lineares Gleichungssystem** genannt. Jedes derartige Gleichungssystem lässt sich in folgender Form darstellen: $a_{11}x_1 + a_{12}x_2 + \ldots + a_{1n}x_n = b_1$ $a_{21}x_1 + a_{22}x_2 + \ldots + a_{2n}x_n = b_2$ $\ldots \qquad \ldots$ $a_{m1}x_1 + a_{m2}x_2 + \ldots + a_{mn}x_n = b_m$
homogenes System	Ein lineares Gleichungssystem aus m Gleichungen mit n Variablen (kurz: lineares $(m;\,n)$-Gleichungssystem), bei dem alle Konstanten b_i (Absolutglieder) den Wert 0 haben, heißt **homogen.**
inhomogenes System	Sind nicht alle Absolutglieder gleich null, so wird das System **inhomogen** genannt.
Äquivalenzumformungen	Die Lösungsmenge eines linearen Gleichungssystems bleibt bei folgenden Umformungen unverändert: (1) Vertauschen von Gleichungen (2) Multiplizieren einer Gleichung mit einer von null verschiedenen (reellen) Zahl (3) Addieren (des Vielfachen) einer Gleichung zu (dem Vielfachen) einer anderen

Matrixschreibweise	Unter Verwendung von Matrizen ergibt sich als weitere Schreibweise die folgende: $\mathbf{A} \cdot \vec{x} = \vec{b}$ bzw. $\begin{pmatrix} a_{11} & a_{12} & \dots & a_{1n} \\ a_{21} & a_{22} & \dots & a_{2n} \\ \dots & \dots & & \dots \\ a_{m1} & a_{m2} & \dots & a_{mn} \end{pmatrix} \cdot \begin{pmatrix} x_1 \\ x_2 \\ \dots \\ x_n \end{pmatrix} = \begin{pmatrix} b_1 \\ b_2 \\ \dots \\ b_m \end{pmatrix}$ Die Matrix $\mathbf{A} = \mathbf{A}_{(m;\,n)} = (a_{ik})$ heißt **Koeffizientenmatrix** des linearen $(m;\,n)$-Gleichungssystems, die Matrix $\mathbf{S} = \mathbf{S}_{(m;\,n+1)} = \mathbf{A} \mid \vec{b}$ wird **erweiterte Koeffizientenmatrix** bzw. **Systemmatrix** genannt.
Vektorschreibweise	Ein lineares $(m;\,n)$-Gleichungssystem kann mithilfe von (Spalten-)Vektoren folgendermaßen dargestellt werden: $\vec{a}_1 x_1 + \vec{a}_2 x_2 + \dots + \vec{a}_n x_n = \vec{b}$ $\quad$ $\vec{a}_i$ i-ter Spaltenvektor $\vec{b}$ Konstantenvektor

Lösungsverfahren

$a_{ik},\, b_i,\, c_i \in \mathbb{R};\ i, k, m, n \in \mathbb{N}^*$

Determinanten-verfahren	Lineare $(n;\,n)$-Gleichungssysteme können mithilfe des Determinantenverfahrens gelöst werden. Dabei werden folgende Determinanten betrachtet: $\lvert\mathbf{A}\rvert = \begin{vmatrix} a_{11} & a_{12} & \dots & a_{1i} & \dots & a_{1n} \\ a_{21} & a_{22} & \dots & a_{2i} & \dots & a_{2n} \\ \dots & \dots & & \dots & & \dots \\ a_{n1} & a_{n2} & \dots & a_{ni} & \dots & a_{nn} \end{vmatrix}$ $\quad$ $\lvert\mathbf{A}_i\rvert = \begin{vmatrix} a_{11} & a_{12} & \dots & b_1 & \dots & a_{1n} \\ a_{21} & a_{22} & \dots & b_2 & \dots & a_{2n} \\ \dots & \dots & & \dots & & \dots \\ a_{n1} & a_{n2} & \dots & b_n & \dots & a_{nn} \end{vmatrix}$ $\lvert\mathbf{A}\rvert$ ist die Koeffizientendeterminante; $\lvert\mathbf{A}_i\rvert$ ergibt sich, wenn in $\lvert\mathbf{A}\rvert$ die i-te Spalte durch den Konstantenvektor $\vec{b}$ ersetzt wird. Ist die Koeffizientendeterminante nicht null, erhält man als Lösung: $x_i = \frac{\lvert\mathbf{A}_i\rvert}{\lvert\mathbf{A}\rvert}$ **(cramersche Regel)**
Lösbarkeitskriterien	*Homogenes Gleichungssystem:* $\lvert\mathbf{A}\rvert \neq 0 \Rightarrow$ eindeutig lösbar (Nullvektor als triviale Lösung) $\lvert\mathbf{A}\rvert = 0 \Rightarrow$ unendlich viele Lösungen *Inhomogenes Gleichungssystem:* $\lvert\mathbf{A}\rvert \neq 0$ $\Rightarrow$ eindeutig lösbar (cramersche Regel) $\lvert\mathbf{A}\rvert = 0$ und $\lvert\mathbf{A}_i\rvert = 0$ für alle i $\Rightarrow$ unendlich viele Lösungen $\lvert\mathbf{A}\rvert = 0$ und nicht alle $\lvert\mathbf{A}_i\rvert$ gleich 0 $\Rightarrow$ keine Lösung
gaußsches Eliminierungsverfahren	Das gegebene lineare Gleichungssystem wird durch äquivalente Umformungen (bzw. Umformen der Koeffizientenmatrix **A** in eine obere Dreiecksmatrix) in **Staffel-** bzw. **Dreiecksform** gebracht. Im Fall $m = n$ hat diese die folgende Gestalt: $a_{11}x_1 + a_{12}x_2 + \dots + a_{1n}x_n = b_1$ $a'_{22}x_2 + \dots + a'_{2n}x_n = b'_2$ $\dots$ $a'_{nn}x_n = b'_n$ Hieraus ergibt sich als erste Lösung $x_n = \frac{b'_n}{a'_{nn}}$, und durch rückwärtiges Einsetzen können sukzessive die Werte der Variablen x_{n-1} bis x_1 berechnet werden.
Lösbarkeitskriterien	*Homogenes Gleichungssystem:* Rang $\mathbf{A} = n \Rightarrow$ eindeutig lösbar (Nullvektor als triviale Lösung) Rang $\mathbf{A} < n \Rightarrow$ unendlich viele Lösungen *Inhomogenes Gleichungssystem:* Rang $\mathbf{A}$ = Rang $\mathbf{S} = n \Rightarrow$ eindeutig lösbar Rang $\mathbf{A}$ = Rang $\mathbf{S} < n \Rightarrow$ unendlich viele Lösungen Rang $\mathbf{A}$ < Rang $\mathbf{S} \Rightarrow$ keine Lösung

Ausgewählte Computeralgebra-Befehle

	TI-89Plus/TI-92Plus	DERIVE	MATHCAD 8
Ausmultiplizieren	expand(*Term*)	EXPAND(*Term*)	*Term* entwickeln→ **M**
Polynomdivision	expand(*Term*)	EXPAND(*Term*)	*Term* konvert,teilbruch, *Var*→ **M**
Faktorisieren	factor(*Term*)	FACTOR(*Term*)	*Term* faktor→ **M**
Lösen einer Gleichung	solve(*Gl*, *Var*)	SOLVE(*Gl*, *Var*)	*Term* auflösen, *Var*→ **M**
Lösen eines Gleichungssystems	solve(*Gl1* and *Gl2* and… and *Gl n*, {*Var1*,…,*Var n*})	SOLVE([*Gl1*,…,*Gl n*], [*Var1*,…,*Var n*])	*Lösungsblock* suchen(*Var1*,…,*Var n*)
Ersetzen einer Variablen	Term (|) Var=Wert	SUBST(*Term*, *Var*, *Wert*)	*Term* ersetzen, *Var*=*Wert*→ **M**
größte ganze Zahl ≤ Term	floor(*Term*)	FLOOR(*Term*)	floor(*Term*)
kleinste ganze Zahl ≥ Term	ceil(*Term*)	CEILING(*Term*)	ceil(*Term*)
Wertetabelle	Table(*Term*)	TABLE(*Term*, *Var*, *min*, *max*)	*Var* (:) (;) *min max* *Term*=
Nullstellen einer Funktion	zeros(*Term*, *Var*)	SOLVE(*Gl*, *Var*) oder Term* CHI (*a*, *Var*, *b*)	*Schätzwert* wurzel (*Term*, *Var*)
abschnittsweise definierte Funktion	when(*Bed*, *wahr*, *falsch*)	IF(*Bed*, *wahr*, *falsch*)	wenn(*Bed*, *wahr*, *falsch*)
Ableitung einer Funktion	(*d*) (*Term*, *Var*)	DIF(*Term*, *Var*)	$\frac{d}{d\,Var}$ *Term* **M**
höhere Ableitungen	(*d*) (*Term*, *Var*, *Grd*)	DIF(*Term*, *Var*, *Grd*)	$\frac{d^n}{d\,Var}$ *Term* **M**
unbestimmtes Integral	(∫) (*Term*, *Var*)	INT(*Term*, *Var*)	∫ (*Term*, *Var*) **M**
bestimmtes Integral	(∫) (*Term*, *Var*, *a*, *b*)	INT(*Term*, *Var*, *a*, *b*)	$\int_a^b$ (*Term*, *Var*, *a*, *b*) **M**
Betrag eines Vektors	norm(*Vek*)	ABS(*Vekt*)	|*Vekt*|
Skalarprodukt	dotP(*Vekt1*, *Vekt2*)	(*Zeilen-*) *Vekt* * (*Zeilen-*) *Vekt*	*Vekt* * *Vekt*
Vektorprodukt	crossP(*Vekt1*, *Vekt2*)	CROSS(*Vekt1*, *Vekt2*)	*Vekt* × *Vekt* **M**
Determinante einer Matrix	det(*Matr*)	DET(*Matr*)	|*Matr*|
transponierte Matrix	$Matr^T$ **M**	*Matr*\`	$Matr^T$ **M**
inverse Matrix	$Matr^{-1}$	$Matr^{-1}$	$Matr^{-1}$
Matrix in Diagonalform	rref(*Matr*)	ROW_REDUCE(*Matr*)	zref(*Matr*)
Zufallszahl Z mit $0 < Z \leq n$	rand(n)	RANDOM(n)+1	floor(rnd(n)+1)
arithmetisches Mittel	mean({$Z_1,\ldots,Z_n$})	AVERAGE($Z_1,\ldots,Z_n$)	mittelwert(*Matr*)
Standardabweichung	stdDev({$Z_1,\ldots,Z_n$})	STDEV($Z_1,\ldots,Z_n$)	stdev(*Matr*)
Binomialkoeffizient $\binom{n}{k}$	nCr(n,k)	COMB(n,k)	combin(n,k)

In Abhängigkeit vom CAS (Computeralgebrasystem) können die Befehle eingegeben oder über ein Menü aktiviert werden. Sie sind mit einem **M** gekennzeichnet, wenn sie ausschließlich über Menüs verwendet werden können. Die Syntax enthält den Namen des Befehls und in Kursivschrift die mit einzugebenden Parameter.

Physik

Konstanten, Größen und Einheiten

Physikalische Konstanten

(nach CODATA)

Größe	Formelzeichen	Wert
Fundamentale Naturkonstanten		
absoluter Nullpunkt	T_a	$0\ K = -273{,}15\ °C$
atomare Masseeinheit	u	$1{,}660\,540 \cdot 10^{-27}\ kg$
Lichtgeschwindigkeit im Vakuum	c	$2{,}997\,924\,58 \cdot 10^{8}\ m \cdot s^{-1}$
AVOGADRO-Konstante (AVOGADRO-Zahl)	N_A	$6{,}022\,142 \cdot 10^{23} \cdot mol^{-1}$
BOLTZMANN-Konstante	k	$1{,}380\,650 \cdot 10^{-23}\ J \cdot K^{-1}$
COMPTON-Wellenlänge des Elektrons	λ_C	$2{,}426\,310 \cdot 10^{-12}\ m$
FARADAY-Konstante	F	$9{,}648\,534 \cdot 10^{4}\ A \cdot s \cdot mol^{-1}$
LOSCHMIDT-Konstante	N_L	$2{,}686\,778 \cdot 10^{25}\ m^{-3}$
plancksches Wirkungsquantum (PLANCK-Konstante)	h	$6{,}626\,069 \cdot 10^{-34}\ J \cdot s$
RYDBERG-Konstante	R_H	$1{,}097\,373 \cdot 10^{7}\ m^{-1}$
RYDBERG-Frequenz	R_y	$3{,}289\,841 \cdot 10^{15}\ Hz$
STEFAN-BOLTZMANN-Konstante	σ	$5{,}670\,400 \cdot 10^{-8}\ W \cdot m^{-2} \cdot K^{-4}$
Solarkonstante für die Erde	S	$1{,}366 \cdot 10^{3}\ W \cdot m^{-2}$
Tripelpunkt von Wasser	T_{tr}	$273{,}16\ K = 0{,}01\ °C$
universelle Gaskonstante	R	$8{,}314\,472\ J \cdot K^{-1} \cdot mol^{-1}$
wiensche Konstante	k	$2{,}897\,769 \cdot 10^{-3}\ m \cdot K$
Feldkonstanten		
Gravitationskonstante	G, γ	$6{,}673 \cdot 10^{-11}\ m^3 \cdot kg^{-1} \cdot s^{-2}$
elektrische Feldkonstante	ε_0	$8{,}854\,188 \cdot 10^{-12}\ A \cdot s \cdot V^{-1} \cdot m^{-1}$
magnetische Feldkonstante	μ_0	$4\pi \cdot 10^{-7}\ V \cdot s \cdot A^{-1} \cdot m^{-1}$ $= 1{,}256\,637 \cdot 10^{-6}\ V \cdot s \cdot A^{-1} \cdot m^{-1}$
Normgrößen		
molares Normvolumen	V_0	$22{,}414\ l \cdot mol^{-1}$
Normdruck	p_0	$101\,325\ Pa = 1{,}013\,25\ bar$
Normfallbeschleunigung (Ortsfaktor)	g_0	$9{,}806\,65\ m \cdot s^{-2} \approx 9{,}81\ m \cdot s^{-2}$
Normtemperatur	T_0, ϑ_0	$T_0 = 273{,}15\ K \quad \vartheta_0 = 0\ °C$
Elementarteilchen		
Elektron Ladung (Elementarladung)	e	$1{,}602\,176\,46 \cdot 10^{-19}\ C$
Ruhemasse	m_e	$9{,}109\,381\,88 \cdot 10^{-31}\ kg$
spezifische Ladung	$\frac{e}{m_e}$	$1{,}758\,820 \cdot 10^{11}\ C \cdot kg^{-1}$
Neutron Ruhemasse	m_n	$1{,}674\,927\,16 \cdot 10^{-27}\ kg$
Proton Ruhemasse	m_p	$1{,}672\,621\,58 \cdot 10^{-27}\ kg$

Ph

Basiseinheiten des internationalen Einheitensystems (SI)

Name	Zeichen	Definition
Meter	m	Das Meter ist die Länge der Strecke, die Licht im Vakuum während der Dauer von 1/299 792 458 Sekunden durchläuft.
Kilogramm	kg	Das Kilogramm ist gleich der Masse des internationalen Kilogrammprototyps.
Sekunde	s	Die Sekunde ist das 9 192 631 770fache der Periodendauer der dem Übergang zwischen den beiden Hyperfeinstrukturniveaus des Grundzustandes von Atomen des Nuklids Cs-133 (Caesium) entsprechenden Strahlung.
Ampere	A	Das Ampere ist die Stärke eines konstanten elektrischen Stromes, der durch zwei parallele, geradlinige, unendlich lange und im Vakuum im Abstand von einem Meter voneinander angeordnete Leiter von vernachlässigbar kleinem, kreisförmigen Querschnitt fließend, zwischen diesen Leitern je einem Meter Leiterlänge die Kraft von $2 \cdot 10^{-7}$ Newton hervorrufen würde.
Kelvin	K	Das Kelvin ist der 273,16te Teil der thermodynamischen Temperatur des Tripelpunktes des Wassers.
Mol	mol	Das Mol ist die Stoffmenge eines Systems, das aus ebensoviel Einzelteilchen besteht, wie Atome in 0,012 Kilogramm des Kohlenstoffnuklids ^{12}C enthalten sind.
Candela	cd	Die Candela ist die Lichtstärke in einer bestimmten Richtung einer Strahlungsquelle, die monochromatische Strahlung der Frequenz $540 \cdot 10^{12}$ Hertz aussendet und deren Strahlstärke in dieser Richtung 1/683 Watt durch ein Steradiant beträgt.

Ausgewählte Größen und Einheiten im Überblick

Größe	Formelzeichen	Einheiten und Einheitenzeichen		Beziehungen zwischen den Einheiten	
Aktivität (↗ S. 110)	A	Becquerel	Bq	1 Bq	$= 1\ s^{-1}$
Äquivalentdosis (↗ S. 110)	H	Sievert	Sv	1 Sv	$= 1\ J \cdot kg^{-1}$
			rem	1 rem	$= 10^{-2}$ Sv
Arbeit (↗ S. 89, 90)	W	Joule	J	1 J	$= 1\ kg \cdot m^2 \cdot s^{-2}$
		Newtonmeter	N · m		= 1 N · m
elektrische (↗ S. 98)		Wattsekunde	W · s		= 1 W · s
		Kilowattstunde	kW · h	1 kW · h	$= 3{,}6 \cdot 10^6$ W · s
Beleuchtungsstärke (↗ S. 108)	E	Lux	lx	1 lx	$= 1\ lm \cdot m^{-2}$
Beschleunigung (↗ S. 85 f.)	a, g	Meter durch Quadratsekunde	$m \cdot s^{-2}$	$1\ m \cdot s^{-2}$	$= 1\ N \cdot kg^{-1}$
Brennweite (↗ S. 107)	f	Meter	m		
Brechwert (Brechkraft) (↗ S. 107)	D	Dioptrie	dpt	1 dpt	$= 1\ m^{-1}$

Größe	Formelzeichen	Einheiten und Einheitenzeichen	Beziehungen zwischen den Einheiten
Dichte (Massendichte) (↗ S. 74, 90)	ρ	Kilogramm durch Kubikmeter $kg \cdot m^{-3}$ Gramm durch Kubikzentimeter $g \cdot cm^{-3}$	$1\ kg \cdot m^{-3} = 10^{-3}\ g \cdot cm^{-3}$ $1\ g \cdot cm^{-3} = 10^{3}\ kg \cdot m^{-3}$
Drehimpuls (↗ S. 89)	L	Newtonmetersekunde $N \cdot m \cdot s$	$1\ N \cdot m \cdot s = 1\ kg \cdot m^2 \cdot s^{-1}$
Drehmoment (Kraftmoment) (↗ S. 84)	M	Newtonmeter $N \cdot m$	$1\ N \cdot m = 1\ kg \cdot m^2 \cdot s^{-2}$
Drehzahl (↗ S. 87)	n	durch Sekunde s^{-1}	$1\ s^{-1} = 60\ min^{-1}$
Druck (↗ S. 90)	p	Pascal Pa Bar bar Atmosphäre at Torr (Millimeter Quecksilbersäule) mmHg Meter Wassersäule mWs	1 Pa $= 1\ N \cdot m^{-2}$ 1 bar $= 10^5$ Pa 1 at $= 9{,}81 \cdot 10^4$ Pa $= 0{,}981$ bar 1 Torr = 133,32 Pa 1 mWs $= 9{,}81 \cdot 10^3$ Pa
Energie (↗ S. 89, 92, 102,110) **innere** (↗ S. 95) **elektrische** (↗ S. 101)	E, U	Joule J Newtonmeter $N \cdot m$ Wattsekunde $W \cdot s$ Elektronenvolt eV Steinkohleneinheit SKE	$1\ J = 1\ kg \cdot m^2 \cdot s^{-2}$ $= 1\ N \cdot m$ $= 1\ W \cdot s$ $1\ eV = 1{,}602\,177 \cdot 10^{-19}\ J$ 1 kg SKE = 29,3 MJ
Energiedosis (↗ S. 110)	D	Gray Gy	$1\ Gy = 1\ J \cdot kg^{-1} = 1\ m^2 \cdot s^{-2}$
Enthalpie (↗ S. 95)	H	Joule J	$1\ J = 1\ kg \cdot m^2 \cdot s^{-2}$
Entropie (↗ S. 95)	S	Joule durch Kelvin $J \cdot K^{-1}$	$1\ J \cdot K^{-1} = 1\ kg \cdot m^2 \cdot s^{-2} \cdot K^{-1}$
Feldstärke, elektrische (↗ S. 100)	E	Volt durch Meter $V \cdot m^{-1}$	$1\ V \cdot m^{-1} = 1\ kg \cdot m \cdot s^{-3} \cdot A^{-1}$ $= 1\ N \cdot C^{-1}$
Feldstärke, magnetische (↗ S. 102)	H	Ampere durch Meter $A \cdot m^{-1}$	$1\ A \cdot m^{-1} = 1\ kg \cdot m \cdot s^{-3} \cdot V^{-1}$ $= 1\ N \cdot Wb^{-1}$
Fläche, Flächeninhalt	A	Quadratmeter m^2 Hektar ha Ar a	$1\ m^2 = 10^2\ dm$ $= 10^4\ cm^2$ $1\ ha = 10^4\ m^2$ $1\ a = 10^2\ m^2$
Fluss, elektrischer (↗ S. 100)	ψ	Coulomb C	$1\ C = 1\ A \cdot s$
Fluss, magnetischer (↗ S. 102)	Φ	Weber Wb	$1\ Wb = 1\ V \cdot s$ $= 1\ m^2 \cdot kg \cdot s^{-2} \cdot A^{-1}$
Flussdichte, elektrische (↗ S. 100)	D	Coulomb durch Quadratmeter $C \cdot m^{-2}$	$1\ C \cdot m^{-2} = 1\ A \cdot s \cdot m^{-2}$
Flussdichte, magnetische (↗ S. 102)	B	Tesla T	$1\ T = 1\ Wb \cdot m^{-2}$ $= 1\ V \cdot s \cdot m^{-2}$ $= 1\ N \cdot m^{-1} \cdot A^{-1}$
Frequenz (↗ S. 92, 106)	f, ν	Hertz Hz	$1\ Hz = 1\ s^{-1}$
Geschwindigkeit (↗ S. 85 ff.), **Ausbreitungsgeschwindigkeit** (↗ S. 92, 105, 106)	v, u, c	Meter durch Sekunde $m \cdot s^{-1}$ Kilometer durch Stunde $km \cdot h^{-1}$ Knoten kn	$1\ m \cdot s^{-1} = 3{,}6\ km \cdot h^{-1}$ $1\ km \cdot h^{-1} = 0{,}28\ m \cdot s^{-1}$ $1\ kn = 1\ sm \cdot h^{-1}$ $= 1\,852\ m \cdot h^{-1}$

Größe	Formelzeichen	Einheiten und Einheitenzeichen		Beziehungen zwischen den Einheiten
Impuls (Bewegungsgröße) (↗ S. 87)	p	Kilogramm mal Meter durch Sekunde	$kg \cdot m \cdot s^{-1}$	$1\ kg \cdot m \cdot s^{-1} = 1\ N \cdot s$
Induktivität (↗ S. 103)	L	Henry	H	$1\ H = 1\ Wb \cdot A^{-1}$ $= 1\ m^2 \cdot kg \cdot s^{-2} \cdot A^{-2}$
Kapazität, elektrische (↗ S. 101)	C	Farad	F	$1\ F = 1\ A \cdot s \cdot V^{-1}$
Kraft (↗ S. 84 f.)	F	Newton Kilopond	N kp	$1\ N = 1\ kg \cdot m \cdot s^{-2}$ $= 1\ J \cdot m^{-1}$ $1\ kp = 9{,}81\ N$
Kraftstoß (↗ S. 87)	I	Newton mal Sekunde	$N \cdot s$	$1\ N \cdot s = 1\ kg \cdot m \cdot s^{-1}$
Kreisfrequenz (↗ S. 106)	ω	durch Sekunde	s^{-1}	$1\ s^{-1} = 60\ min^{-1}$
Ladung, elektrische (↗ S. 100)	Q	Coulomb	C	$1\ C = 1\ A \cdot s$
Länge	l	Meter	m	Basiseinheit des SI (↗ S. 70) $1\ m = 10^3\ mm$
Lautstärkepegel (Lautstärke) (↗ S. 92)	L_N	Phon	phon	
Leistung (↗ S. 90, 96, 98, 103)	P	Watt	W	$1\ W = 1\ J \cdot s^{-1}$ $= 1\ V \cdot A$ $= 1\ kg \cdot m^2 \cdot s^{-3}$ $= 1\ N \cdot m \cdot s^{-1}$
Leitfähigkeit, elektrische (↗ S. 98)	γ, κ	Siemens durch Meter	$S \cdot m^{-1}$	$1\ S \cdot m^{-1} = 1\ \Omega^{-1} \cdot m^{-1}$ $= 10^{-6}\ m \cdot \Omega^{-1} \cdot mm^{-2}$
Leuchtdichte (↗ S. 108)	L_V	Candela durch Quadratmeter	$cd \cdot m^{-2}$	
Leuchtkraft (↗ S. 113)	L	Joule durch Sekunde	$J \cdot s^{-1}$	$1\ J \cdot s^{-1} = 1\ W$
Lichtstärke (↗ S. 108)	I_V	Candela	cd	Basiseinheit des SI (↗ S. 70)
Lichtstrom (↗ S. 108)	Φ_V	Lumen	lm	$1\ lm = 1\ cd \cdot sr$
Masse (↗ S. 70)	m	Kilogramm Tonne	kg t	Basiseinheit des SI (↗ S. 70) $1\ t = 10^3\ kg$
Schwingungsdauer (Periodendauer) (↗ S. 101, 105, 106)	T	Sekunde	s	↗ Zeit
Potenzial, elektrisches (↗ S. 98, 101)	φ	Volt	V	$1\ V = 1\ kg \cdot m^2 \cdot s^{-3} \cdot A^{-1}$
Schalldruckpegel (↗ S. 92)	L_A	Dezibel	dB	
Schallintensität (↗ S. 92)	I	Watt durch Quadratmeter	$W \cdot m^{-2}$	$1\ W \cdot m^{-2} = 1\ kg \cdot s^{-3}$
Spannung, elektrische (↗ S. 98)	U, u	Volt	V	$1\ V = 1\ kg \cdot m^2 \cdot s^{-3} \cdot A^{-1}$
Stoffmenge (↗ S. 70)	n	Mol	mol	Basiseinheit des SI (↗ S. 70)
Stromstärke, elektrische (↗ S. 70, 98)	I, i	Ampere	A	Basiseinheit des SI (↗ S. 70) $1\ A = 1\ kg \cdot m^2 \cdot s^{-3} \cdot V^{-1}$

Größe	Formelzeichen	Einheiten und Einheitenzeichen		Beziehungen zwischen den Einheiten	
Temperatur (↗ S. 70, 93)	T	Kelvin Grad Celsius Grad Fahrenheit Grad Réaumur	K °C °F °R	**Basiseinheit des SI** (↗ S. 70) 0 °C 32 °F 0 °R	 = 273,15 K = 0 °C 212 °F = 100 °C = 0 °C 80 °R = 100 °C
Trägheitsmoment (↗ S. 88)	J	Kilogramm mal Quadratmeter	$kg \cdot m^2$	$1\ kg \cdot m^2$	$= 1\ N \cdot m \cdot s^2$
Vergrößerung eines optischen Gerätes (↗ S. 107)	V		1		
Volumen	V	Kubikmeter Liter Registertonne	m^3 l RT	$1\ m^3$ 1 l 1 RT	$= 10^3\ dm^3 = 10^6\ cm^3$ $= 1\ dm^3$ $= 2{,}832\ m^3$
Wärme, Wärmemenge (↗ S. 93 ff.)	Q	Joule Kalorie	J cal	1 J 1 cal	$= 1\ N \cdot m$ $= 1\ kg \cdot m^2 \cdot s^{-2}$ $= 1\ W \cdot s$ = 4,19 J
Wärmekapazität (↗ S. 93)	C_{th}	Joule durch Kelvin	$J \cdot K^{-1}$	$1\ J \cdot K^{-1}$	$= 1\ W \cdot s \cdot K^{-1}$
Wärmeleitwiderstand (↗ S. 93)	R_λ	Kelvin durch Watt	$K \cdot W^{-1}$	$1\ K \cdot W^{-1}$	$= 1\ K \cdot s^3 \cdot kg^{-1} \cdot m^{-2}$
Wärmestrom (↗ S. 93)	Φ_{th}	Watt	W	1 W	$= 1\ J \cdot s^{-1}$
Weg (↗ S. 85 ff.)	s	Meter	m	↗ Länge	
Wellenlänge (↗ S. 92, 105 f., 108 f.)	λ	Meter	m	↗ Länge	
Widerstand, ohmscher (↗ S. 103)	R	Ohm	Ω	1 Ω	$= 1\ V \cdot A^{-1}$ $= 1\ S^{-1}$ $= 1\ m^2 \cdot kg \cdot s^{-3} \cdot A^{-2}$
Widerstand, induktiver (↗ S. 103)	X_L	Ohm	Ω	1 Ω	$= 1\ V \cdot A^{-1}$
Widerstand, kapazitiver (↗ S. 103)	X_C	Ohm	Ω	1 Ω	$= 1\ V \cdot A^{-1}$
Winkel (↗ S. 87)	α, β γ, φ	Radiant Grad	rad °	1 rad 1°	$= \frac{180°}{\pi} = 57{,}296°$ $= \frac{\pi}{180°}$ rad = 0,017 45 rad
Winkelbeschleunigung (↗ S. 87)	α	durch Quadratsekunde	s^{-2}	$1\ s^{-2}$	$= 3\,600\ min^{-2}$ $= 1\ rad \cdot s^{-2}$
Winkelgeschwindigkeit (↗ S. 87)	ω	durch Sekunde	s^{-1}	$1\ s^{-1}$	$= 60\ min^{-1}$ $= 1\ rad \cdot s^{-1}$
Wirkungsgrad (↗ S. 90, 96, 104)	η		1 oder in %		
Zeit, Zeitspanne, Dauer (↗ S. 70)	t	Sekunde Minute Stunde Tag Jahr	s min h d a	**Basiseinheit des SI** (↗ S. 70) 1 min 1 h 1 d 1 a	 = 60 s = 60 min = 3 600 s = 24 h = 1 440 min = 86 400 s = 365 d oder 366 d

Ph

Wertetabellen

Dichte ρ von festen Stoffen und Flüssigkeiten (↗ Ch, S. 114–123)

bei 20 °C und 101,3 kPa

feste Stoffe				Flüssigkeiten	
Stoff	**ρ in $g \cdot cm^{-3}$**	**Stoff**	**ρ in $g \cdot cm^{-3}$**	**Stoff**	**ρ in $g \cdot cm^{-3}$**
Aluminium	2,70	Kupfer	8,96	Aceton (Propanon)	0,79
Beton	1,8 … 2,4	Messing (30 % Zn)	8,5	Benzin	0,70 … 0,78
Blei	11,35	Papier	0,7 … 1,2	Benzol (Benzen)	0,87
Diamant	3,51	Platin	21,45	Dieselkraftstoff	0,84 … 0,88
Eis (bei 0 °C)	0,92	Polypropylenfolie	0,91	Erdöl	0,73 … 0,94
Eisen	7,86	Porzellan	2,2 … 2,5	Methanol	0,79
Glas (Fensterglas)	2,4 … 2,7	Schnee (pulvrig)	0,1	Quecksilber	13,53
Gold	19,32	Silber	10,50	Salpetersäure 50 %	1,31
Gummi	0,9 … 1,2	Silicium	2,33	65 %	1,40
Holz (lufttrocken)		Stahl	7,85	Salzsäure 37 %	1,18
Buche	0,73	Styropor	0,03	schweres Wasser	1,10
Eiche	0,86	Zement	3,1 … 3,2	Spiritus (Ethanol 96 %)	0,83
Fichte	0,47	Ziegel	1,2 … 1,9	Transformatorenöl	0,87
Konstantan	8,8	Zink	7,13	Wasser destilliert	1,00
Kork	0,2 … 0,3	Zinn	7,29	Meerwasser	1,02

Dichte ρ von Gasen (↗ Ch, S. 114–123)

bei 0 °C und 101,3 kPa

Stoff	ρ in $kg \cdot m^{-3}$	Stoff	ρ in $kg \cdot m^{-3}$	Stoff	ρ in $kg \cdot m^{-3}$
Ammoniak	0,77	Kohlenstoffmonooxid	1,25	Sauerstoff	1,43
Chlor	3,21	Luft (trocken)	1,29	Stickstoff	1,25
Erdgas (trocken)	≈ 0,7	Methan	0,72	Wasserdampf (100 %)	0,61
Helium	0,18	Ozon	2,14	Wasserstoff	0,09
Kohlenstoffdioxid	1,98	Propan	2,02	Xenon	5,85

Reibungszahlen

Es sind Durchschnittswerte angegeben.

Stoff		Haftreibungszahl μ_0	Gleitreibungszahl μ	Rollreibungszahl μ_F (Fahrwiderstandszahl)
Beton auf Kies		0,8 … 0,9	–	–
Bremsbelag auf Stahl		–	0,6	–
Holz auf Holz		0,6	0,5	–
Reifen auf Asphalt	trocken	0,8	0,5	0,02
	nass	0,5	0,3	–
Stahl auf Eis		0,03	0,01	–
Stahl auf Stahl	trocken	0,15	0,10	0,002
	geschmiert	0,10	0,05	0,001

Luftwiderstandszahlen c_w (Luftwiderstandsbeiwerte)

Durchschnittswerte

Körper	c_w	Körper	c_w
Scheibe →	1,1	Pkw	0,25 … 0,45
Kugel →	0,45	Omnibus	0,6 … 0,7
Halbkugel →	0,3 … 0,4	Lkw	0,6 … 1,0
Schale →	1,3 … 1,5	Motorrad	0,6 … 0,7
Stromlinienkörper →	0,06	Rennwagen	0,15 … 0,2

Luftdruck in Abhängigkeit von der Höhe

bei Normalatmosphäre

Höhe in m	Druck in hPa	Höhe in m	Druck in hPa	Höhe in m	Druck in hPa
0	1 013,25	2 000	795,0	9 000	307,4
100	1 001,3	3 000	701,1	10 000	264,4
200	989,5	4 000	616,4	12 000	193,3
300	977,7	5 000	540,2	14 000	141,0
400	966,1	6 000	471,8	16 000	102,9
500	954,6	7 000	410,6	18 000	75,1
1 000	898,8	8 000	356,0	20 000	54,8

Lautstärke L_N, Schalldruck p und Schallintensität I

bei 1 000 Hz und Normbedingungen in Luft

Lautstärke in phon	Schalldruck in $N \cdot m^{-2}$	Schallintensität in $W \cdot m^{-2}$	Beispiel
0	$2 \cdot 10^{-5}$	10^{-12}	Hörschwelle
20	$2 \cdot 10^{-4}$	10^{-10}	übliche Wohngeräusche, Flüstern, ruhiger Garten
40	$2 \cdot 10^{-3}$	10^{-8}	leise Rundfunkmusik, normales Sprechen
60	$2 \cdot 10^{-2}$	10^{-6}	Unterhaltungslautstärke, Staubsauger
80	$2 \cdot 10^{-1}$	10^{-4}	üblicher Lärm im Straßenverkehr, laute Rundfunkmusik im Zimmer
100	2	10^{-2}	Presslufthammer, laute Autohupe
120	$2 \cdot 10$	1	Donner, Flugzeugpropeller in geringer Entfernung
140	$2 \cdot 10^{2}$	10^{2}	Schmerzschwelle, Gehörschädigung schon bei kurzzeitiger Einwirkung

Häufig wird die physiologische Größe Lautstärke durch die physikalische Größe Schallpegel (gemessen in dB) ersetzt.

Frequenzen der Töne der eingestrichenen Oktave

gleichmäßig temperierte Stimmung — **Oktave: 12 Schritte mit einer Länge von je $\sqrt[12]{2} = 1{,}059\,46$**

Ton	c'	d'	e'	f'	g'	a'	b'	h'	c''
relative Frequenzen	1,000 00	1,122 46	1,259 92	1,334 84	1,498 31	1,681 79	1,781 80	1,887 75	2,000 00
absolute Frequenzen in Hz	261,63	293,67	329,63	349,23	392,00	440,00	466,16	493,88	523,25

Schallgeschwindigkeit *c*

feste Stoffe (bei 20 °C)		Flüssigkeiten (bei 20 °C)		Gase (bei 0 °C und 101,3 kPa)	
Stoff	**c in $m \cdot s^{-1}$**	**Stoff**	**c in $m \cdot s^{-1}$**	**Stoff**	**c in $m \cdot s^{-1}$**
Aluminium	5 100	Benzol (Benzen)	1 330	Ammoniak	415
Beton	3 800	Ethanol	1 190	Helium	981
Holz (Eiche)	3 380	Propantriol (Glyzerin)	1 920	Kohlenstoffdioxid	258
Eis bei –4 °C	3 250	Quecksilber	1 430	Luft bei –20 °C bei 0 °C bei +20 °C	320 332 344
Stahl	4 900	Toluol (Toluen)	1 350	Sauerstoff	316
Ziegelstein	3 500	Wasser bei 0 °C bei 20 °C	1 407 1 484	Wasserstoff	1 280

Längenausdehnungskoeffizient *α* fester Stoffe

zwischen 0 °C und 100 °C

Stoff	α in $10^{-5}\,K^{-1}$	Stoff	α in $10^{-5}\,K^{-1}$	Stoff	α in $10^{-5}\,K^{-1}$
Aluminium	2,4	Glas (Fensterglas)	1,0	Silber	2,0
Beton	1,2	Gold	1,4	Silicium	0,2
Blei	2,9	Konstantan	1,5	Stahl	1,2
Cadmium	3,1	Kupfer	1,6	Wolfram	0,4
Eis (bei 0 °C)	5,1	Messing	1,8	Ziegelstein	0,5
Eisen	1,2	Porzellan	0,4	Zinn	2,7

Volumenausdehnungskoeffizient *γ* von Flüssigkeiten

bei 20 °C

Stoff	γ in $10^{-3}\,K^{-1}$	Stoff	γ in $10^{-3}\,K^{-1}$	Stoff	γ in $10^{-3}\,K^{-1}$
Aceton (Propanon)	1,4	Methanol	1,1	Schwefelsäure	0,6
Benzin	1,0	Petroleum	0,9	Toluol (Toluen)	1,1
Ethanol	1,1	Quecksilber	0,18	Wasser	0,21

Spezifische Wärmekapazität *c* von festen Stoffen und Flüssigkeiten

feste Stoffe zwischen 0 °C und 100 °C				Flüssigkeiten bei 20 °C	
Stoff	**c in $kJ \cdot kg^{-1} \cdot K^{-1}$**	**Stoff**	**c in $kJ \cdot kg^{-1} \cdot K^{-1}$**	**Stoff**	**c in $kJ \cdot kg^{-1} \cdot K^{-1}$**
Aluminium	0,90	Messing	0,38	Aceton	2,10
Beton	0,90	Porzellan	0,73	Benzol (Benzen)	1,70
Blei	0,13	Stahl	0,47	Ethanol	2,43
Eis (bei 0 °C)	2,09	Wolfram	0,13	Methanol	2,40
Glas	0,86	Ziegelstein	0,86	Petroleum	2,0
Konstantan	0,42	Zink	0,39	Quecksilber	0,14
Kupfer	0,39	Zinn	0,23	Wasser	4,19

Spezifische Wärmekapazität von Gasen bei konstantem Druck c_p und bei konstantem Volumen c_V, spezifische Gaskonstante R_s

bei 0 °C

Stoff	c_p in $kJ \cdot kg^{-1} \cdot K^{-1}$	c_V in $kJ \cdot kg^{-1} \cdot K^{-1}$	R_s in $J \cdot kg^{-1} \cdot K^{-1}$
Ammoniak	2,05	1,56	488
Helium	5,24	3,22	2 077
Kohlenstoffdioxid	0,85	0,65	189
Luft	1,01	0,72	287
Sauerstoff	0,92	0,65	260
Stickstoff	1,04	0,75	297
Wasserdampf	1,86	1,40	462
Wasserstoff	14,28	10,13	4 124

Der Quotient $c_p : c_V$ ergibt den Adiabatenkoeffizienten κ.

Wärmeleitfähigkeit λ

bei 20 °C und 101,3 kPa

feste Stoffe				Flüssigkeiten		Gase	
Stoff	λ in $W \cdot m^{-1} \cdot K^{-1}$	Stoff	λ in $W \cdot m^{-1} \cdot K^{-1}$	Stoff	λ in $W \cdot m^{-1} \cdot K^{-1}$	Stoff	λ in $W \cdot m^{-1} \cdot K^{-1}$
Aluminium	234	Kupfer	398	Benzol (Benzen)	0,14	Helium	0,143
Beton	1,1	Stahl	41 … 58	Ethanol	0,2	Luft	0,025
Blei	35	Wolfram	169	Quecksilber	8,7	Sauerstoff	0,024
Eis (bei 0 °C)	2,2	Ziegelstein	0,4 … 0,8	Terpentin	0,14	Stickstoff	0,024
Holz (Eiche)	0,2	Zinn	63	Wasser	0,6	Wasserstoff	0,17

Wärmeübergangskoeffizient α

Richtwerte

Körper	α in $W \cdot m^{-2} \cdot K^{-1}$
Außenfenster	12
Außenseite geschlossener Räume	23
Innenflächen geschlossener Räume Innenfenster, Wandflächen Fußboden, Decken	 8 7
ruhendes Wasser um Rohre	350 … 600
siedendes Wasser an Metallflächen	3 500 … 6 000
siedendes Wasser in Rohren	4 700 … 7 000

Wärmedurchgangskoeffizient k

Richtwerte

Körper		k in $W \cdot m^{-2} \cdot K^{-1}$
Außenwand (Hohlziegel)	ungedämmt mit Dämmschicht (8 cm)	1,3 0,4
Glasscheiben	einfach doppelt (6 mm Abstand)	5,8 3,5
Ziegeldach	ungedämmt mit Dämmschicht (10 cm)	6,0 0,4

Schmelztemperatur ϑ_s (↗ Ch, S. 114–123) und spezifische Schmelzwärme q_s

Stoff	ϑ_s in °C	q_s in kJ · kg^{-1}	Stoff	ϑ_s in °C	q_s in kJ · kg^{-1}
Aluminum	660	396	Aceton	–94,7	82
Blei	327	24,8	Ethanol	–114,1	105
Eis	0	334	Methanol	–97,7	69
Eisen	1 540	275	Quecksilber	–38,9	12
Kupfer	1 083	205	Ammoniak	–78	339
Silber	961	104	Helium	–270	–
Stahl	≈ 1 500	270	Sauerstoff	–218,4	14
Wolfram	3 410	192,6	Stickstoff	–210	26
Zinn	232	59	Wasserstoff	–259,1	59

Siedetemperatur ϑ_v (↗ Ch, S. 114–123) und spezifische Verdampfungswärme q_v

Stoff	ϑ_v in °C	q_v in kJ · kg^{-1}	Stoff	ϑ_v in °C	q_v in kJ · kg^{-1}
Aluminium	2 450	10 500	Aceton	56	525
Blei	1 740	871	Benzol (Benzen)	80	394
Eisen	3 000	6 322	Ethanol	78	845
Gold	2 970	1 578	Quecksilber	356,6	285
Graphit	4 830	–	Wasser	100	2 256
Kupfer	2 600	4 650	Ammoniak	–33	1 370
Silber	2 210	2 357	Kohlenstoffdioxid	–78	574
Wolfram	5 500	4 190	Stickstoff	–195,8	198
Zinn	2 270	2 386	Wasserstoff	–252,5	455

Maximale absolute Feuchte $\rho_{w,max}$ bei verschiedener Temperatur

ϑ in °C	$\rho_{w,max}$ in g · m^{-3}	ϑ in °C	$\rho_{w,max}$ in g · m^{-3}	ϑ in °C	$\rho_{w,max}$ in g · m^{-3}
–10	2,14	2	5,6	14	12,1
–8	2,54	4	6,4	16	13,6
–6	2,99	6	7,3	18	15,4
–4	3,51	8	8,3	20	17,3
–2	4,13	10	9,4	22	19,4
0	4,84	12	10,7	24	21,8

Heizwert H (unterer Heizwert) von Stoffen (spezifischer Heizwert)

Feste Stoffe	H in MJ · kg^{-1}	Flüssigkeiten	H in MJ · kg^{-1}	Gase	H in MJ · kg^{-1}
Braunkohle	8 … 15	Benzin	44 … 53 (32 … 38 MJ·l^{-1})	Erdgas	42 (31 MJ·m^{-3})
Braunkohlen-briketts	20	Diesel	41 … 44 (35 … 38 MJ·l^{-1})	Propan	47 (94 MJ·m^{-3})
Holz (trocken)	8 … 16	Heizöl	42,6 (37 MJ·l^{-1})	Stadtgas	28 (17 MJ·m^{-3})
Steinkohle	27 … 33	Petroleum	51 (41 MJ·l^{-1})	Wasserstoff	120 (11 MJ·m^{-3})

Ph

Druckabhängigkeit der Siedetemperatur von Wasser

Druck in kPa	Siedetemperatur in °C	Druck in kPa	Siedetemperatur in °C
50	81,34	105	101,0
60	85,95	200	120,2
70	89,96	300	133,5
80	93,51	400	143,6
90	96,71	500	151,8
100	99,63	800	170,4
101,325	100,00	1 000	180,0

Spezifischer elektrischer Widerstand ρ und elektrische Leitfähigkeit γ

bei 20 °C

Leiter	ρ in $\Omega \cdot mm^2 \cdot m^{-1}$	γ in $\Omega^{-1} \cdot m^{-1}$	Isolatoren	ρ in $\Omega \cdot mm^2 \cdot m^{-1}$	γ in $\Omega^{-1} \cdot m^{-1}$	andere Stoffe	ρ in $\Omega \cdot mm^2 \cdot m^{-1}$	γ in $\Omega^{-1} \cdot m^{-1}$
Aluminium	0,028	$3{,}6 \cdot 10^7$	Bernstein	$> 10^{22}$	$< 10^{-16}$	Blut	$1{,}6 \cdot 10^6$	0,63
Eisen	0,10	$1{,}0 \cdot 10^7$	Glas	$10^{13} \ldots 10^{17}$	$10^{-11} \ldots 10^{-7}$	Fettgewebe	$3{,}3 \cdot 10^7$	0,03
Gold	0,022	$4{,}5 \cdot 10^7$	Glimmer	$10^{15} \ldots 10^{17}$	$10^{-11} \ldots 10^{-9}$	Kochsalzlösung (10%)	$7{,}9 \cdot 10^4$	13
Konstantan	0,50	$2 \cdot 10^6$	Holz (trocken)	$10^{10} \ldots 10^{15}$	$10^{-9} \ldots 10^{-4}$	Kupfersulfatlösung (10 %)	$3{,}0 \cdot 10^5$	3,3
Kupfer	0,017	$5{,}9 \cdot 10^7$	Papier	$10^{15} \ldots 10^{16}$	$10^{-10} \ldots 10^{-9}$	Meerwasser	$5{,}0 \cdot 10^5$	2,0
Silber	0,016	$6{,}3 \cdot 10^7$	Polypropylenfolie	10^{11}	10^{-5}	Muskelgewebe	$2{,}0 \cdot 10^6$	0,50
Stahl	0,10…0,20	$5 \cdot 10^6 \ldots 10 \cdot 10^6$	Porzellan	10^{18}	10^{-12}	Salzsäure (10 %)	$1{,}5 \cdot 10^4$	67
Wolfram	0,053	$1{,}9 \cdot 10^7$	Wasser (destilliert)	10^{10}	10^{-4}	Schwefelsäure (10%)	$2{,}5 \cdot 10^4$	40

HALL-Konstante R_H

Stoff	R_H in $10^{-11}\ m^3 \cdot C^{-1}$	Stoff	R_H in $10^{-11}\ m^3 \cdot C^{-1}$
Aluminium	−3,5	Palladium	−8,6
Cadmium	+5,9	Platin	−2,0
Gold	−7,2	Silber	−8,9
Kupfer	−5,2	Zink	+6,4

Austrittsarbeit W_A von Elektronen aus Metallen

Stoff	W_A in eV	Stoff	W_A in eV	Stoff	W_A in eV
Aluminium	4,20	Cadmium	4,04	Platin	5,36
Barium	2,52	Caesium	1,94	Wolfram	4,54
Barium auf Wolframoxid	1,3	Caesium auf Wolfram	1,4	Zink	4,27

Ph

Permittivitätszahl (relative Permittivität) ε_r

bei 20 °C

Stoff	ε_r	Stoff	ε_r	Stoff	ε_r
Bernstein	2,8	Luft	1,000 6	Porzellan	5 … 6,5
Glas	5 … 16	Methanol	34	Transformatorenöl	2,2 … 2,5
Glimmer	5 … 9	Papier	1,2 … 3,0	Vakuum	1
Holz	3 … 10	Paraffin	2,0	Wasser	81
keramische Werkstoffe	10 … 50 000	Polypropylenfolie	2,2	Wasserstoff	1,000 3

Permeabilitätszahl (relative Permeabilität) μ_r

bei 20 °C

diamagnetische Stoffe		paramagnetische Stoffe		ferromagnetische Stoffe	
Stoff	μ_r	Stoff	μ_r	Stoff	μ_r
Antimon	0,999 884	Aluminium	1,000 02	Cobalt	80 … 200
Gold	0,999 971	Chromium	1,000 28	Dynamoblech	200 … 3 000
Quecksilber	0,999 966	Eisen(III)-chlorid	1,003 756	Eisen	250 … 680
Wasser	0,999 991	Luft	1,000 000 37	Nickel	280 … 2 500
Zink	0,999 986	Platin	1,000 2	Sonderlegierungen	bis 900 000

Brechzahl *n* und Lichtgeschwindigkeit *c*

Stoff	n	c in $km \cdot s^{-1}$
Benzol (Benzen)	1,50	200 000
Diamant	2,42	124 000
Eis	1,31	229 000
Flintglas leicht schwer	1,61 1,75	186 000 171 000
Flussspat	1,43	210 000
Glimmer	1,58	190 000
Kalkspat ordentlich außerordentlich	1,66 1,49	181 000 201 000
Kanadabalsam	1,54	195 000
Kronglas leicht schwer	1,51 1,61	199 000 186 000
Luft	1,000 292	299 711
Plexiglas	1,49	201 000
Polystyrol	1,59	189 000
Quarzglas	1,46	205 000
Schwefelkohlenstoff	1,63	184 000
Wasser	1,333	225 000

Spektrallinien einiger Elemente

Element	λ in nm
Argon	404,44 420,01 425,94 434,81
Barium	455,40 493,41 553,55
Helium	471,32 501,57
Natrium	588,995 (D_2) 589,592 (D_1)
Neon	540,06 588,19 638,30
Quecksilber	435,83 578,97 579,01
Wasserstoff (BALMER-Serie)	410,17 (H_δ) 434,05 (H_γ) 486,13 (H_β) 656,28 (H_α)
Zink	468,01 472,22 481,05

Spektrum elektromagnetischer Wellen

Bezeichnung	Frequenz in Hz	Wellenlänge in m
Wechselstrom	bis $3 \cdot 10^4$	bis 10^4
hertzsche Wellen		
Langwellen (LF)	$3 \cdot 10^4 \ldots 3 \cdot 10^5$	$10^4 \ldots 10^3$
Mittelwellen (LF)	$3 \cdot 10^5 \ldots 3 \cdot 10^6$	$10^3 \ldots 10^2$
Kurzwellen (HF)	$3 \cdot 10^6 \ldots 3 \cdot 10^7$	$10^2 \ldots 10$
Ultrakurzwellen (UKW, VHF, UHF)	$3 \cdot 10^7 \ldots 3 \cdot 10^9$	$10 \ldots 0{,}1$
Mikrowellen	$3 \cdot 10^9 \ldots 10^{12}$	$0{,}1 \ldots 3 \cdot 10^{-4}$
Lichtwellen		
infrarotes Licht	$10^{12} \ldots 3{,}8 \cdot 10^{14}$	$3 \cdot 10^{-4} \ldots 7{,}8 \cdot 10^{-7}$
sichtbares Licht	$3{,}8 \cdot 10^{14} \ldots 7{,}7 \cdot 10^{14}$	$780 \cdot 10^{-9} \ldots 390 \cdot 10^{-9}$ (780 nm … 390 nm)
rotes Licht	$3{,}8 \cdot 10^{14} \ldots 4{,}8 \cdot 10^{14}$	$780 \cdot 10^{-9} \ldots 620 \cdot 10^{-9}$ (780 nm … 620 nm)
oranges Licht	$4{,}8 \cdot 10^{14} \ldots 5{,}0 \cdot 10^{14}$	$620 \cdot 10^{-9} \ldots 600 \cdot 10^{-9}$ (620 nm … 600 nm)
gelbes Licht	$5{,}0 \cdot 10^{14} \ldots 5{,}3 \cdot 10^{14}$	$600 \cdot 10^{-9} \ldots 570 \cdot 10^{-9}$ (600 nm … 570 nm)
grünes Licht	$5{,}3 \cdot 10^{14} \ldots 6{,}1 \cdot 10^{14}$	$570 \cdot 10^{-9} \ldots 490 \cdot 10^{-9}$ (570 nm … 490 nm)
blaues Licht	$6{,}1 \cdot 10^{14} \ldots 7{,}0 \cdot 10^{14}$	$490 \cdot 10^{-9} \ldots 430 \cdot 10^{-9}$ (490 nm … 430 nm)
violettes Licht	$7{,}0 \cdot 10^{14} \ldots 7{,}7 \cdot 10^{14}$	$430 \cdot 10^{-9} \ldots 390 \cdot 10^{-9}$ (430 nm … 390 nm)
ultraviolettes Licht	$7{,}7 \cdot 10^{14} \ldots 3 \cdot 10^{16}$	$3{,}9 \cdot 10^{-7} \ldots 10^{-8}$
Röntgenstrahlung	$3 \cdot 10^{16} \ldots 5 \cdot 10^{21}$	$10^{-8} \ldots 6 \cdot 10^{-14}$
Gammastrahlung, kosmische Strahlung	größer als $3 \cdot 10^{18}$	kleiner als 10^{-10}

Halbwertszeit $T_{1/2}$ und Art der Strahlung einiger Nuklide

Nuklid	Halbwertszeit $T_{1/2}$	Art der Strahlung
Americium-241	433 a	α, γ
Caesium-137	30,17 a	β^-
Cobalt-60	5,27 a	β^-, γ
Iod-131	8,04 d	β^-
Kohlenstoff-14	5 730 a	β^-
Krypton-85	10,76 a	β^-, γ
Plutonium-238	87,74 a	α, γ
Radium-226	1 600 a	α, γ
Radon-220	55,6 s	α
Uran -235	$7{,}1 \cdot 10^8$ a	α
-238	$4{,}5 \cdot 10^9$ a	α

Mittlerer Qualitätsfaktor q

Strahlungsart	β-Strahlung γ-Strahlung Röntgenstrahlung	thermische Neutronen	schnelle Neutronen	α-Strahlung	schwere Ionen
Qualitätsfaktor q	1	2,3	10	20	20

Nuklidkarte (vereinfachter Ausschnitt)

Anzahl der Protonen (Ordnungszahl, Kernladungszahl) Z

Z \ N	120	121	122	123	124	125	126	127	128	129	130	131	132	133	134
92									**U** 238,029		**U 222** 1 µs α	**U 223** 18 µs α: 8,78	**U 224** 0,7 ms α: 8,47	**U 225** 95 ms α: 7,88	**U 226** 0,2 s α: 7,57
91		**Pa** 231,036	**Pa 213** 5,3 ms α: 8,24	**Pa 214** 17 ms α: 8,12	**Pa 215** 14 s α: 8,09	**Pa 216** 0,2 s α: 7,87	**Pa 217** 4,9 ms α: 8,33	**Pa 218** 0,12 ms α: 9,61	**Pa 219** 53 ns α: 9,90	**Pa 220** 0,78 µs α: 9,65	**Pa 221** 5,9 µs α: 9,08	**Pa 222** 4,3 ms α: 8,21	**Pa 223** 6,5 ms α: 8,01	**Pa 224** 0,95 s α: 7,555	**Pa 225** 1,8 s α: 7,25
90	**Th** 232,038	**Th 211** 37 ms α: 7,79	**Th 212** 30 ms α: 7,80	**Th 213** 0,14 s α: 7,69	**Th 214** 0,10 s α: 7,68	**Th 215** 1,2 s α: 7,39	**Th 216** 28 ms α: 7,92	**Th 217** 252 µs α: 9,25	**Th 218** 0,1 µs α: 9,67	**Th 219** 1,05 µs α: 9,34	**Th 220** 9,7 µs α: 8,79	**Th 221** 1,68 ms α: 8,15	**Th 222** 2,2 ms α: 7,98	**Th 223** 0,66 s γ: 0,140 α: 7,324	**Th 224** 1,04 s γ: 0,177 α: 7,17
89	**Ac 209** 90 ms α: 7,59	**Ac 210** 0,35 s α: 7,46	**Ac 211** 0,25 s α: 7,481	**Ac 212** 0,93 s α: 7,38	**Ac 213** 0,80 s α: 7,36	**Ac 214** 8,2 s α: 7,214	**Ac 215** 0,17 s α: 7,604	**Ac 216** 0,33 ms α: 9,028	**Ac 217** 0,069 µs α: 9,65	**Ac 218** 1,1 µs α: 9,205	**Ac 219** 11,8 µs α: 8,664	**Ac 220** 26 ms γ: 0,134 α: 7,85	**Ac 221** 52 ms α: 7,65	**Ac 222** 5,0 s α: 7,009	**Ac 223** 2,10 min α: 6,647
88	**Ra 208** 1,3 s α: 7,133	**Ra 209** 4,6 s α: 7,010	**Ra 210** 3,7 s α: 7,019	**Ra 211** 13 s α: 6,911	**Ra 212** 13 s α: 6,9006	**Ra 213** 2,74 min ε,γ: 0,110 α: 6,624	**Ra 214** 2,46 s ε α: 7,136	**Ra 215** 1,6 ms α: 8,699	**Ra 216** 0,18 µs α: 9,349	**Ra 217** 1,6 µs α: 8,99	**Ra 218** 25,6 µs α: 8,39	**Ra 219** 10 ms γ: 0,316 α: 7,679	**Ra 220** 23 ms γ: 0,465 α: 7,46	**Ra 221** 28 s γ: 0,149 α: 6,613	**Ra 222** 38 s γ: 0,324 α: 6,559
87	**Fr 207** 14,8 s ε α: 6,767	**Fr 208** 58,6 s γ: 0,636 α: 6,636	**Fr 209** 50,0 s ε α: 6,648	**Fr 210** 3,18 min ε,γ: 0,644 α: 6,543	**Fr 211** 3,10 min ε,γ: 0,540 α: 6,535	**Fr 212** 20,0 min ε,γ: 1,274 α: 6,262	**Fr 213** 34,6 s ε α: 6,775	**Fr 214** 5,0 ms α: 8,426	**Fr 215** 0,09 µs α: 9,36	**Fr 216** 0,70 µs α: 9,01	**Fr 217** 16 µs α: 8,315	**Fr 218** 22 ms α: 7,615	**Fr 219** 21 ms α: 7,312	**Fr 220** 27,4 s γ: 0,045 α: 6,68	**Fr 221** 4,9 min γ: 0,218 α: 6,341
86	**Rn 206** 5,67 min ε,γ: 0,498 α: 6,260	**Rn 207** 9,3 min ε,γ: 0,345 α: 6,133	**Rn 208** 24,4 min ε,γ: 0,427 α: 6,138	**Rn 209** 28,5 min ε,γ: 0,408 α: 6,039	**Rn 210** 2,4 h ε,γ: 0,458 α: 6,040	**Rn 211** 14,6 h ε,γ: 0,674 α: 5,783	**Rn 212** 24 min γ α: 6,264	**Rn 213** 25 ms γ α: 8,09	**Rn 214** 0,27 µs α: 9,037	**Rn 215** 2,3 µs α: 8,67	**Rn 216** 45 µs α: 8,05	**Rn 217** 0,54 ms α: 7,740	**Rn 218** 35 ms γ α: 7,133	**Rn 219** 3,96 s γ: 0,271 α: 6,819	**Rn 220** 55,6 s γ α: 6,288
85	**At 205** 26,2 min ε,γ: 0,719 α: 5,092	**At 206** 29,4 min ε,γ: 0,701 β^+: 3,1	**At 207** 1,8 h ε,γ: 0,815 β^+	**At 208** 1,63 h ε,γ: 0,686 α: 5,640	**At 209** 5,4 h ε,γ: 0,545 α: 5,647	**At 210** 8,3 h ε,γ: 1,181 α: 5,524	**At 211** 7,22 h ε α: 5,867	**At 212** 314 ms γ: 0,063 α: 7,68	**At 213** 0,11 µs α: 9,08	**At 214** 0,76 µs γ α: 8,782	**At 215** 0,1 ms γ α: 8,026	**At 216** 0,3 ms γ α: 7,804	**At 217** 32,3 ms γ,β^- α: 7,069	**At 218** 2 s γ,β^- α: 6,694	**At 219** 0,9 min β^- α: 6,27
84	**Po 204** 3,53 h ε,γ: 0,884 α: 5,377	**Po 205** 1,66 h ε,γ: 0,872 α: 5,22	**Po 206** 8,8 d ε,γ: 1,032 α: 5,2233	**Po 207** 5,84 h ε,γ: 0,992 α: 5,116	**Po 208** 2,898 a ε α: 5,1152	**Po 209** 102 a ε α: 4,881	**Po 210** 138,38 d γ α: 5,3044	**Po 211** 25,2 s γ: 0,570 α: 7,275	**Po 212** 45,1 s γ: 2,615 α: 11,65	**Po 213** 4,2 µs α: 8,376	**Po 214** 164 µs α: 7,6869	**Po 215** 1,78 ms β^- α: 7,3862	**Po 216** 0,15 s α: 6,7783	**Po 217** <10 s β^- α: 6,539	**Po 218** 3,05 min β^-,γ α: 6,0024
83	**Bi 203** 11,7 h ε,γ: 0,820 β^+: 1,4	**Bi 204** 11,22 h ε,γ: 0,899 α: 0,899	**Bi 205** 15,31 d ε,γ: 1,764 β^+	**Bi 206** 6,24 h β^+	**Bi 207** 31,55 a ε,γ: 0,570 β^+	**Bi 208** $3{,}68 \cdot 10^5$ a ε γ: 2,615	**Bi 209** 100	**Bi 210** 5,013 d γ β^-: 1,2	**Bi 211** 2,17 min γ: 0,351 α: 6,623	**Bi 212** 25 min β^-,γ α: 6,34	**Bi 213** 45,59 min γ: 0,440 β^-: 1,4	**Bi 214** 19,9 min γ: 0,609 β^-: 1,5	**Bi 215** 7,6 min γ: 0,294 β^-	**Bi 216** 3,6 min γ: 0,550 β^-	
82	**Pb 202** $5{,}25 \cdot 10^4$ a ε	**Pb 203** 51,9 h ε γ: 0,279	**Pb 204** 1,4	**Pb 205** $1{,}5 \cdot 10^7$ a ε	**Pb 206** 24,1	**Pb 207** 22,1	**Pb 208** 52,4	**Pb 209** 3,253 h β^-: 0,6	**Pb 210** 22,3 a γ: 0,047 β^-: 0,02	**Pb 211** 36,1 min γ: 0,405	**Pb 212** 10,64 h γ: 0,239 β^-: 0,3	**Pb 213** 10,2 min β^-	**Pb 214** 26,8 min γ: 0,352 β^-: 0,7		
81	**Tl 201** 73,1 h ε γ: 0,167	**Tl 202** 12,23 d ε γ: 0,440	**Tl 203** 29,524	**Tl 204** 3,78 a ε β^-: 0,8	**Tl 205** 70,476	**Tl 206** 4,2 min β^-: 1,5	**Tl 207** 4,77 min β^-: 1,4	**Tl 208** 3,05 min γ: 0,2615 β^-: 1,8	**Tl 209** 2,16 min γ: 1,567 β^-: 1,8	**Tl 210** 1,30 min γ: 0,800 β^-: 1,9					
80	**Hg 200** 23,10	**Hg 201** 13,81	**Hg 202** 29,86	**Hg 203** 46,59 d γ: 0,279 β^-: 0,2	**Hg 204** 6,87	**Hg 205** 5,2 min γ: 0,204 β^-: 1,5	**Hg 206** 8,15 min γ: 0,305 β^-: 1,3	**Hg 207** 2,9 min γ: 0,351 β^-: 1,8	**Hg 208** 42 min γ: 0,474 β^-						
79	**Au 199** 3,139 d γ: 0,158 β^-: 0,3	**Au 200** 48,4 min γ: 0,368 β^-: 2,3	**Au 201** 26,4 min γ: 0,543 β^-: 1,3	γ: 0,440 β^-: 3,5	**Au 203** 60 s γ: 0,218 β^-: 2,0	**Au 204** 39,8 s γ: 0,437 β^-	**Au 205** 31 s γ: 0,379 β^-								

Element

Pa 231,036 — Symbol; Atommasse in u

stabiles Nuklid

H 1 99,985 — Symbol, Nukleonenzahl; Häufigkeit im natürlichen Isotopengemisch in %

instabiles Nuklid

Fr 224 3,3 min γ: 0,216 β^-: 2,6 — Symbol, Nukleonenzahl; Halbwertszeit $T_{1/2}$; Energie der Strahlung in MeV (nur häufigste Werte)

Häufigkeit der Zerfallsart

U 229 58 min ε,γ α: 6,362 — α-Zerfall öfter als 50% (gelb) ε-Elektroneneinfang weniger als 50% (grün)

Nuklid

Th 232 100 $1{,}41 \cdot 10^{10}$ a — mit der Erde entstandenes radioaktives Nuklid

Farben und Zerfallsarten

stabil	β^+-Zerfall ε Elektroneneinfang durch den Kern	β^--Zerfall	α-Zerfall

Kern kann spontan in leichtere Kerne zerfallen

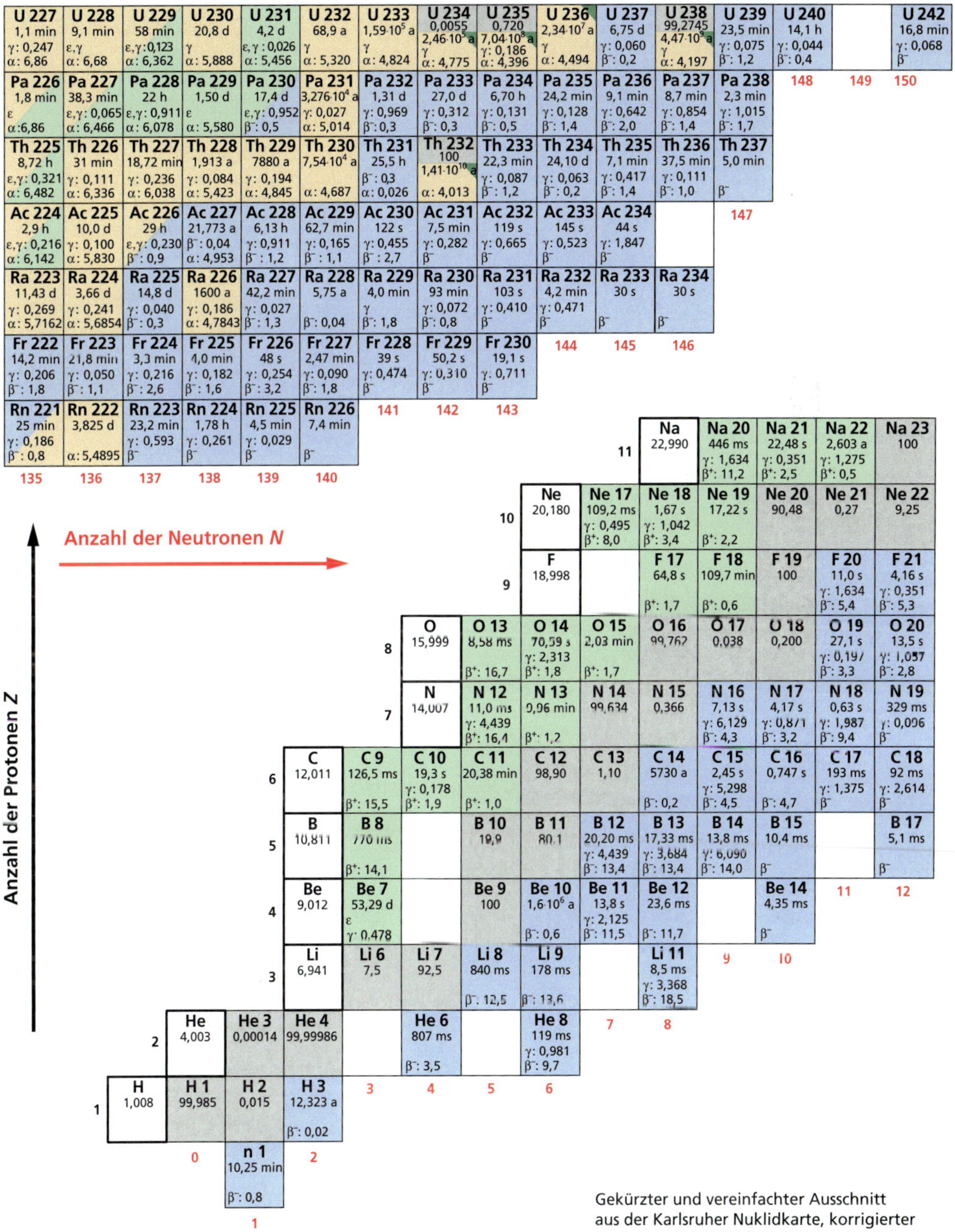

Gekürzter und vereinfachter Ausschnitt aus der Karlsruher Nuklidkarte, korrigierter Nachdruck der 6. Auflage 1995 von 1998, von G. Pfennig, H. Klewe-Nebenius, W. Seelmann-Eggebert †

Ph

Mechanik

Kräfte in der Mechanik

Gewichtskraft F_G	$F_G = m \cdot g$	m, M Massen g Fallbeschleunigung (↗ S. 69) μ Reibungszahl (↗ S. 74) F_N Normalkraft v Bahngeschwindigkeit r Kreisbahnradius, Abstand T Umlaufzeit ω Winkelgeschwindigkeit D Federkonstante s Dehnung der Feder ρ Dichte (↗ S. 74) V Volumen p Druck A Fläche G Gravitationskonstante (↗ S. 69)
Reibungskraft F_R	$F_R = \mu \cdot F_N$	
Radialkraft F_r (Zentripetalkraft F_Z)	$F_r = m \cdot \frac{v^2}{r}$ $F_r = m \cdot \frac{4\pi^2 \cdot r}{T^2}$ $F_r = m \cdot \omega^2 \cdot r$	
Federspannkraft F_E (hookesches Gesetz)	$F_E = D \cdot s$	
Auftriebskraft F_A	$F_A = \rho \cdot V \cdot g$	
Druckkraft F_p	$F_p = p \cdot A$	
Gravitationskraft F	$F = G \cdot \frac{m \cdot M}{r^2}$	

Newtonsche Gesetze

1. newtonsches Gesetz (Trägheitsgesetz)	Unter der Bedingung $\sum \vec{F}_{äuß} = \vec{0}$ gilt: $\vec{v}$ = konstant	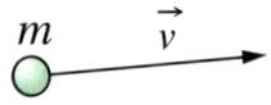 $F_{äuß}$ äußere Kräfte, die auf einen Körper (ein System) wirken v Geschwindigkeit
2. newtonsches Gesetz (newtonsches Grundgesetz)	$\vec{F} = m \cdot \vec{a}$ $\vec{F} = \frac{\Delta \vec{p}}{\Delta t}$	 F Kraft p Impuls a Beschleunigung m Masse t Zeit
3. newtonsches Gesetz (Wechselwirkungsgesetz)	$\vec{F}_1 = -\vec{F}_2$	

Drehmoment und Gleichgewicht

Drehmoment M	$\vec{M} = \vec{r} \times \vec{F}$ Unter der Bedingung $\vec{r} \perp \vec{F}$ gilt: $M = r \cdot F$	r Kraftarm F Kraft
Gleichgewicht für einen drehbaren starren Körper	$\sum_{i=1}^{n} \vec{M}_i = \vec{0}$ $\sum \vec{M}_l = \sum \vec{M}_r$	M_i Drehmomente M_l linksdrehende Drehmomente M_r rechtsdrehende Drehmomente
Kräftegleichgewicht für einen Massepunkt	$\sum_{i=1}^{n} \vec{F}_i = \vec{0}$	F_i Kräfte, die auf den Massepunkt einwirken

Zusammensetzung von Kräften (gilt analog für Geschwindigkeiten)

$\vec{F}_1$ und $\vec{F}_2$ sind gleich gerichtet	$\vec{F}_1$ und $\vec{F}_2$ sind entgegengesetzt gerichtet	$\vec{F}_1$ und $\vec{F}_2$ sind senkrecht zueinander	$\vec{F}_1$ und $\vec{F}_2$ bilden einen beliebigen Winkel miteinander
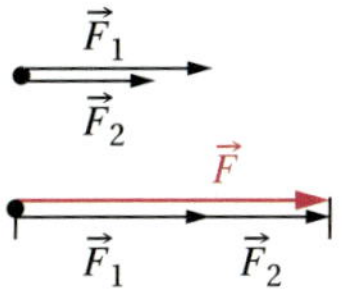	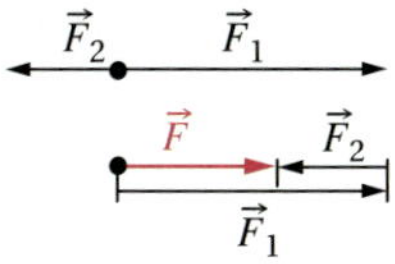	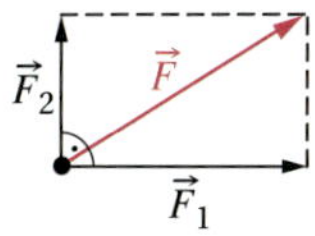	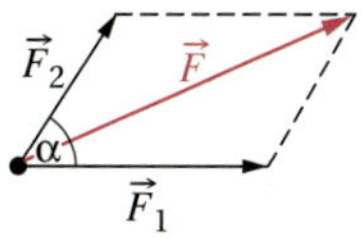
$F = F_1 + F_2$	$F = F_1 - F_2$	$F = \sqrt{F_1^2 + F_2^2}$	$F = \sqrt{F_1^2 + F_2^2 + 2F_1 \cdot F_2 \cdot \cos\alpha}$

Kraftumformende Einrichtungen

Rolle, Flaschenzug	Hebel	geneigte Ebene
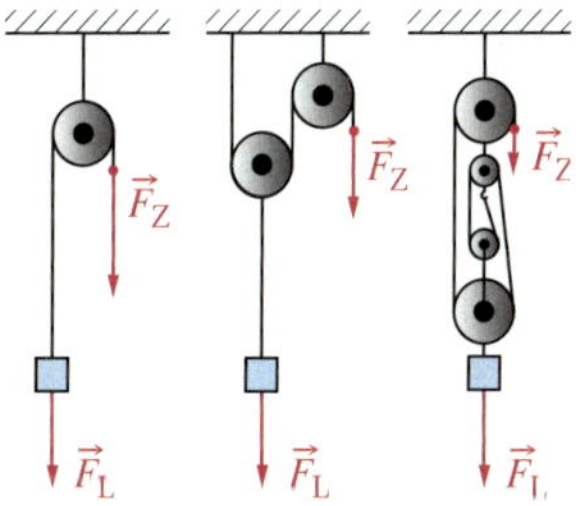	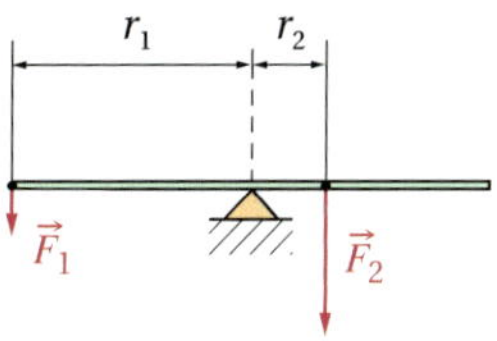	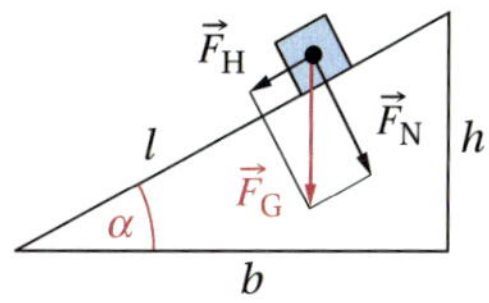
Im Gleichgewicht gilt bei Vernachlässigung der Massen von Seilen und Rollen: $F_Z = \frac{1}{n} \cdot F_L$ $s_Z = n \cdot s_L$ n Anzahl der tragenden Seile	Im Gleichgewicht gilt unter der Bedingung $\vec{r} \perp \vec{F}$ bei Vernachlässigung der Masse des Hebels: $r_1 \cdot F_1 = r_2 \cdot F_2$ $M_1 = M_2$ M Drehmoment r Kraftarm F Kraft	$F_H = F_G \cdot \sin\alpha$ $F_N = F_G \cdot \cos\alpha$ $\frac{F_H}{F_G} = \frac{h}{l}$ $\frac{F_N}{F_G} = \frac{b}{l}$ $\frac{F_H}{F_N} = \frac{h}{b}$ F_G Gewichtskraft, h Höhe F_H Hangabtriebskraft, l Länge F_N Normalkraft, b Basis
Goldene Regel der Mechanik: Was man an Kraft spart, muss man an Weg zusetzen. $F_1 \cdot s_1 = F_2 \cdot s_2$		

Bewegungsgesetze der Translation

beliebige Bewegung	$\vec{s} = \int_{t_1}^{t_2} \vec{v}(t)\,\mathrm{d}t + \vec{v}_0 \cdot t + \vec{s}_0$ $\vec{v} = \int_{t_1}^{t_2} \vec{a}(t)\,\mathrm{d}t + \vec{v}_0$ $\vec{v} = \frac{\mathrm{d}\vec{s}}{\mathrm{d}t} = \dot{s}$ $\vec{a} = \frac{\mathrm{d}\vec{v}}{\mathrm{d}t}$ $\vec{a} = \frac{\mathrm{d}^2\vec{s}}{\mathrm{d}t^2} = \ddot{s}$	s Weg v Geschwindigkeit a Beschleunigung t Zeit 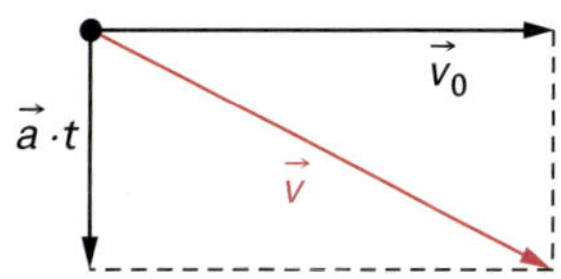 v_0 Geschwindigkeit zum Zeitpunkt $t = 0$ (Anfangsgeschwindigkeit) s_0 Weg zum Zeitpunkt $t = 0$ (Anfangsweg)

gleichförmige geradlinige Bewegung	$s = v \cdot t + s_0$ $v = \frac{\Delta s}{\Delta t}$ $a = 0$	s_0 Anfangsweg bei $t = 0$ r Radius T Umlaufzeit n Drehzahl ω Winkelgeschwindigkeit a_r Radialbeschleunigung
gleichförmige Kreisbewegung	$v = \frac{2\pi \cdot r}{T}$ $v = 2\pi \cdot r \cdot n$ $v = \omega \cdot r$ $a_r = \frac{v^2}{r}$ $a_r = \omega^2 \cdot r$	
gleichmäßig beschleunigte Bewegung	$s = \frac{a}{2} \cdot t^2 + v_0 \cdot t + s_0$ $v = a \cdot t + v_0$ $a = \frac{\Delta v}{\Delta t}$ = konstant Unter der Bedingung $s_0 = 0$ und $v_0 = 0$ gilt: $s = \frac{a}{2} \cdot t^2$ $s = \frac{v \cdot t}{2}$ $v = a \cdot t$ $v = \sqrt{2a \cdot s}$	s Weg v Geschwindigkeit a Beschleunigung t Zeit s_0 Anfangsweg v_0 Anfangsgeschwindigkeit bei $t = 0$
freier Fall	Für den freien Fall gilt: $s = \frac{g}{2} \cdot t^2$ $v = g \cdot t$ $v = \sqrt{2g \cdot s}$ a = konstant	g Fallbeschleunigung (Ortsfaktor) (↗ S. 69)

Würfe

senkrechter Wurf nach unten	$y = -v_0 \cdot t - \frac{g}{2} \cdot t^2$ $v = -v_0 - g \cdot t$	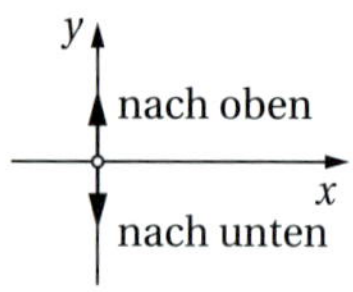
senkrechter Wurf nach oben	$y = v_0 \cdot t - \frac{g}{2} \cdot t^2$ $v = v_0 - g \cdot t$ Steigzeit: $t_h = \frac{v_0}{g}$ Steighöhe: $s_h = \frac{v_0^2}{2g}$	
waagerechter Wurf	$x = v_0 \cdot t$ $y = -\frac{g}{2} \cdot t^2$ $v_x = v_0$ $v_y = -g \cdot t$ $v = \sqrt{v_0^2 + g^2 \cdot t^2}$ Wurfparabel: $y = -\frac{g}{2v_0^2} \cdot x^2$	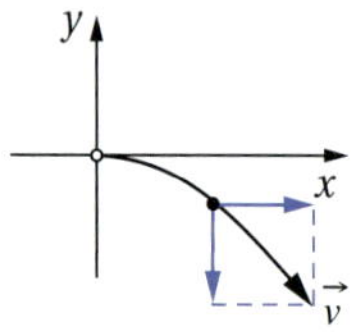
schräger Wurf	$x = v_0 \cdot t \cdot \cos\alpha$ $y = v_0 \cdot t \cdot \sin\alpha - \frac{g}{2} \cdot t^2$ $v_x = v_0 \cdot \cos\alpha$ $v_y = v_0 \cdot \sin\alpha - g \cdot t$ $v = \sqrt{v_0^2 + g^2 \cdot t^2 - 2v_0 \cdot g \cdot t \cdot \sin\alpha}$ Wurfparabel: $y = \tan\alpha \cdot x - \frac{g}{2v_0^2 \cdot \cos^2\alpha} \cdot x^2$ Wurfweite: $s_W = \frac{v_0^2 \cdot \sin 2\alpha}{g}$ Wurfhöhe: $s_h = \frac{v_0^2 \cdot \sin^2\alpha}{2g}$ Steigzeit: $t_h = \frac{v_0 \cdot \sin\alpha}{g}$	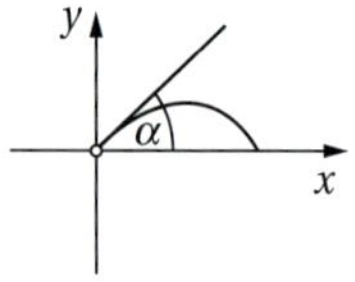 x Weg in x-Richtung y Weg in y-Richtung v Geschwindigkeit v_0 Anfangsgeschwindigkeit g Fallbeschleunigung (↗ S. 69) t Zeit α Abwurfwinkel

Bewegungsgesetze der Rotation

beliebige Rotation	$\vec{\varphi} = \int_{t_1}^{t_2} \vec{\omega}\,(t)\,\mathrm{d}t + \vec{\omega}_0 \cdot t + \vec{\varphi}_0$ $\vec{\omega} = \int_{t_1}^{t_2} \vec{\alpha}\,(t)\,\mathrm{d}t + \vec{\omega}_0$ $\quad \vec{\omega} = \frac{\mathrm{d}\vec{\varphi}}{\mathrm{d}t} = \dot{\varphi}$ $\vec{\alpha} = \frac{\mathrm{d}\vec{\omega}}{\mathrm{d}t}$ $\quad \vec{\alpha} = \frac{\mathrm{d}^2\vec{\varphi}}{\mathrm{d}t^2} = \ddot{\varphi}$	φ Winkel ω Winkelgeschwindigkeit α Winkelbeschleunigung t Zeit φ_0 Anfangswinkel bei $t = 0$ T Umlaufzeit n Drehzahl ω_0 Anfangswinkelgeschwindigkeit bei $t = 0$
gleichförmige Rotation	$\varphi = \omega \cdot t + \varphi_0$ $\omega = \frac{\Delta\varphi}{\Delta t}$ $\quad \omega = \frac{v}{r}$ $\quad \omega = \frac{2\pi}{T} = 2\pi \cdot n$ $\alpha = 0$	
gleichmäßig beschleunigte Rotation	$\varphi = \frac{\alpha}{2} \cdot t^2 + \omega_0 \cdot t + \varphi_0$ $\omega = \alpha \cdot t + \omega_0$ $\alpha = \frac{\Delta\omega}{\Delta t} = \text{konstant}$ Unter der Bedingung $\varphi_0 = 0$ und $\omega_0 = 0$ gilt: $\varphi = \frac{\alpha}{2} \cdot t^2$ $\omega = \alpha \cdot t$	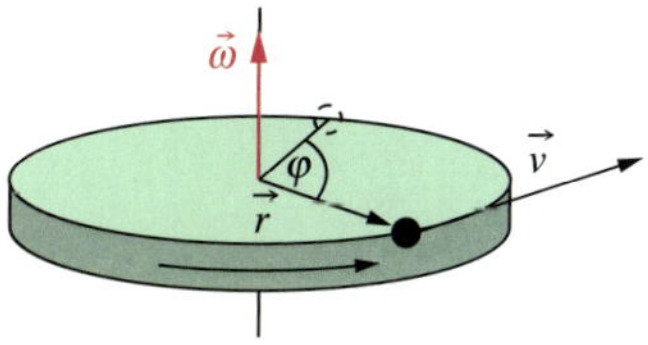

Zusammenhänge zwischen Größen der Translation und der Rotation

Translation	Zusammenhang	Rotation
Weg s	$s = \varphi \cdot r$ $\quad \varphi = \frac{s}{r}$	Winkel φ
Geschwindigkeit v	$v = \omega \cdot r$ $\quad \omega = \frac{v}{r}$	Winkelgeschwindigkeit ω
Beschleunigung a	$a = \alpha \cdot r$ $\quad \alpha = \frac{a}{r}$	Winkelbeschleunigung α
Kraft F	$F = \frac{M}{r}$ $\quad (\vec{r} \perp \vec{F})$ $\quad M = r \cdot F$	Drehmoment M
Masse m	$m = \frac{J}{r^2}$ $\quad J = m \cdot r^2$ (für einen Massepunkt)	Trägheitsmoment J

Impuls und Impulserhaltungssatz

Impuls p	$\vec{p} = m \cdot \vec{v}$ $\Delta\vec{p} = m \cdot \Delta\vec{v}$ $\quad \Delta\vec{p} = \int_{t_1}^{t_2} \vec{F}\,(t)\mathrm{d}t$	m Masse v Geschwindigkeit F Kraft t Zeit
Kraftstoß I	$\vec{I} = \vec{F} \cdot \Delta t$ $\quad$ (bei $\vec{F}$ = konstant) $\vec{I} = \Delta\vec{p}$	
Impulserhaltungssatz	In einem kräftemäßig abgeschlossenem System gilt: $\vec{p} = \sum_{i=1}^{n} \vec{p}_i = \text{konstant}$	p_i Impulse der einzelnen Körper bzw. Teilchen

Unelastische und elastische Stöße

unelastischer gerader zentraler Stoß	Impuls: $m_1 \cdot \vec{v}_1 + m_2 \cdot \vec{v}_2 = (m_1 + m_2)\, \vec{u}$ Verringerung der kinetischen Energie: $\frac{1}{2}\,(m_1 \cdot v_1^2 + m_2 \cdot v_2^2) - \frac{1}{2}\,(m_1 + m_2)\, u^2$ Geschwindigkeit nach dem Stoß: $u = \frac{m_1 \cdot v_1 + m_2 \cdot v_2}{m_1 + m_2}$	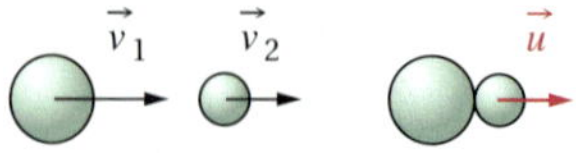 m_1, m_2 Massen der Körper v_1, v_2 Geschwindigkeiten vor dem Stoß u, u_1, u_2 Geschwindigkeiten nach dem Stoß
elastischer gerader zentraler Stoß	Impuls: $m_1 \cdot \vec{v}_1 + m_2 \cdot \vec{v}_2 = m_1 \cdot \vec{u}_1 + m_2 \cdot \vec{u}_2$ Energie: $\frac{1}{2}\,(m_1 \cdot v_1^2 + m_2 \cdot v_2^2) = \frac{1}{2}\,(m_1 \cdot u_1^2 + m_2 \cdot u_2^2)$ Geschwindigkeiten nach dem Stoß: $u_1 = \frac{(m_1 - m_2)v_1 + 2m_2 \cdot v_2}{m_1 + m_2}$ $u_2 = \frac{(m_2 - m_1)v_2 + 2m_1 \cdot v_1}{m_1 + m_2}$	vor dem Stoß:  nach dem Stoß: 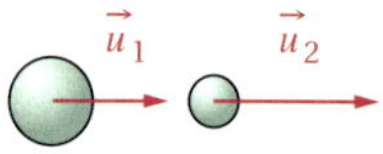 Es gilt auch: $v_1 + u_1 = v_2 + u_2$

Dynamik der Rotation

Trägheitsmoment *J*	allgemein $J = \int r^2\, \mathrm{d}m$ 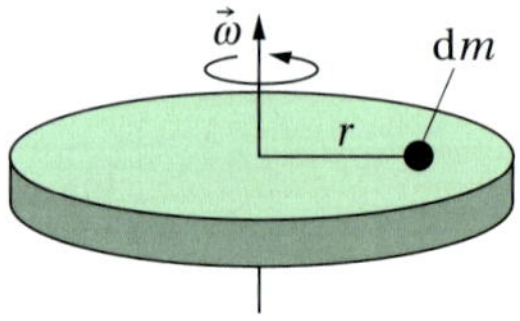	beliebiger Rotationskörper $J = \frac{1}{2}\,\pi \cdot \rho \cdot \int_{x_1}^{x_2} r^4\, dx$ 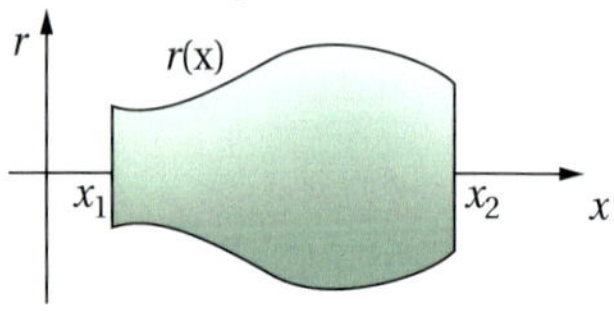
	Massepunkt, dünner Kreisring 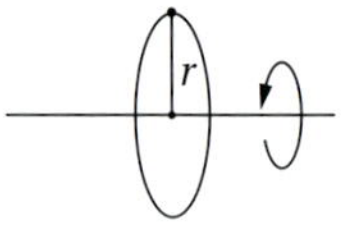 $J = m \cdot r^2$	langer dünner Stab 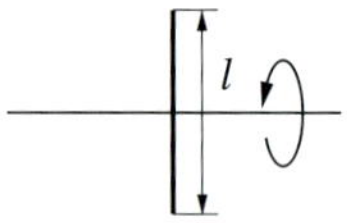 $J = \frac{1}{12}\, m \cdot l^2$
	Kugel 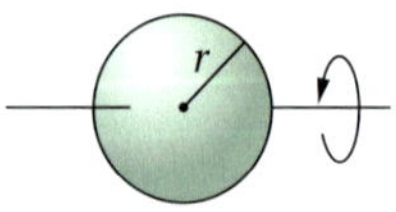 $J = \frac{2}{5}\, m \cdot r^2$	Vollzylinder 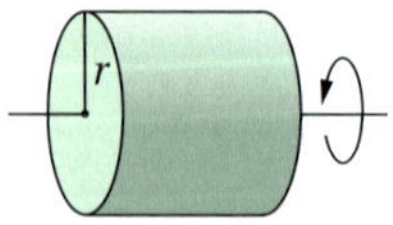 $J = \frac{1}{2}\, m \cdot r^2$
	gerader Kreiskegel 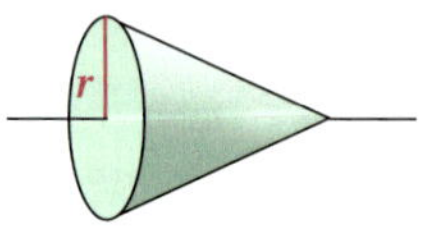 $J = \frac{3}{10}\, m \cdot r^2$	Hohlzylinder 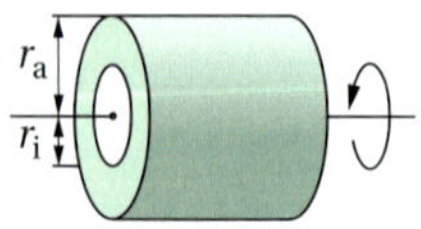 $J = \frac{1}{2}\, m\,({r_a}^2 + {r_i}^2)$

Grundgesetz für die Dynamik der Rotation	$\vec{M} = J \cdot \vec{\alpha}$	M Drehmoment J Trägheitsmoment α Winkelbeschleunigung ω Winkelgeschwindigkeit
Rotationsenergie E_{kin}	$E_{kin} = \frac{1}{2} J \cdot \omega^2$	

Drehimpuls und Drehimpulserhaltungssatz

Drehimpuls L	$\vec{L} = J \cdot \vec{\omega}$ $\quad \Delta\vec{L} = \int_{t_1}^{t_2} \vec{M}(t)\,dt$ Unter der Bedingung M = konstant gilt: $\Delta\vec{L} = \vec{M} \cdot \Delta t$	J Trägheitsmoment (↗ S. 88) ω Winkelgeschwindigkeit M Drehmoment L Gesamtdrehimpuls L_i Drehimpulse der einzelnen Körper
Drehimpulserhaltungssatz	Unter der Bedingung, dass auf ein System keine äußeren Drehmomente wirken, gilt: $\vec{L} = \sum_{i=1}^{n} \vec{L}_i$ = konstant	

Mechanische Arbeit

mechanische Arbeit W	$W = \int_{s_1}^{s_2} \vec{F}(s)\,d\vec{s}$ $\quad W = \Delta E$ Unter der Bedingung $\vec{F}$ = konstant gilt für $\sphericalangle(\vec{F}, \vec{s}) = \alpha$: $\quad W = F \cdot s \cdot \cos\alpha$ $\sphericalangle(\vec{F}, \vec{s}) = 0$: $\quad W = F \cdot s$	F Kraft s Weg ΔE Änderung der Energie 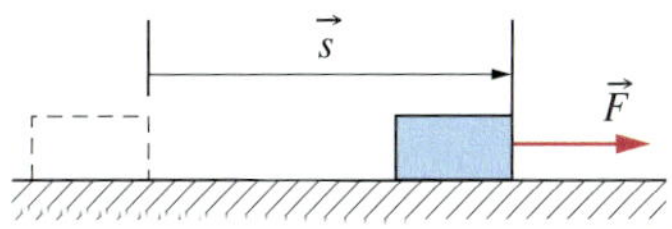
Hubarbeit	$W = F_G \cdot s = m \cdot g \cdot s$	F_G Gewichtskraft (↗ S. 84)
Beschleunigungsarbeit	$W = F_B \cdot s = m \cdot a \cdot s$	F_B beschleunigende Kraft (↗ S. 84)
Reibungsarbeit	$W = F_R \cdot s = \mu \cdot F_N \cdot s$	F_R Reibungskraft (↗ S. 84)
Federspannarbeit	$W = \frac{1}{2} F_E \cdot s = \frac{1}{2} D \cdot s^2$	F_E Endkraft (maximale Kraft, ↗ S. 84) D Federkonstante
Volumenarbeit (Ausdehnungsarbeit)	$W = -\int_{V_1}^{V_2} p(V)\,dV$ Unter der Bedingung p = konstant gilt: $W = -p \cdot \Delta V$	p Druck V Volumen

Mechanische Energie

potenzielle Energie E_{pot} (Energie der Lage)	eines Körpers in der Nähe der Erdoberfläche $\quad E_{pot} = F_G \cdot h$ einer gespannten Feder $\quad E_{pot} = \frac{1}{2} D \cdot s^2$	F_G Gewichtskraft h Höhe D Federkonstante s Dehnung oder Stauchung der Feder m Masse v Geschwindigkeit J Trägheitsmoment (↗ S. 88) ω Winkelgeschwindigkeit
kinetische Energie E_{kin} (Energie der Bewegung)	der Translation $\quad E_{kin} = \frac{1}{2} m \cdot v^2$ der Rotation $\quad E_{kin} = \frac{1}{2} J \cdot \omega^2$	
Energieerhaltungssatz der Mechanik	In einem abgeschlossenem mechanischem System gilt: $E_{mech} = E_{pot} + E_{kin}$ = konstant	

Mechanische Leistung und Wirkungsgrad

mechanische Leistung P	$P = \frac{dW}{dt} = \dot{W}$ $\quad P = \frac{W}{t}$ Unter der Bedingung v = konstant und F = konstant bzw. M = konstant und ω = konstant gilt: $P = \frac{F \cdot s}{t} = F \cdot v$ $\quad P = M \cdot \omega$	W verrichtete Arbeit t Zeit F Kraft s Weg v Geschwindigkeit M Drehmoment ω Winkelgeschwindigkeit
Wirkungsgrad η	$\eta = \frac{E_{ab}}{E_{zu}}$ $\quad \eta = \frac{W_{ab}}{W_{zu}}$ $\quad \eta = \frac{P_{ab}}{P_{zu}}$	E_{ab}, W_{ab}, P_{ab} abgegebene (nutzbare) Energie, Arbeit, Leistung E_{zu}, W_{zu}, P_{zu} zugeführte (aufgewendete) Energie, Arbeit, Leistung $\eta_1, \eta_2, \ldots$ Teilwirkungsgrade
Gesamtwirkungsgrad η_G	$\eta_G = \eta_1 \cdot \eta_2 \cdot \ldots \cdot \eta_n$	

Gravitation

Gravitationsgesetz	$F = G \cdot \frac{m \cdot M}{r^2}$	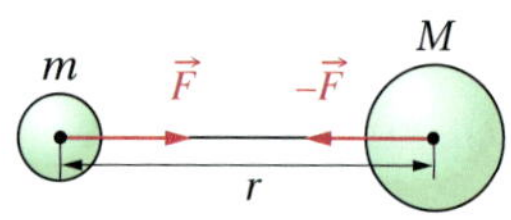
Gravitationsfeldstärke G^*	$G^* = \frac{F}{m} = G \cdot \frac{M}{r^2}$ Für Körper in der Nähe der Erdoberfläche gilt: $G^* = g$	G Gravitationskonstante (↗ S. 69) F Kraft auf einen Körper im Gravitationsfeld m, M Massen g Fallbeschleunigung (↗ S. 69) r Abstand der Massenmittelpunkte h Höhe
Arbeit im Gravitationsfeld	$W = G \cdot m \cdot M \int_{r_1}^{r_2} \frac{1}{r^2} dr$ $W = G \cdot m \cdot M \left(\frac{1}{r_1} - \frac{1}{r_2}\right)$ In der Nähe der Erdoberfläche gilt: $W = m \cdot g \cdot h$	

Dichte und Druck

Dichte ρ	$\rho = \frac{m}{V}$	m Masse V Volumen F Kraft A Fläche ρ Dichte (↗ S. 74) h Höhe g Fallbeschleunigung (↗ S. 69)
Druck p	$p = \frac{F}{A}$ $\quad (F \perp A)$	
Schweredruck p	$p = \frac{F_G}{A} = \frac{m \cdot g}{A}$ $p = \rho \cdot h \cdot g$	
barometrische Höhenformel	$p = p_0 \cdot e^{-\left(\frac{\rho_0 \cdot g}{p_0} \cdot h\right)}$	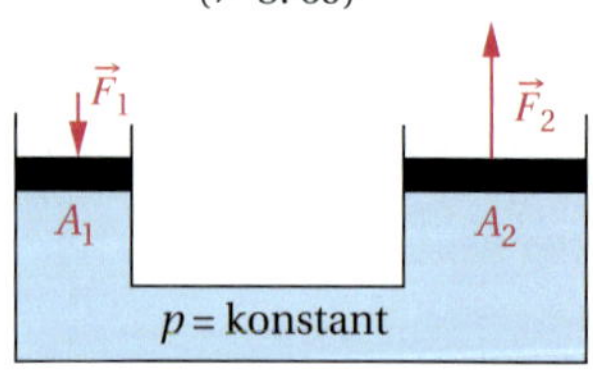
Auftriebskraft F_A	$F_A = \rho \cdot V \cdot g$	
hydraulische und pneumatische Anlagen	$\frac{F_1}{A_1} = \frac{F_2}{A_2}$	F_1, F_2 Kräfte an den Kolben A_1, A_2 Flächen der Kolben

Strömende Flüssigkeiten und Gase

Kontinuitätsgleichung	$A_1 \cdot v_1 = A_2 \cdot v_2$ $\frac{\mathrm{d}m}{\mathrm{d}t} = \text{konstant}$	A Fläche v Geschwindigkeit der Strömung m Masse t Zeit
bernoullische Gleichung	$p_s + p + p_{St} = \text{konstant}$ $p_s + \rho \cdot g \cdot h + \frac{1}{2} \rho \cdot v^2 = \text{konstant}$	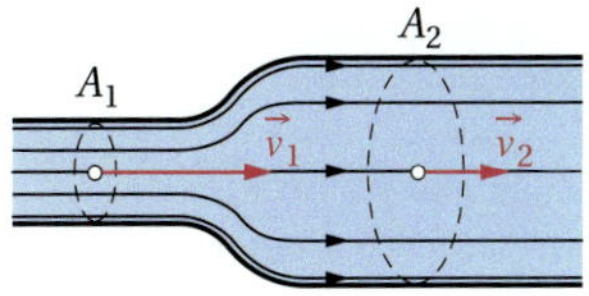
Luftwiderstandskraft F_{WL} bei Körpern	$F_{WL} = \frac{1}{2} c_w \cdot A \cdot \rho \cdot v^2$	p_s statischer Druck p Schweredruck p_{St} Staudruck ρ Dichte (↗ S. 74) g Fallbeschleunigung (↗ S. 69) h Höhe v Geschwindigkeit der Strömung bzw. des Körpers c_w Luftwiderstandszahl (↗ S. 75) A angeströmte Querschnittsfläche

Mechanische Schwingungen

Weg-Zeit-Gesetz einer harmonischen Schwingung	$y = y_{max} \cdot \sin(\omega \cdot t + \varphi_0)$	y Auslenkung t Zeit ω Kreisfrequenz y_{max} Amplitude φ_0 Phasenwinkel
Geschwindigkeit-Zeit-Gesetz einer harmonischen Schwingung	$v = \frac{\mathrm{d}y}{\mathrm{d}t} = y_{max} \cdot \omega \cdot \cos(\omega \cdot t + \varphi_0)$	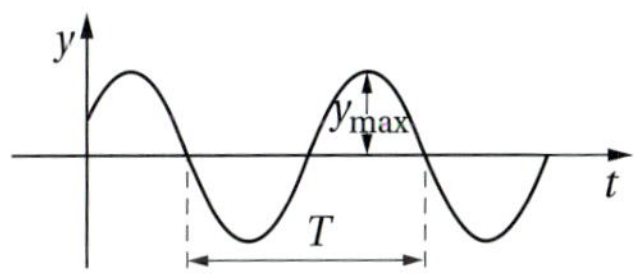
Beschleunigung-Zeit-Gesetz einer harmonischen Schwingung	$a = \frac{\mathrm{d}v}{\mathrm{d}t} = -y_{max} \cdot \omega^2 \cdot \sin(\omega \cdot t + \varphi_0)$	
Schwingungsdauer T **eines Fadenpendels** **eines Federschwingers** **eines Torsionspendels** **eines physischen Pendels** **einer Flüssigkeitssäule**	 $T = 2\pi \sqrt{\frac{l}{g}}$ $T = 2\pi \sqrt{\frac{m}{D}}$ $T = 2\pi \sqrt{\frac{J}{D}}$ $T = 2\pi \sqrt{\frac{J}{m \cdot g \cdot a}}$ $T = 2\pi \sqrt{\frac{l}{2g}}$	v Geschwindigkeit a Beschleunigung l Länge g Fallbeschleunigung (↗ S. 69) m Masse des Körper J Trägheitsmoment (↗ S. 88) a Abstand der Drehachse vom Schwerpunkt l Länge der Flüssigkeitssäule
Kraftgesetze für harmonische Schwingungen	$\vec{F} = -D \cdot \vec{y}$ $\vec{M} = -D \cdot \vec{\varphi}$	F Kraft D Richtgröße (Federkonstante) M Drehmoment φ Winkel
Energie eines harmonischen Oszillators	$E = \frac{1}{2} D \cdot y_{max}^2 = \frac{1}{2} m \cdot \omega^2 \cdot y_{max}^2$	m Masse
gedämpfte Schwingungen	$y = y_{max} \cdot e^{-\delta \cdot t} \cdot \sin(\omega \cdot t + \varphi_0)$	δ Abklingkoeffizient

Ph

Mechanische Wellen

Ausbreitungsgeschwindigkeit c von Wellen (Phasengeschwindigkeit)	$c = \lambda \cdot f$	λ Wellenlänge f Frequenz y Auslenkung y_{max} Amplitude t Zeit T Schwingungsdauer x Ort
Wellengleichung	$y = y_{max} \cdot \sin 2\pi\left(\frac{t}{T} - \frac{x}{\lambda}\right)$	
Energiedichte w einer Welle	$w = \frac{1}{2} \cdot \rho \cdot \omega^2 \cdot y_{max}^2$	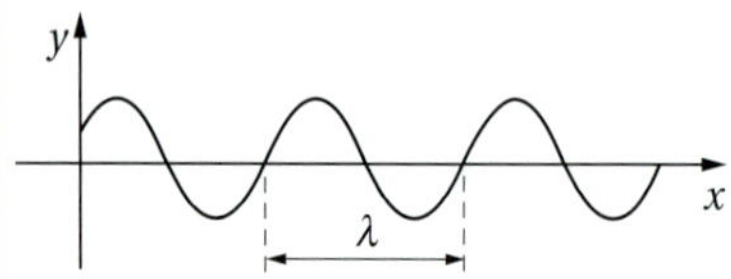
Energie E, die durch eine Welle transportiert wird	$E = \frac{1}{2} \cdot \rho \cdot \omega^2 \cdot y_{max}^2 \cdot A \cdot c \cdot t$	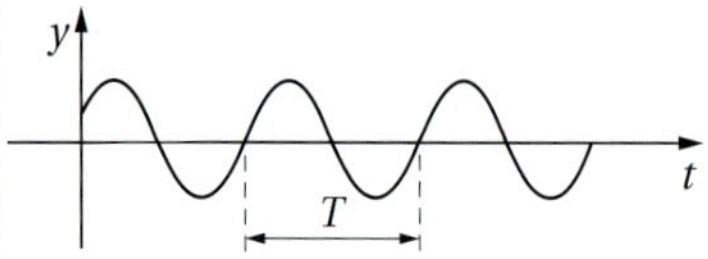 ρ Dichte des Mediums (↗ S. 74) ω Kreisfrequenz A Fläche c Ausbreitungsgeschwindigkeit

Schall und Schallausbreitung

Grundfrequenz f		
einer schwingenden Saite	$f = \frac{1}{2l}\sqrt{\frac{F}{\rho \cdot A}}$	l Länge der Saite bzw. Länge der schwingenden Luftsäule F Spannkraft ρ Dichte (↗ S. 74) A Querschnittsfläche c Schallgeschwindigkeit (↗ S. 76)
einer offenen Pfeife	$f = \frac{c}{2l}$	
einer geschlossenen Pfeife	$f = \frac{c}{4l}$	
Schallgeschwindigkeit c		κ Adiabatenkoeffizient $c_p : c_V$ (↗ S. 77) p Druck ρ Dichte (↗ S. 74) R_s spezifische Gaskonstante (↗ S. 77) T Temperatur in K α Kompressibilität E Elastizitätsmodul
in Gasen	$c = \sqrt{\kappa \cdot \frac{p}{\rho}} = \sqrt{\kappa \cdot R_s \cdot T}$	
in Flüssigkeiten	$c = \sqrt{\frac{1}{\rho \cdot \alpha}}$	
in festen Stoffen	$c = \sqrt{\frac{E}{\rho}}$	
Schallintensität I	$I = \frac{E}{t \cdot A}$ $\quad$ $I = \frac{P}{A}$	E Schallenergie t Zeit A Fläche P Leistung
Lautstärkepegel L_N	$L_N = 10 \cdot \lg \frac{I}{I_0}$	I_0 Schallintensität bei der Hörschwelle (10^{-12} W · m^{-2} bei 1 000 Hz)
Schalldruckpegel L_A	$L_A = 20 \cdot \lg \frac{p}{p_0}$	p Schalldruck p_0 Schalldruck bei der Hörschwelle ($2 \cdot 10^{-10}$ bar bei 1 000 Hz)

Wärmelehre

Wärme und Energie

Temperaturen T und ϑ	$\frac{T}{K} = \frac{\vartheta}{°C} + 273{,}15$ $\frac{\vartheta}{°C} = \frac{T}{K} - 273{,}15$	T thermodynamische Temperatur ϑ CELSIUS-Temperatur
Grundgleichung der Wärmelehre	Unter der Bedingung, dass keine Aggregatzustandsänderung auftritt, gilt: $Q = c \cdot m \cdot \Delta\vartheta$ $Q = c \cdot m \cdot \Delta T$ Bei Gasen ist zu unterscheiden zwischen: c_p für p = konstant (↗ S. 77) c_V für V = konstant (↗ S. 77)	Q Wärme c spezifische Wärmekapazität (↗ S. 76 f.) m Masse ϑ, T Temperatur p Druck V Volumen
Wärmekapazität C_{th}	$C_{th} = \frac{Q}{\Delta\vartheta} = \frac{Q}{\Delta T}$ $C_{th} = c \cdot m$	
Verbrennungswärme Q	$Q = H \cdot m$ Für gasförmige Stoffe gilt auch: $Q = H' \cdot V_0$	H Heizwert in MJ/kg (↗ S. 78) H' Heizwert in $MJ \cdot l^{-1}$ (↗ S. 78) V_0 Volumen in Normzustand (↗ S. 69)

Wärmeübertragung und Wärmeaustausch

Wärmeleitung	Unter der Bedingung einer stationären Wärmeleitung (ΔT = konstant) gilt: $Q = \frac{\lambda \cdot A \cdot t \cdot \Delta T}{l}$	Q Wärme λ Wärmeleitfähigkeit (↗ S. 77) A Querschnittsfläche t Zeit T Temperatur l Länge des Wärmeleiters
Wärmeleitwiderstand R_λ	$R_\lambda = \frac{l}{\lambda \cdot A}$	
Wärmestrom Φ_{th}	$\Phi_{th} = \frac{Q}{t}$	
Wärmeübergang	Unter der Bedingung ΔT = konstant gilt: $Q = \alpha \cdot A \cdot t \cdot \Delta T$	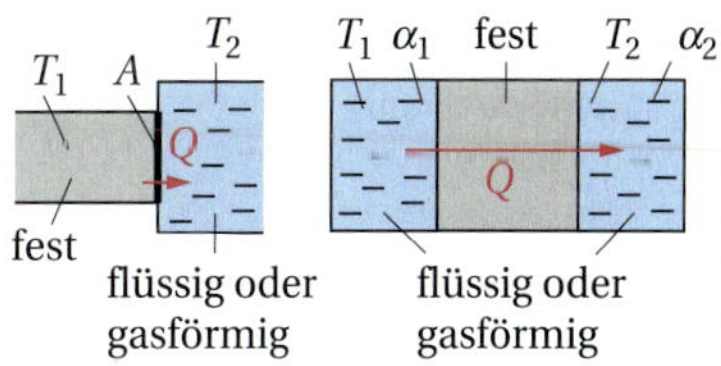
Wärmedurchgang	Unter der Bedingung, dass die Wärmeübertragung durch eine einschichtige Wand hindurch erfolgt, gilt: $Q = k \cdot A \cdot t \cdot \Delta T$ mit $\frac{1}{k} = \frac{1}{\alpha_1} + \frac{1}{\alpha_2} + \frac{l}{\lambda}$	α Wärmeübergangskoeffizient (↗ S. 77) k Wärmedurchgangskoeffizient (↗ S. 77)
Grundgesetz des Wärmeaustauschs	$Q_{zu} = Q_{ab}$	Q_{zu} zugeführte (aufgenommene) Wärme Q_{ab} abgegebene Wärme
richmannsche Mischungsregel	Unter der Bedingung, dass keine Aggregatzustandsänderung auftritt und die Wärmekapazität der Anordnung vernachlässigt wird, gilt: $\vartheta_M = \frac{c_1 \cdot m_1 \cdot \vartheta_1 + c_2 \cdot m_2 \cdot \vartheta_2}{c_1 \cdot m_1 + c_2 \cdot m_2}$	ϑ_M Mischungstemperatur ϑ_1, ϑ_2 Ausgangstemperaturen der Körper c_1, c_2 spezifische Wärmekapazitäten der Stoffe (↗ S. 76 f.) m_1, m_2 Massen der Körper

Strahlungsgesetze

Verschiebungsgesetz von WIEN	Für einen schwarzen Körper gilt: $\lambda_{max} \cdot T = k$	λ_{max} Wellenlänge, des Maximums der Strahlungsleistung k wiensche Konstante (↗ S. 69) T Temperatur P Strahlungsleistung A strahlende Fläche σ STEFAN-BOLTZMANN-Konstante (↗ S. 69) e Emissionsgrad a Absorptionsgrad P_s Strahlungsleistung des schwarzen Körpers
Strahlungsgesetz von STEFAN und BOLTZMANN	$P = \sigma \cdot e \cdot A \cdot T^4$ Für einen schwarzen Körper ($e = 1$) gilt: $P = \sigma \cdot A \cdot T^4$	
Strahlungsgesetz von KIRCHHOFF	$e(\lambda, T) = a(\lambda, T)$ $P = e \cdot P_s$	

Thermisches Verhalten von Festkörpern, Flüssigkeiten und Gasen

Längenänderung fester Körper Δl	$\Delta l = \alpha \cdot l_0 \cdot \Delta\vartheta$ $\quad$ $\Delta l = \alpha \cdot l_0 \cdot \Delta T$	α Längenausdehnungskoeffizient (↗ S. 76) l_0 Ausgangslänge ϑ, T Temperatur γ Volumenausdehnungskoeffizient (↗ S. 76) V_0 Ausgangsvolumen bei 0 °C β Spannungskoeffizient p Druck p_0 Ausgangsdruck bei 0 °C
Volumenänderung fester und flüssiger Körper ΔV	$\Delta V = \gamma \cdot V_0 \cdot \Delta\vartheta$ $\quad$ $\Delta V = \gamma \cdot V_0 \cdot \Delta T$ Für feste Körper gilt: $\gamma = 3 \cdot \alpha$	
Volumenänderung realer Gase (Gesetz von GAY-LUSSAC)	Unter der Bedingung p = konstant gilt: $\Delta V = \gamma \cdot V_0 \cdot \Delta\vartheta$ $\quad$ $\Delta V = \gamma \cdot V_0 \cdot \Delta T$ $V = V_0 (1 + \gamma \cdot \Delta\vartheta)$	
Druckänderung realer Gase (Gesetz von AMONTONS)	Unter der Bedingung V = konstant gilt: $\Delta p = \beta \cdot p_0 \cdot \Delta\vartheta$ $\quad$ $\Delta p = \beta \cdot p_0 \cdot \Delta T$ $p = p_0 (1 + \beta \cdot \Delta\vartheta)$	

Aggregatzustandsänderungen

Schmelzwärme Q_s (Erstarrungswärme)	$Q_s = q_s \cdot m$	q_s spezifische Schmelzwärme (↗ S. 78) m Masse q_v spezifische Verdampfungswärme (↗ S. 78) ϑ_s Schmelztemperatur (↗ S. 78) ϑ_v Siedetemperatur (↗ S. 78)
Verdampfungswärme Q_v (Kondensationswärme)	Unter der Bedingung p = konstant gilt: $Q_v = q_v \cdot m$	

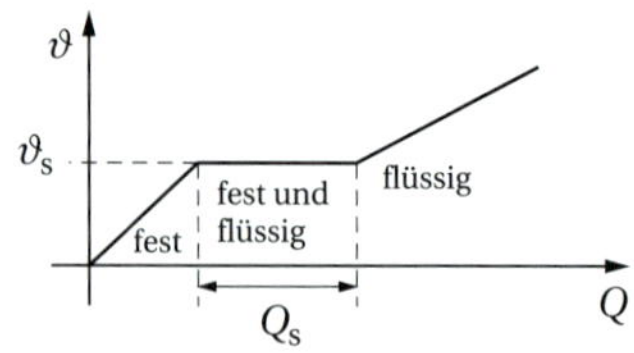

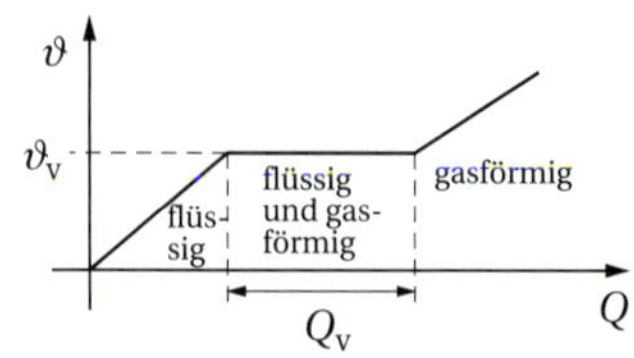

Hauptsätze der Wärmelehre, Enthalpie und Entropie

1. Hauptsatz der Wärmelehre	$\Delta U = Q + W$	U innere Energie Q Wärme W Arbeit
Volumenarbeit W	$W = -\int_{V_1}^{V_2} p\,(V)\,\mathrm{d}V$ Unter der Bedingung p = konstant gilt: $W = -p \cdot \Delta V$	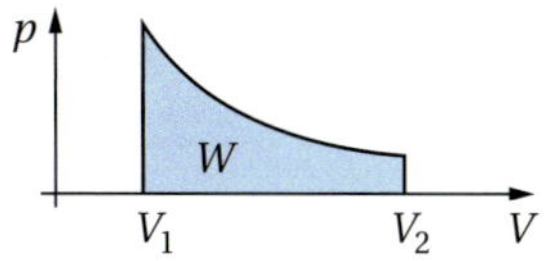
Enthalpie H (Wärmeinhalt)	$H = U + p \cdot V$ Für das ideale Gas gilt: $H = c_p \cdot m \cdot T$	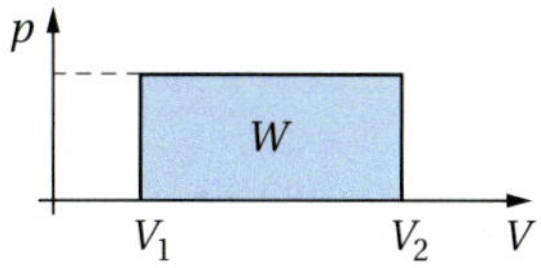
Entropie S	$\Delta S = \frac{Q_{rev}}{T}$ $\qquad$ $\Delta S = k \cdot \ln W$	
2. Hauptsatz der Wärmelehre	$\Delta S \geq 0$ Für reversible Prozesse gilt: $\Delta S = 0$ Für irreversible Prozesse gilt: $\Delta S > 0$	p Druck V Volumen Q_{rev} reversibel aufgenommene Wärme k BOLTZMANN-Konstante (↗ S. 69) W thermodynamische Wahrscheinlichkeit

Thermisches Verhalten des idealen Gases

Normzustand des idealen Gases	$\vartheta_0 = 0\ °\mathrm{C}$ $\qquad$ $T_0 = 273{,}15\ \mathrm{K}$ $p_0 = 1{,}013\,25 \cdot 10^5\ \mathrm{Pa} = 101{,}325\ \mathrm{kPa}$ $V_0 = 2{,}241\,4 \cdot 10^{-2}\ \mathrm{m^3 \cdot mol^{-1}}$	ϑ_0, T_0 Normtemperatur p_0 Normdruck V_0 molares Normvolumen
thermische Zustandsgleichung des idealen Gases	Unter der Bedingung m = konstant gilt: $\frac{p \cdot V}{T}$ = konstant $\qquad$ $\frac{p_1 \cdot V_1}{T_1} = \frac{p_2 \cdot V_2}{T_2}$ $p \cdot V = n \cdot R \cdot T$ $\qquad$ $p \cdot V = m \cdot R_s \cdot T$	V Volumen p Druck T Temperatur n Stoffmenge R_s spezifische Gaskonstante (↗ S. 77)
Gaskonstanten	$R_s = \frac{R}{M}$ $\qquad$ $R_s = c_p - c_V$ $\qquad$ $R = k \cdot N_A$	R universelle Gaskonstante (↗ S. 69)
isotherme Zustandsänderung (Gesetz von BOYLE und MARIOTTE)	Unter der Bedingung T = konstant gilt: $p \cdot V$ = konstant $\qquad$ $p_1 \cdot V_1 = p_2 \cdot V_2$	m Masse c_p spezifische Wärmekapazität bei konstantem Druck (↗ S. 77) c_V spezifische Wärmekapazität bei konstantem Volumen (↗ S. 77)
isobare Zustandsänderung (Gesetz von GAY-LUSSAC)	Unter der Bedingung p = konstant gilt: $\frac{V}{T}$ = konstant $\qquad$ $\frac{V_1}{T_1} = \frac{V_2}{T_2}$	k BOLTZMANN-Konstante (↗ S. 69) M molare Masse N_A AVOGADRO-Konstante (↗ S. 69)
isochore Zustandsänderung (Gesetz von AMONTONS)	Unter der Bedingung V = konstant gilt: $\frac{p}{T}$ = konstant $\qquad$ $\frac{p_1}{T_1} = \frac{p_2}{T_2}$	
adiabatische Zustandsänderung (Gesetze von POISSON)	Unter der Bedingung $Q = 0$ gilt: $\mathrm{p} \cdot \mathrm{V}^{\kappa}$ = konstant $\qquad$ $p_1 \cdot V_1^{\kappa} = p_2 \cdot V_2^{\kappa}$ $\frac{T_1}{T_2} = \left(\frac{V_2}{V_1}\right)^{\kappa - 1}$ $\qquad$ $\frac{T_1}{T_2} = \left(\frac{p_1}{p_2}\right)^{\frac{\kappa - 1}{\kappa}}$	κ Adiabatenkoeffizient (POISSON-Konstante) (↗ S. 77) $\kappa = \frac{5}{3} \approx 1{,}67$ (einatomiges Gas) $\kappa = \frac{7}{5} \approx 1{,}40$ (zweiatomiges Gas)

Reale Gase

van der waalssche Zustandsgleichung	$\left(p + \frac{a \cdot n^2}{V^2}\right) \cdot (V - b \cdot n) = n \cdot R \cdot T$	a, b van der waalssche Konstanten V Volumen R universelle Gaskonstante (↗ S. 69) T Temperatur n Stoffmenge

Kinetische Theorie der Wärme

Die folgenden Gleichungen gelten für das ideale Gas unter Normbedingungen.

Anzahl der Gasteilchen N	$N = N_A \cdot n$	n Stoffmenge N_A AVOGADRO-Konstante (↗ S. 69)
molares Volumen V_m	$V_m = \frac{V}{n}$	V Volumen
molare Masse M	$M = \frac{m}{n}$	m Masse
Masse eines Teilchens m_T	$m_T = \frac{m}{N}$ $m_T = \frac{M}{N_A}$	
mittlere Geschwindigkeit der Teilchen $\bar{v}$	$\bar{v} = \sqrt{\frac{3R \cdot T}{M}} = \sqrt{3R_s \cdot T}$ $\bar{v} \approx \sqrt{\frac{3p}{\rho}}$	R universelle Gaskonstante (↗ S. 69) R_s spezifische Gaskonstante (↗ S. 77)
wahrscheinlichste Geschwindigkeit der Teilchen v_W	$v_W = \sqrt{2R_s \cdot T} = \sqrt{\frac{2R \cdot T}{M}}$ $v_W = 0{,}886\ \bar{v}$	T Temperatur v Geschwindigkeit M molare Masse k BOLTZMANN-Konstante (↗ S. 69)
mittlere kinetische Energie $\overline{E_{kin}}$ der Teilchen	$\overline{E_{kin}} = \frac{3}{2} k \cdot T$ $k = \frac{R}{N_A}$	
Grundgleichung der kinetischen Gastheorie	$p \cdot V = \frac{1}{3} \cdot N \cdot m_T \cdot \overline{v^2}$ $p \cdot V = N \cdot k \cdot T$ $p \cdot V = m \cdot R_s \cdot T$ $p \cdot V = n \cdot R \cdot T$ $p \cdot V = \frac{2}{3} \cdot N \cdot \overline{E_{kin}}$ $p = \frac{1}{3} \rho \cdot \overline{v^2}$	p Druck ρ Dichte (↗ S. 74)
innere Energie U	$U = N \cdot \overline{E_{kin}}$ $U = \frac{1}{2} f \cdot n \cdot R \cdot T$	f Anzahl der Freiheitsgrade ($f = 3$ für einatomiges Gas, $f = 5$ für zweiatomiges Gas)

Leistung und Wirkungsgrad

Leistung von Wärmequellen P_{th} (thermische Leistung)	$P_{th} = \frac{Q_{ab}}{t}$	Q_{ab} abgegebene (nutzbare) Wärme t Zeit
Wirkungsgrad η von Wärmequellen	$\eta = \frac{Q_{ab}}{Q_{zu}}$	Q_{zu} zugeführte (aufgewandte) Wärme
thermischer Wirkungsgrad η	Unter der Bedingung eines CARNOT- oder STIRLING-Prozesses gilt: $\eta = \frac{Q_{zu} - Q_{ab}}{Q_{zu}}$ $\eta = 1 - \frac{T_{ab}}{T_{zu}}$	T_{zu} Temperatur, bei der Wärme zugeführt wurde T_{ab} Temperatur, bei der Wärme abgegeben wurde

Elektrizitätslehre

Schaltzeichen und Symbole

	Leiter, Kabel, Stromweg		Buchse und Stecker		NTC-Widerstand (Heißleiter)
L1 L2 L3 PEN	Dreiphasen-Vierleitersystem		Spannungsquelle (allgemein)		PTC-Widerstand (Kaltleiter)
	Kreuzung von Leitern ohne Verbindung		galvanische Spannungsquelle (Batterie)	G	Generator
	Leitungsverzweigung: fest, lösbar		Widerstand (allgemein)	M	Motor
	Erde (allgemein)		stellbarer Widerstand		Kondensator stellbar
	Schutzerde		Schalter als Schließer Öffner		Elektrolytkondensator
	Masse		Taster als Schließer Öffner		Fotowiderstand
	Gehäuse		handbetätigter Schalter (allgemein)		Diode
	Schutzisolierung		Glühlampe		Lichtemitterdiode (LED)
	Sicherung		Glimmlampe		Fotoelement
	Antenne		Spule, Drossel		npn-Transistor
	Hörer		Spule mit Eisenkern	G D S	Feldeffekttransistor
	Lautsprecher		Transformator	V	Spannungsmessgerät
	Klingel		Dauermagnet	A	Stromstärkemessgerät

Einfacher Gleichstromkreis

elektrische Spannung U	$U = \varphi_2 - \varphi_1$ $\quad U = U_0 - I \cdot R_i$ $U = \frac{W}{Q}$ $\quad U = \frac{P}{I}$ $\quad U = I \cdot R$	φ_1 elektrisches Potential im Punkt 1 φ_2 elektrisches Potential im Punkt 2 U_0 Urspannung der Spannungsquelle R_i Innenwiderstand der Spannungsquelle Q elektrische Ladung t Zeit
elektrische Stromstärke I	$I = \frac{dQ}{dt}$ $\quad I = \frac{\Delta Q}{\Delta t}$ Unter der Bedingung eines stationären Stromes (I = konstant) gilt: $I = \frac{Q}{t}$	
elektrischer Widerstand R	$R = \frac{U}{I}$	
elektrischer Leitwert G	$G = \frac{1}{R}$	
elektrische Leistung P	$P = U \cdot I$ $\quad P = \frac{W}{t}$	
elektrische Arbeit W	$W = P \cdot t$ $\quad W = U \cdot I \cdot t$	
ohmsches Gesetz	Unter der Bedingung ϑ = konstant gilt: $U \sim I$ $\quad \frac{U}{I}$ = konstant $\quad \frac{U}{I} = R$	
Widerstandsgesetz	Unter der Bedingung ϑ = konstant gilt: $R = \frac{\rho \cdot l}{A}$	ρ spezifischer elektrischer Widerstand (↗ S. 79) l Länge des Leiters A Querschnittsfläche
elektrische Leitfähigkeit γ	$\gamma = \frac{1}{\rho}$	
Temperaturabhängigkeit des elektrischen Widerstandes	Unter der Bedingung kleiner Temperaturdifferenzen gilt: $\Delta R = \alpha \cdot R_{20} \cdot \Delta\vartheta$ $\quad$ mit $\Delta\vartheta = \vartheta - 20\,°C$ $R_\vartheta = R_{20}\,(1 + \alpha \cdot \Delta\vartheta)$ Unter der Bedingung größerer Temperaturdifferenzen gilt: $R = R_{20}\,[1 + \alpha \cdot \Delta\vartheta + \beta(\Delta\vartheta)^2]$	R_ϑ Widerstand bei der Temperatur ϑ R_{20} Widerstand bei 20 °C ϑ Temperatur α, β Temperaturkoeffizienten (Temperaturbeiwerte)

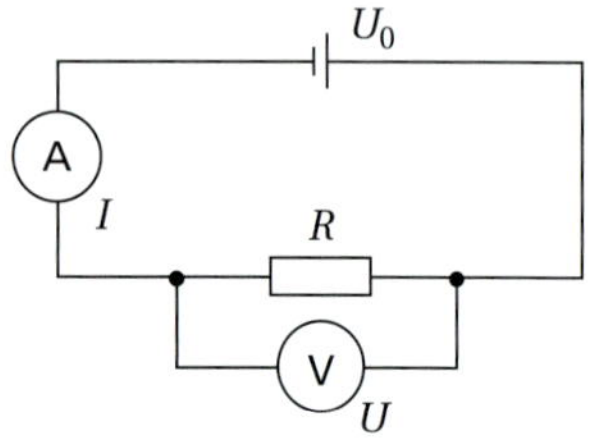

Unverzweigter und verzweigter Gleichstromkreis

Reihenschaltung von Widerständen	**Parallelschaltung von Widerständen**
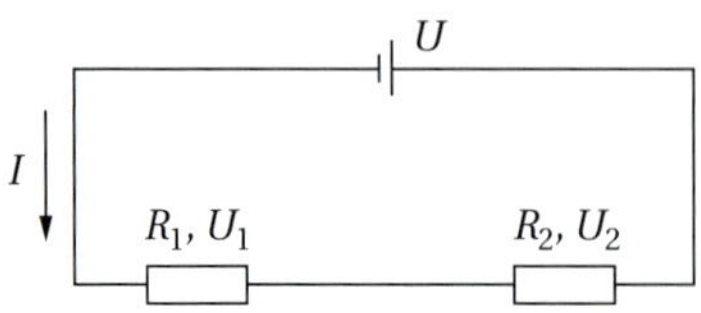	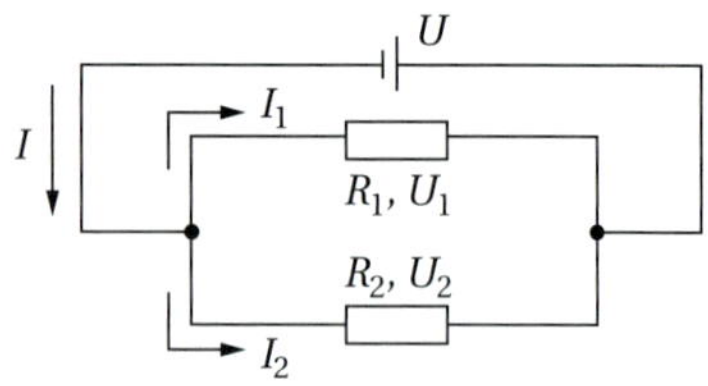
$I = I_1 = I_2 = \ldots = I_n$	$I = I_1 + I_2 + \ldots + I_n$
$U = U_1 + U_2 + \ldots + U_n$	$U = U_1 = U_2 = \ldots = U_n$
$R = R_1 + R_2 + \ldots + R_n$	$\frac{1}{R} = \frac{1}{R_1} + \frac{1}{R_2} + \ldots + \frac{1}{R_n}$
Spannungsteilerregel: $\frac{U_1}{U_2} = \frac{R_1}{R_2}$	Stromteilerregel: $\frac{I_1}{I_2} = \frac{R_2}{R_1}$

Reihenschaltung von Spannungsquellen	Parallelschaltung von Spannungsquellen
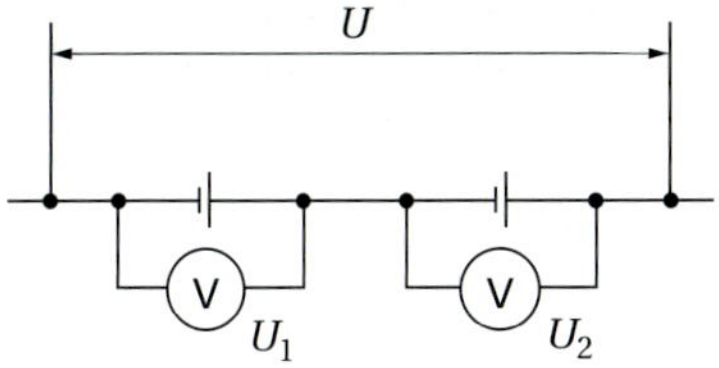	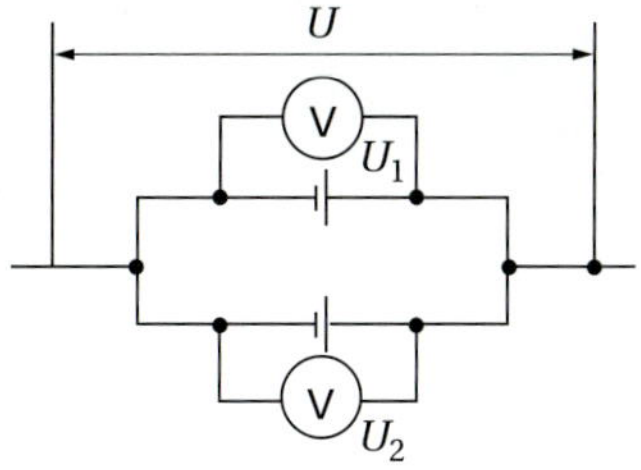
$U = U_1 + U_2 + \ldots + U_n$	Unter der Bedingung gleicher Spannungsquellen gilt: $U = U_1 = U_2 = \ldots = U_n$
1. kirchhoffsches Gesetz (Knotenpunktsatz)	**2. kirchhoffsches Gesetz (Maschensatz)**
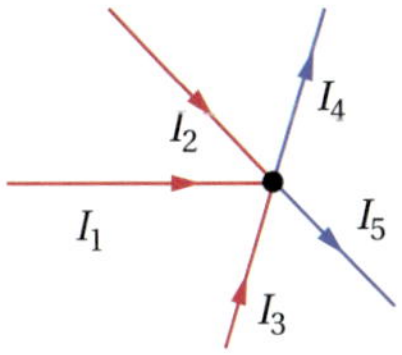	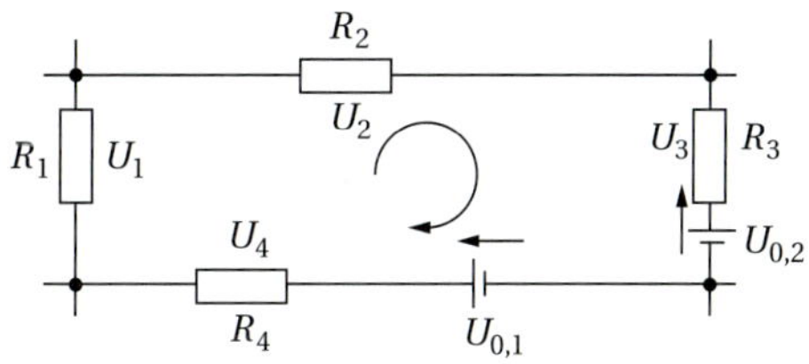
$\sum I_{zu} = \sum I_{ab}$ $\quad \sum_{k=1}^{n} I_k = 0$	$\sum_{i=1}^{n} U_i = \sum_{i=1}^{n} R_i \cdot I_i = \sum_{k=1}^{m} U_{0,k}$

Internationaler Farbcode für Widerstände der Reihen E6, E12, E24

Farbe	1. Ziffer	2. Ziffer	Multiplikator	Toleranz
Schwarz	0	0	x 1 Ω	–
Braun	1	1	x 10 Ω	± 1 %
Rot	2	2	x 100 Ω	± 2 %
Orange	3	3	x 1 000 Ω	–
Gelb	4	4	x 10 000 Ω	–
Grün	5	5	x 100 000 Ω	–
Blau	6	6	x 1 000 000 Ω	–
Violett	7	7	–	–
Grau	8	8	–	–
Weiß	9	9		–
Gold	–	–	x 0,1 Ω	± 5 %
Silber	–		x 0,01 Ω	± 10 %

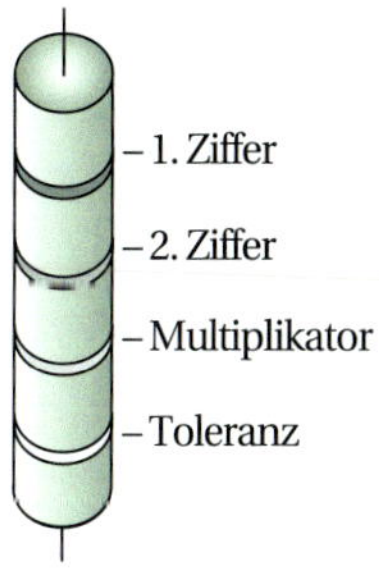

Ausgewählte Grundschaltungen

Spannungsteilerschaltung (Potenziometerschaltung)

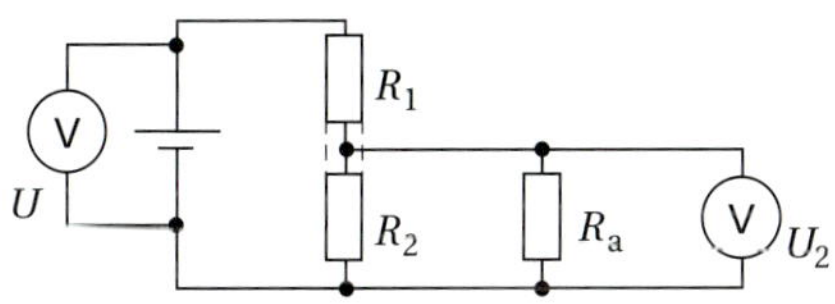

U	Gesamtspannung
U_2	Teilspannung
R_1, R_2	Teilwiderstände
R_a	Lastwiderstand

$$U_2 = \frac{R_2}{R_1 + R_2 + \frac{R_1 \cdot R_2}{R_a}} \cdot U$$

Zusammenhänge im vollständigen Stromkreis

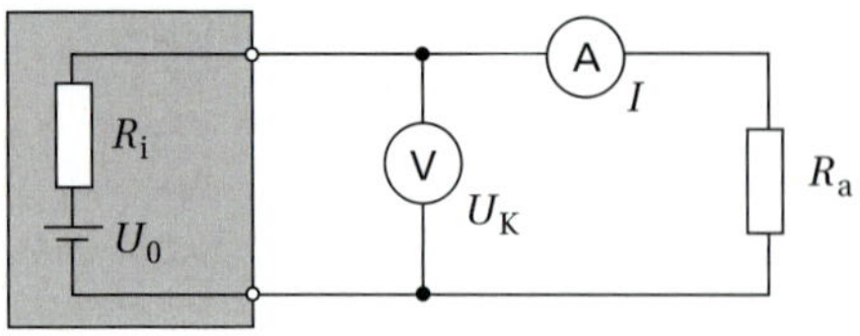

Für die Klemmenspannung gilt: $U_K = U_0 - (I \cdot R_i)$

Für die Stromstärke gilt: $I = \frac{U_0}{R_i + R_a}$

R_i	Innenwiderstand der Spannungsquelle
U_0	Urspannung der Spannungsquelle (Leerlaufspannung)
I	Stromstärke
R_a	Außenwiderstand
U_K	Klemmenspannung

Leerlauf:	$R_a \to \infty$	$I = 0$	$U_K = U_0$
Kurzschluss:	$R_a \to 0$	$I = \frac{U_0}{R_i}$	$U_K \to 0$
Anpassung (maximale Leistung):			$R_a = R_i$

Brückenschaltung (wheatstonesche Brücke)

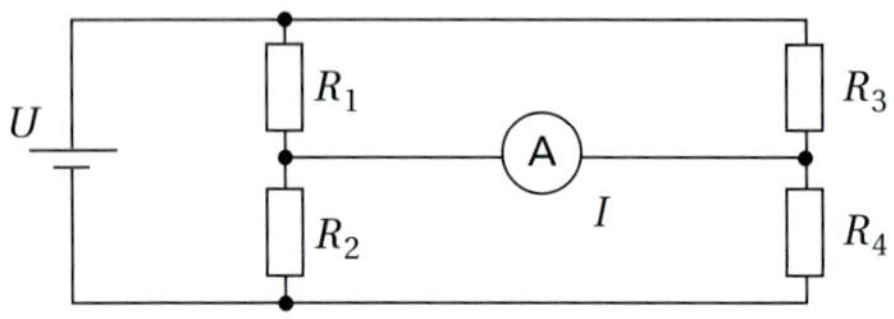

U	Gesamtspannung
I	Stromstärke in der Brücke
R_1, R_2, R_3, R_4	Teilwiderstände

Abgleichbedingung: $I = 0$ $\quad \frac{R_1}{R_2} = \frac{R_3}{R_4}$

Elektrisches Feld

elektrische Ladung Q	$Q = N \cdot e$ $Q = \int_{t_1}^{t_2} I(t)\,\mathrm{d}t$ Unter der Bedingung I = konstant gilt: $Q = I \cdot t$	N Anzahl der Elektronen e Elementarladung (↗ S. 69) I Stromstärke t Zeit
coulombsches Gesetz	Unter der Bedingung, dass Punktladungen vorliegen, gilt: $F = \frac{1}{4\pi \cdot \varepsilon_0 \cdot \varepsilon_r} \cdot \frac{Q_1 \cdot Q_2}{r^2}$	F Kraft ε_0 elektrische Feldkonstante (↗ S. 69) ε_r Permittivitätszahl (↗ S. 80) r Abstand der Punktladungen voneinander
elektrische Feldstärke E	$\vec{E} = \frac{\vec{F}}{Q}$ Unter der Bedingung eines homogenen elektrisches Feldes gilt: $E = \frac{U}{s}$	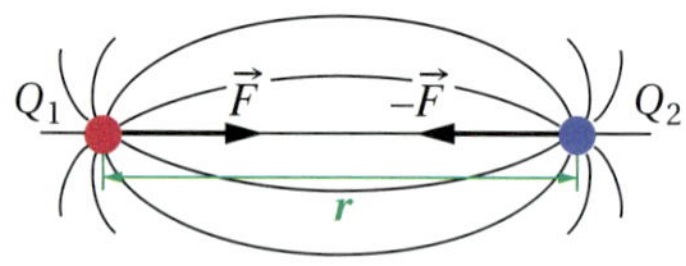 s Abstand der Punkte, zwischen denen die Spannung U besteht
elektrische Flussdichte D (dielektrische Verschiebung)	$\vec{D} = \varepsilon_0 \cdot \varepsilon_r \cdot \vec{E}$	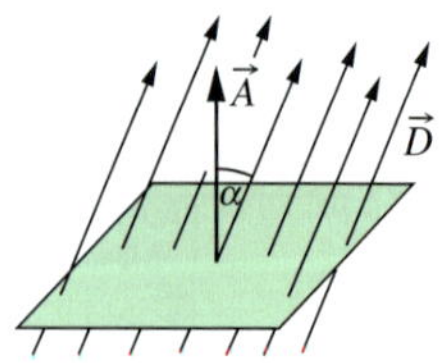
Dielektrizitätskonstante ε	$\varepsilon = \varepsilon_0 \cdot \varepsilon_r$ Für das Vakuum gilt: $\varepsilon_r = 1$	
elektrischer Fluss ψ	$\psi = \int \vec{D}\,\mathrm{d}\vec{A}$ Unter der Bedingung $\vec{D}$ = konstant und $\vec{D} \parallel \vec{A}$ gilt: $\psi = D \cdot A$	A Fläche

elektrisches Potenzial φ	allgemein: $\varphi = \int_{s_0}^{s_1} \vec{E}(s)\,\mathrm{d}\vec{s}$	im Radialfeld: $\varphi = \frac{1}{4\pi \cdot \varepsilon_0 \cdot \varepsilon_r} \cdot \frac{Q}{r}$	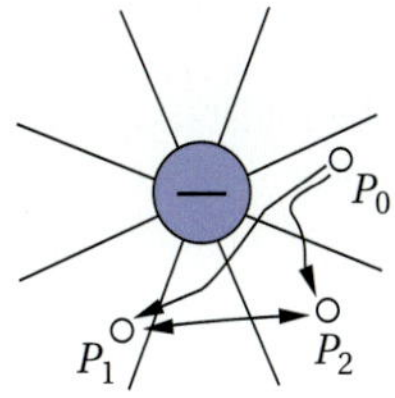
elektrische Spannung U	$U = \Delta\varphi = \varphi_2 - \varphi_1$ In einem homogenen Feld gilt: $U = \frac{W}{Q}$	$U = \int_{s_1}^{s_2} \vec{E}(s)\,\mathrm{d}\vec{s}$ $U = \vec{E} \cdot \vec{s}$	φ_1 elektrisches Potential im Punkt P_1 φ_2 elektrisches Potential im Punkt P_2 s Weg W Arbeit im elektrischen Feld Q Ladung

Kondensatoren

Kapazität C eines Kondensators	$C = \frac{Q}{U}$		Q Ladung U Spannung d Abstand der Platten
Durchschlagsfestigkeit E_d	$E_d = \frac{U}{d}$		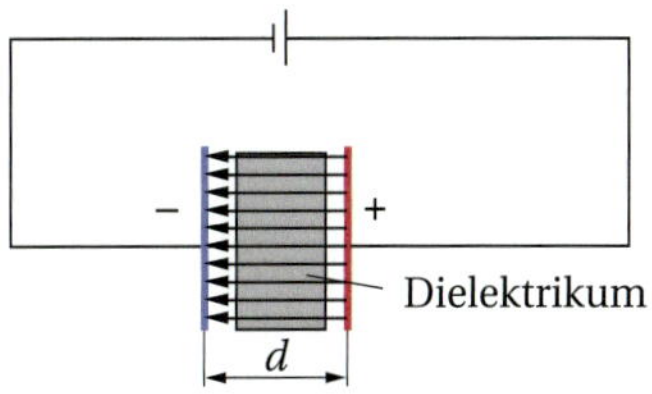
elektrische Feldstärke E in einem Plattenkondensator	$E = \frac{U}{d}$		
Kapazität C eines Plattenkondensators	$C = \varepsilon_0 \cdot \varepsilon_r \cdot \frac{A}{d}$		ε_0 elektrische Feldkonstante (↗ S. 69) ε_r Permittivitätszahl (↗ S. 80) A Fläche d Abstand der Platten
Energie E des elektrischen Feldes eines Kondensators	$E = \frac{1}{2} C \cdot U^2$		
Aufladen eines Kondensators	$U_C = U \cdot \left(1 - e^{-\left(\frac{t}{R \cdot C}\right)}\right)$	$I = I_0 \cdot e^{-\left(\frac{t}{R \cdot C}\right)}$	U_C Spannung am Kondensator R ohmscher Widerstand C Kapazität t Zeit I Stromstärke I_0 Anfangsstromstärke
Entladen eines Kondensators	$U_C = U \cdot e^{-\left(\frac{t}{R \cdot C}\right)}$	$I = -I_0 \cdot e^{-\left(\frac{t}{R \cdot C}\right)}$	
Zeitkonstante τ	$\tau = R \cdot C$		

Reihenschaltung von Kondensatoren	**Parallelschaltung von Kondensatoren**
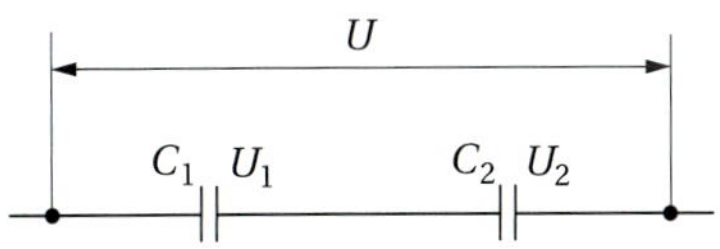	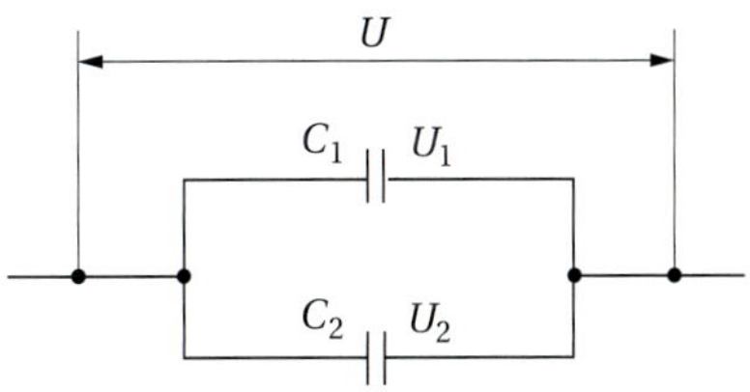
$\frac{1}{C} = \frac{1}{C_1} + \frac{1}{C_2} + \ldots + \frac{1}{C_n}$	$C = C_1 + C_2 + \ldots + C_n$
$U = U_1 + U_2 + \ldots + U_n$	$U = U_1 = U_2 = \ldots = U_n$

Magnetisches Feld

magnetische Feldstärke H	Für das Feld außerhalb eines geraden stromdurchflossenen Leiters gilt: $H = \frac{I}{2\pi \cdot r}$ Für das Feld im Inneren einer langen stromdurchflossenen Spule gilt: $H = \frac{N \cdot I}{l}$ Für das Feld im Inneren einer kurzen stromdurchflossenen Zylinderspule gilt: $H = \frac{N \cdot I}{\sqrt{4r^2 + l^2}}$	I Stromstärke r Abstand vom Leiter 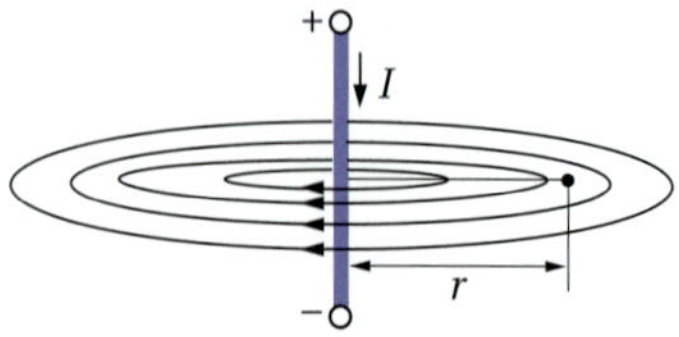 N Windungszahl der Spule l Länge der Spule r Radius der Windungen
magnetische Flussdichte B (magnetische Induktion)	$\vec{B} = \mu_0 \cdot \mu_r \cdot \vec{H}$ Für das Feld außerhalb eines geraden stromdurchflossenen Leiters gilt: $B = \mu_0 \cdot \mu_r \cdot \frac{I}{2\pi \cdot r}$ Für das Feld im Inneren einer langen stromdurchflossenen Spule gilt: $B = \mu_0 \cdot \mu_r \cdot \frac{N \cdot I}{l}$	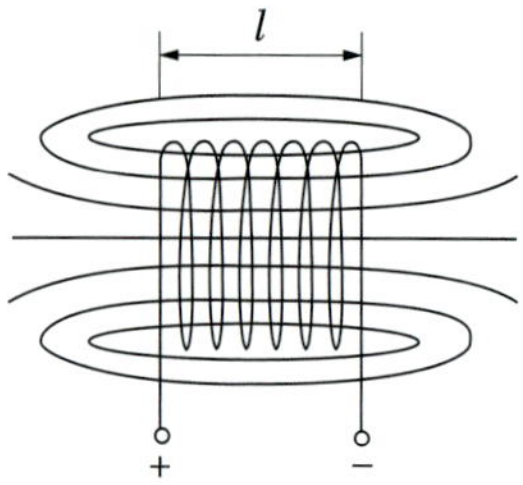
magnetischer Fluss Φ	$\Phi = \int \vec{B}\, d\vec{A}$ Unter der Bedingung $\vec{B}$ = konstant und $\vec{B} \parallel \vec{A}$ bzw. $\vec{B}$ senkrecht zur Fläche gilt: $\Phi = B \cdot A$	μ_0 magnetische Feldkonstante (↗ S. 69) μ_r Permeabilitätszahl (↗ S. 80) A Fläche 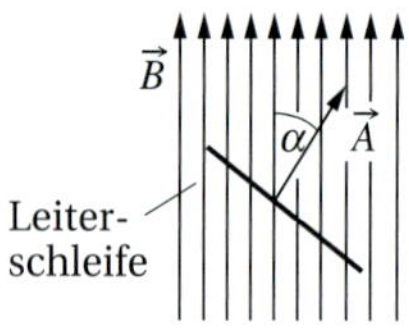
magnetische Spannung V	$V = \int_{P_1}^{P_2} \vec{H}(s)\, d\vec{s}$ In einem homogenen Feld gilt: $V = \vec{H} \cdot \vec{s}$	H magnetische Feldstärke
magnetischer Widerstand R_m	$R_m = \frac{V}{\Phi}$ $R_m = \frac{l}{\mu_0 \cdot \mu_r \cdot A}$	s Weg l Länge Φ magnetischer Fluss
Kraft F_L auf einen bewegten Ladungsträger (LORENTZ-Kraft)	$\vec{F}_L = Q \cdot (\vec{v} \times \vec{B})$ Unter der Bedingung $\vec{v} \perp \vec{B}$ gilt: $F_L = Q \cdot v \cdot B$	Q Ladung v Geschwindigkeit B magnetische Flussdichte I Stromstärke
Kraft F auf einen stromdurchflossenen Leiter	$\vec{F} = l \cdot (\vec{I} \times \vec{B})$ Unter der Bedingung $\vec{I} \perp \vec{B}$ gilt: $F = l \cdot I \cdot B$	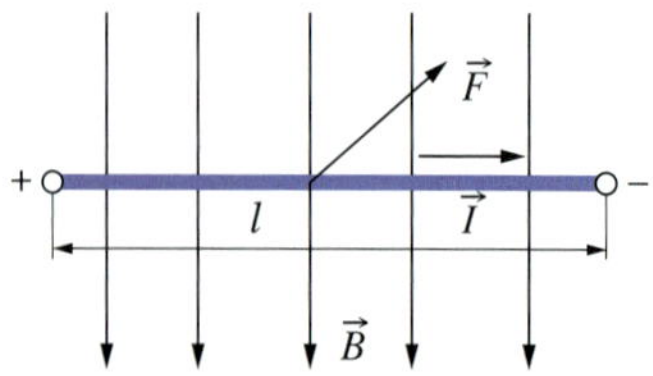
Energie E des magnetischen Feldes einer stromdurchflossenen Spule	$E = \frac{1}{2} L \cdot I^2$	L Induktivität der Spule
Energiedichte ω des magnetischen Feldes	$\omega = \frac{E}{V}$ $\omega = \frac{1}{2} B \cdot H$	V Volumen

Elektromagnetisches Feld

Induktionsgesetz	$U_i = -\frac{d\Phi}{dt}$ Unter den Bedingungen einer gleichmäßigen Änderung des magnetischen Feldes und $B \perp A$ gilt für eine Spule: $U_i = -N \cdot \frac{\Delta(B \cdot A)}{\Delta t}$ Für einen bewegten Leiter mit $\vec{v} \perp \vec{B}$ gilt: $U_i = -B \cdot l \cdot v$	U_i induzierte Spannung t Zeit N Windungszahl s Weg B magnetische Flussdichte A Fläche 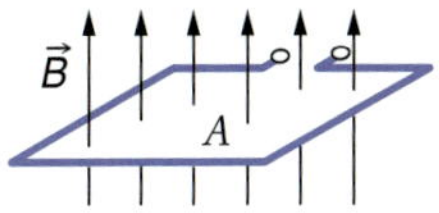
Selbstinduktionsspannung U_i in einer Spule	$U_i = -L \cdot \frac{dI}{dt}$ Unter der Bedingung einer gleichmäßigen Änderung der Stromstärke gilt: $U_i = -L \cdot \frac{\Delta I}{\Delta t}$	v Geschwindigkeit des Leiters l Länge des Leiters bzw. der Spule 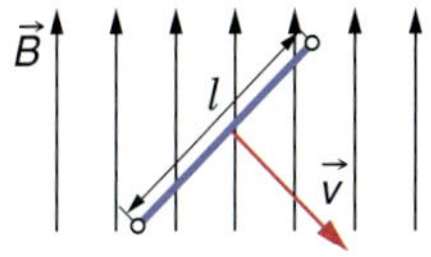
Induktivität L einer Spule	Für eine lange Spule gilt: $L = \frac{\mu_0 \cdot \mu_r \cdot N^2 \cdot A}{l}$	t Zeit I Stromstärke μ_0 magnetische Feldkonstante (↗ S. 69) μ_r Permeabilitätszahl (↗ S. 80)

Wechselstromkreis

Stromstärke I im Wechselstromkreis	Momentanwert: $i = i_{max} \cdot \sin(\omega \cdot t + \varphi_0)$ Effektivwert: $I = \frac{1}{\sqrt{2}}\, i_{max} \approx 0{,}7\, i_{max}$	ω Kreisfrequenz i Momentanwert t Zeit i_{max} Scheitelwert I Effektivwert
Spannung U im Wechselstromkreis	Momentanwert: $u = u_{max} \cdot \sin(\omega \cdot t + \varphi_0)$ Effektivwert: $U = \frac{1}{\sqrt{2}}\, u_{max} \approx 0{,}7\, u_{max}$	φ_0 Phasenwinkel u Momentanwert u_{max} Scheitelwert
Scheinleistung S	$S = U \cdot I$ $\quad S = \sqrt{P^2 + Q^2}$	U Effektivwert
Wirkleistung P	$P = U \cdot I \cdot \cos\varphi$	$\cos\varphi$ Leistungsfaktor
Blindleistung Q	$Q = U \cdot I \cdot \sin\varphi$	φ Phasenverschiebungswinkel

Widerstände im Wechselstromkreis

ohmscher Widerstand R	**induktiver Widerstand X_L**	**kapazitiver Widerstand X_C**
$R = \frac{U}{I}$	$X_L = \frac{U}{I}$	$X_C = \frac{U}{I}$
Für einen metallischen Leiter gilt unter der Bedingung ϑ = konstant $R = \frac{\rho \cdot l}{A}$	Für eine Spule gilt: $X_L = \omega \cdot L$	Für einen Kondensator gilt: $X_C = \frac{1}{\omega \cdot C}$
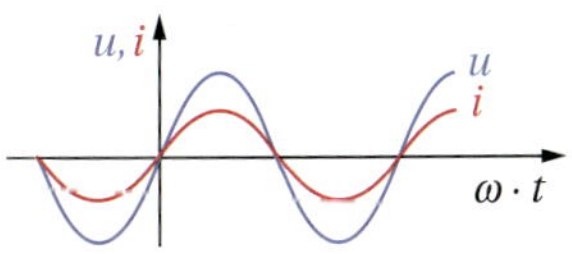 $\varphi = 0$	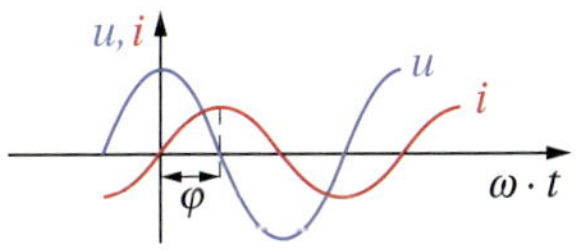 $\varphi = +\frac{\pi}{2}$	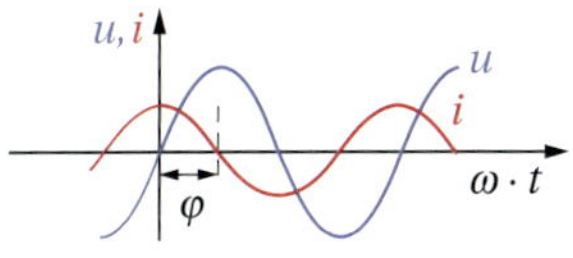 $\varphi = -\frac{\pi}{2}$

	Reihenschaltung von R, X_L und X_C	Parallelschaltung von R, X_L und X_C
Schaltplan	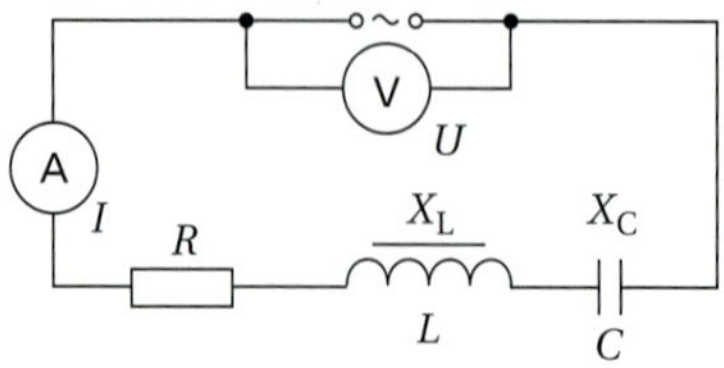	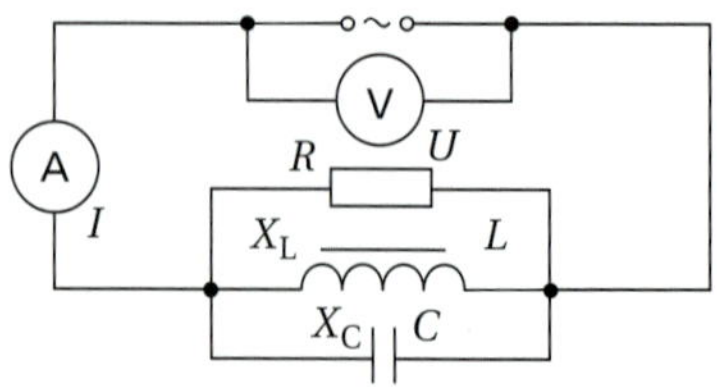
Zeigerdiagramm	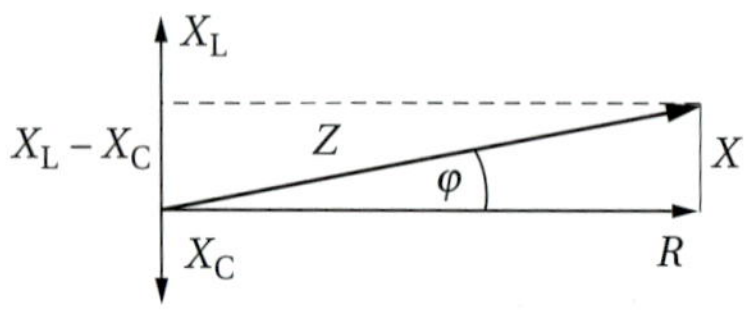	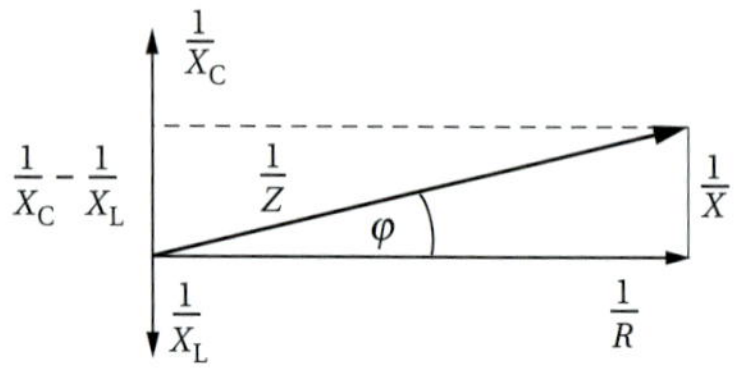
Blindwiderstand X	$X = \omega \cdot L - \frac{1}{\omega \cdot C}$	$\frac{1}{X} = \omega \cdot C - \frac{1}{\omega \cdot L}$
Scheinwiderstand Z	$Z = \sqrt{R^2 + X^2}$ $\quad Z = \frac{U}{I}$	$\frac{1}{Z} = \sqrt{\frac{1}{R^2} + \frac{1}{X^2}}$
Phasenverschiebung $\tan\varphi$	$\tan\varphi = \frac{X_L - X_C}{R} = \frac{\omega L - \frac{1}{\omega C}}{R}$	$\tan\varphi = R\left(\frac{1}{X_C} - \frac{1}{X_L}\right) = R\left(\omega C - \frac{1}{\omega L}\right)$

Transformator

Spannungsübersetzung für einen idealen Transformator	Unter der Bedingung $I_2 \to 0$ (Leerlauf) gilt: $\frac{U_1}{U_2} = \frac{N_1}{N_2}$	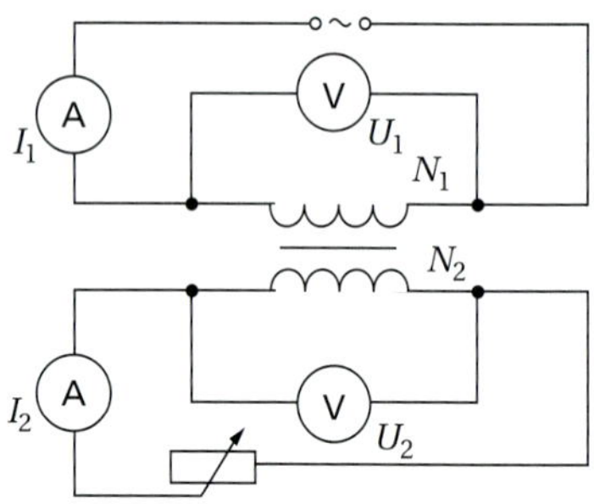
Stromstärkeübersetzung für einen idealen Transformator	Unter der Bedingung $I_2 \to \infty$ (Kurzschluss) gilt: $\frac{I_1}{I_2} = \frac{N_2}{N_1}$	
Übersetzungsverhältnis $ü$	$ü = \frac{N_1}{N_2}$	
Leistungsübersetzung	$P_1 = P_2 + P_v$ $U_1 \cdot I_1 \cdot \cos\varphi_1 = U_2 \cdot I_2 \cdot \cos\varphi_2 + P_v$ Unter der Bedingung der Vernachlässigung aller Verluste, einer starken Belastung und $\varphi_1 = \varphi_2$ gilt: $U_1 \cdot I_1 = U_2 \cdot I_2$ $\quad \frac{U_1}{U_2} = \frac{I_2}{I_1} = ü$	U Spannung I Stromstärke N Windungszahl P Leistung P_v Verlustleistung φ Phasenverschiebungswinkel
Wirkungsgrad η eines Transformators	$\eta = \frac{P_{ab}}{P_{zu}}$	P_{ab} abgegebene Leistung P_{zu} zugeführte Leistung
Nennscheinleistung S_N	bei Einphasenwechselstrom: $S_N = U_2 \cdot I_2$ bei Drehstrom: $S_N = \sqrt{3} \cdot U_2 \cdot I_2$	U_2 Nennspannung (Ausgangsseite) I_2 Nennstromstärke (Ausgangsseite)

Elektromagnetische Schwingungen

thomsonsche Schwingungsgleichung	$T = 2\pi \cdot \sqrt{L \cdot C}$	T Schwingungsdauer L Induktivität C Kapazität R ohmscher Widerstand 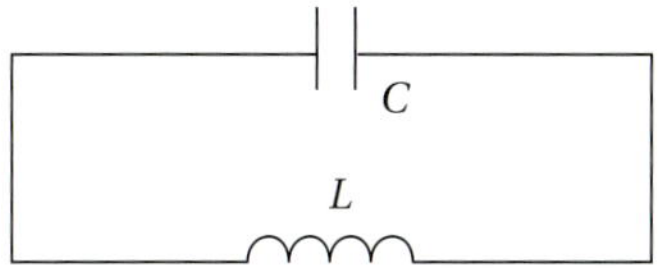
Eigenfrequenz f eines elektrischen Schwingkreises (ungedämpft)	Unter der Bedingung einer freien und ungedämpften Schwingung ($R = 0$) gilt: $f = \frac{1}{2\pi \cdot \sqrt{L \cdot C}}$	
Eigenfrequenz f eines elektrischen Schwingkreises (gedämpft)	Unter der Bedingung einer freien Schwingung gilt: $f = \frac{1}{2\pi} \sqrt{\frac{1}{L \cdot C} - \frac{R^2}{4L^2}}$	L Induktivität C Kapazität R ohmscher Widerstand 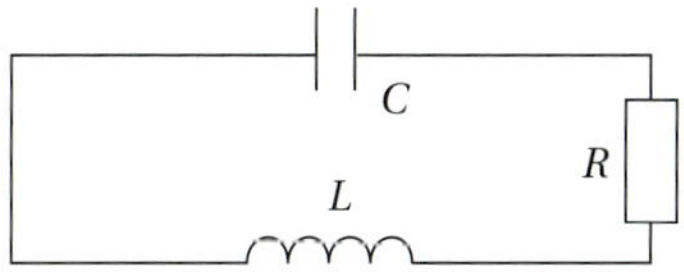
Abklingkoeffizient δ	$\delta = \frac{R}{2L}$	
Resonanzbedingung	$f_0 = f_E$	f_0 Eigenfrequenz f_E Erregerfrequenz

Elektromagnetische Wellen

Ausbreitungsgeschwindigkeit c elektromagnetischer Wellen	$c = \lambda \cdot f$ $\qquad c = \sqrt{\frac{1}{\varepsilon_r \cdot \varepsilon_0 \cdot \mu_r \cdot \mu_0}}$ Für das Vakuum gilt: $c = \frac{1}{\sqrt{\varepsilon_0 \cdot \mu_0}}$	λ Wellenlänge (↗ S. 81) f Frequenz (↗ S. 81) ε_0 elektrische Feldkonstante (↗ S. 69) ε_r Permittivitätszahl (↗ S. 80) μ_0 magnetische Feldkonstante (↗ S. 69) μ_r Permeabilitätszahl (↗ S. 80)
Eigenfrequenz f eines Dipols	Für die Grundschwingung eines Dipols gilt: $f = \frac{c}{2l}$	
Länge l eines Dipols	Für den optimalen Empfang eines Senders gilt: $l = k \cdot \frac{\lambda}{2}$ $\qquad (k = 1, 2, 3, \ldots)$	

Leitungsvorgänge in festen und flüssigen Körpern

HALL-Spannung U_H für feste Körper	$U_H = R_H \cdot \frac{I \cdot B}{s}$	I Stromstärke B magnetische Flussdichte s Dicke des Leiters V Volumen N Anzahl der Ladungsträger e Elementarladung (↗ S. 69)
HALL-Konstante R_H	Für Stoffe mit Elektronenleitung gilt: $R_H = \frac{V}{N \cdot e}$	
1. faradaysches Gesetz der Elektrolyse	Für elektrisch leitende Flüssigkeiten (Elektrolyte) gilt: $m = c \cdot Q$	m Masse des abgeschiedenen Stoffes c elektrochemisches Äquivalent Q Ladung n Stoffmenge z Wertigkeit des Stoffes F FARADAY-Konstante (↗ S. 69)
2. faradaysches Gesetz der Elektrolyse	Für elektrisch leitende Flüssigkeiten (Elektrolyte) gilt: $Q = n \cdot z \cdot F$	

Ph

Schwingungen und Wellen

Grundbegriffe und Grundgesetze

Schwingungsdauer T (Periodendauer)	$T = \frac{1}{f}$	$T = \frac{t}{n}$	t Zeit n Anzahl der Schwingungen
Frequenz f	$f = \frac{1}{T}$	$f = \frac{n}{t}$	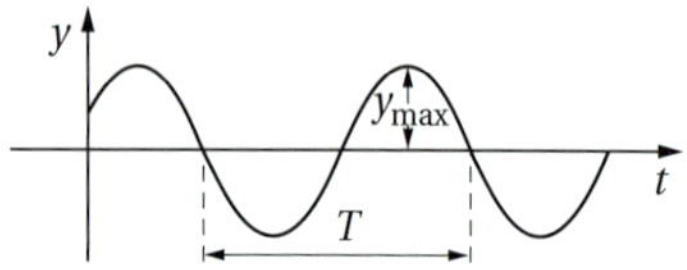
Kreisfrequenz ω	$\omega = 2\pi \cdot f$		
Auslenkung y bei einer harmonischen Schwingung	$y = y_{max} \cdot \sin(\omega \cdot t + \varphi_0)$ Unter der Bedingung $\varphi_0 = 0$ bei $t = 0$ gilt: $y = y_{max} \cdot \sin(\omega \cdot t)$		y Auslenkung y_{max} Amplitude φ_0 Phasenwinkel λ Wellenlänge
Ausbreitungsgeschwindigkeit c von Wellen (Phasengeschwindigkeit)	$c = \lambda \cdot f$		

Schwingungen

Schwingungsgleichung (ungedämpfte harmonische Schwingung)	$\frac{d^2y}{dt^2} + \omega^2 \cdot y = 0$ Lösung der Differenzialgleichung: $y = y_{max} \cdot \sin(\omega \cdot t + \varphi_0)$	y Auslenkung t Zeit ω Kreisfrequenz y_{max} Amplitude φ_0 Phasenwinkel δ Abklingkoeffizient ω_0 Kreisfrequenz der anfänglichen Schwingung
Schwingungsgleichung (gedämpfte harmonische Schwingung)	$\frac{d^2y}{dt^2} + 2\delta \cdot \frac{dy}{dt} + {\omega_0}^2 \cdot y = 0$ Lösung der Differenzialgleichung: $y = y_{max} \cdot e^{-\delta \cdot t} \cdot \sin(\omega \cdot t + \varphi_0)$	

Wellen

Wellengleichungen	$y = y_{max} \cdot \sin 2\pi \left(\frac{t}{T} - \frac{x}{\lambda}\right)$ $y = y_{max} \cdot \sin \omega \left(t - \frac{x}{c}\right)$ 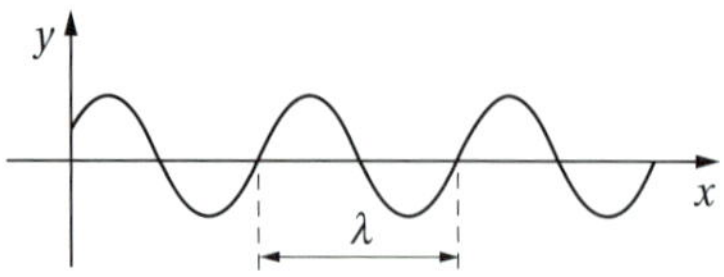	y Auslenkung y_{max} Amplitude t Zeit T Schwingungsdauer x Ort λ Wellenlänge c Ausbreitungsgeschwindigkeit 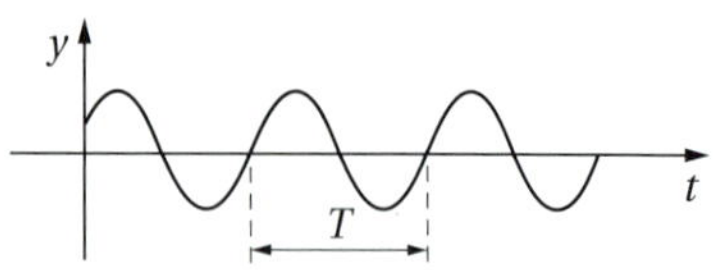
Reflexionsgesetz	$\alpha = \alpha'$	α Einfallswinkel α' Reflexionswinkel
Brechungsgesetz	$\frac{\sin\alpha}{\sin\beta} = \frac{c_1}{c_2}$	α Einfallswinkel β Brechungswinkel c_1 Ausbreitungsgeschwindigkeit im Medium 1 c_2 Ausbreitungsgeschwindigkeit im Medium 2

akustischer DOPPLER-Effekt	Ruhender Empfänger und bewegter Sender: $f_E = \frac{f_S}{1 \mp \frac{v_S}{c}}$ Bewegte Empfänger und ruhender Sender: $f_E = f_S\left(1 \pm \frac{v_E}{c}\right)$	f_E vom Empfänger gemessene Frequenz f_S vom Sender abgestrahlte Frequenz v_E Geschwindigkeit des Empfängers v_S Geschwindigkeit des Senders c Schallgeschwindigkeit (↗ S. 76) Oberes Vorzeichen gilt beim Annähern, unteres Vorzeichen beim Entfernen von Empfänger und Sender voneinander.

Optik

Reflexionsgesetz	$\alpha = \alpha'$	α Einfallswinkel α' Reflexionswinkel
Brechzahl *n*	$n = \frac{c_{Vakuum}}{c_{Stoff}}$	
Brechungsgesetz	$\frac{\sin\alpha}{\sin\beta} = \frac{c_1}{c_2}$ $\frac{\sin\alpha}{\sin\beta} = \frac{n_2}{n_1}$ $\frac{\sin\alpha}{\sin\beta} = n$ (für $n_1 = 1$)	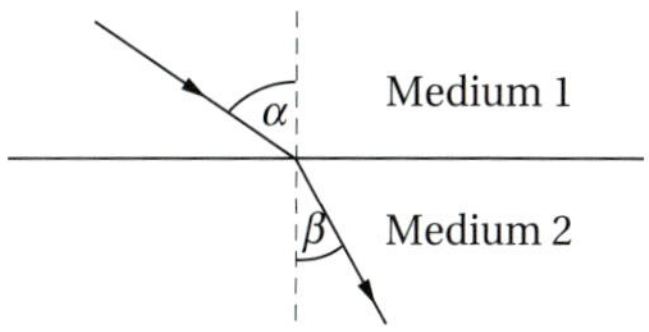
Grenzwinkel der Totalreflexion α_G	$\sin\alpha_G = \frac{c_1}{c_2} = \frac{n_2}{n_1} = \frac{1}{n}$	α Einfallswinkel β Brechungswinkel c_1, c_2 Lichtgeschwindigkeiten (↗ S. 80) n_1, n_2 Brechzahlen (↗ S. 80) n Brechzahl (↗ S. 80)
Abbildungsgleichung für dünne Linsen und für Spiegel	$\frac{1}{f} = \frac{1}{g} + \frac{1}{b}$	f Brennweite g Gegenstandsweite b Bildweite
Abbildungsmaßstab *A* für dünne Linsen und für Spiegel	$A = \frac{B}{G} = \frac{b}{g}$	G Gegenstandsgröße B Bildgröße
Brechwert *D* von Linsen (Brechkraft)	$D = \frac{1}{f}$ (f in m)	
Vergrößerung *V* optischer Geräte	$V = \frac{\tan\alpha_2}{\tan\alpha_1}$	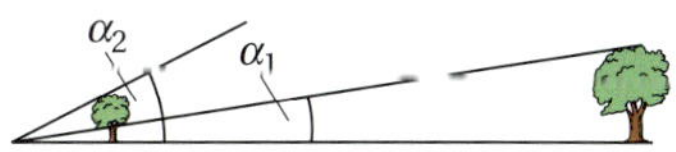
Vergrößerung *V* einer Lupe	$V = \frac{s_0}{f}$	α_1 Sehwinkel ohne optisches Gerät α_2 Sehwinkel mit optischem Gerät s_0 deutliche Sehweite (25 cm)
Vergrößerung *V* eines Mikroskops	$V = V_1 \cdot V_2$ $V = \frac{b}{g} \cdot \frac{s_0}{f_2}$	V_1 Vergrößerung des Objektivs V_2 Vergrößerung des Okulars
Vergrößerung *V* eines Fernrohres	$V = \frac{f_1}{f_2}$	f_1 Brennweite des Objektivs f_2 Brennweite des Okulars
Öffnungsverhältnis ω einer Linse	$\omega = \frac{d}{f}$	d Durchmesser der Linse f Brennweite der Linse
numerische Apertur *A*	$A = n \cdot \sin\alpha$	n Brechzahl im Objektraum α halber Öffnungswinkel

Auflösungsvermögen A optischer Geräte	$A = \frac{1}{r_{min}} = \frac{1}{1{,}22} \cdot \frac{d}{f \cdot \lambda}$	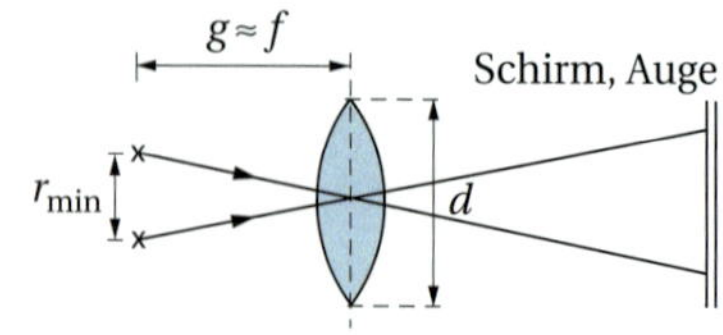 r_{min} Mindestabstand zweier Gegenstandspunkte d Durchmesser der Linse g Gegenstandsweite f Brennweite der Linse λ Wellenlänge (↗ S. 80)
Lichtgeschwindigkeit c	$c = \lambda \cdot f$	λ Wellenlänge des Lichtes (↗ S. 80) f Frequenz des Lichtes (↗ S. 80)
Interferenz am Spalt	Unter der Bedingung $s_k << e_k$ gilt für Maxima: $\frac{(2k+1) \cdot \lambda}{2d} = \sin \alpha_k$ $\frac{(2k+1) \cdot \lambda}{2d} = \frac{s_k}{e_k}$ $(k = 1, 2, 3, \ldots)$ Unter der Bedingung $s_k << e_k$ gilt für Minima: $\frac{k \cdot \lambda}{d} = \sin \alpha_k$ $\frac{k \cdot \lambda}{d} = \frac{s_k}{e_k}$ $(k = 1, 2, 3, \ldots)$	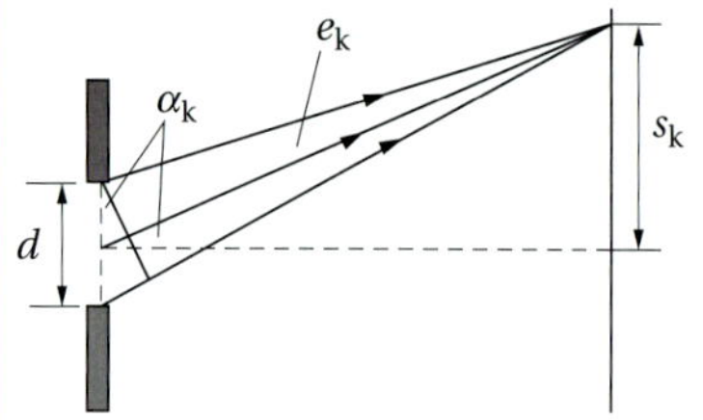 λ Wellenlänge (↗ S. 80) d Spaltbreite
Interferenz am Doppelspalt und am Gitter	Unter der Bedingung $s_k << e_k$ gilt für Maxima: $\frac{k \cdot \lambda}{b} = \sin \alpha_k$ $\frac{k \cdot \lambda}{b} = \frac{s_k}{e_k}$ $(k = 0, 1, 2, \ldots)$ Unter der Bedingung $s_k << e_k$ gilt für Minima: $\frac{(2k+1) \cdot \lambda}{2b} = \sin \alpha_k$ $\frac{(2k+1) \cdot \lambda}{2b} = \frac{s_k}{e_k}$ $(k = 0, 1, 2, \ldots)$	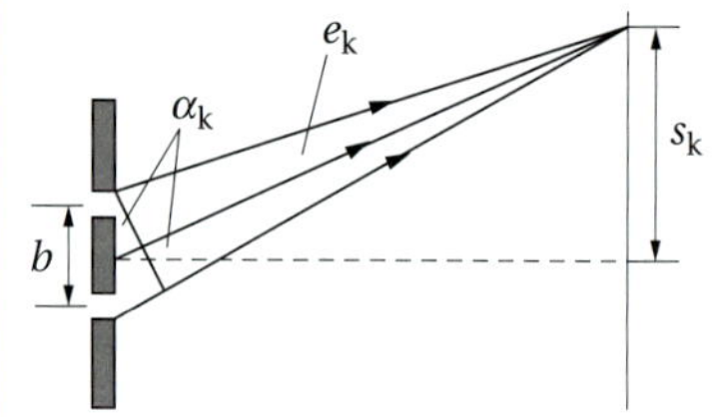 b Gitterkonstante
Interferenz an dünnen Schichten (reflektiertes Licht und senkrechter Einfall)	Für Maxima gilt: $d = \frac{2k+1}{n} \cdot \frac{\lambda}{4}$ $(k = 0, 1, 2, \ldots)$ Für Minima gilt: $d = \frac{2k}{n} \cdot \frac{\lambda}{4}$ $(k = 1, 2, \ldots)$ Im durchgehenden Licht gilt die erste Bedingung für Minima, die zweite für Maxima.	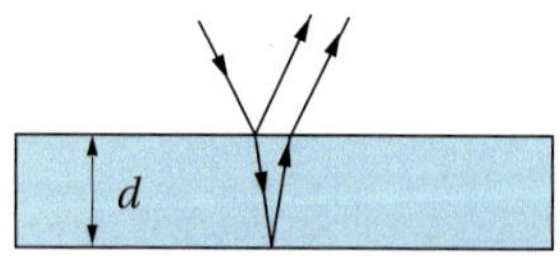 n Brechzahl der dünnen Schicht d Schichtdicke
brewstersches Gesetz	$\tan \alpha_P = \frac{n_2}{n_1}$ Bezogen auf Vakuum mit $n_1 = 1$ und $n_2 = n$ gilt: $\tan \alpha_P = n$	α_P Einfallswinkel (Polarisationswinkel) n Brechzahl (↗ S. 80) n_1, n_2 absolute Brechzahlen
Lichtstrom Φ_V	$\Phi_V = \omega \cdot I_V$ $\Phi_V = E \cdot A$	ω Raumwinkel A Fläche r Abstand Lichtquelle – beleuchtete Fläche L_V Leuchtdichte
Beleuchtungsstärke E	$E = \frac{\Phi_V}{A}$ $E = \frac{I_V}{r^2}$	
Lichtstärke I_V	$I_V = \frac{\Phi_V}{\omega}$ $I_V = L_V \cdot A$	

Quantenphysik

Austrittsarbeit W_A von Elektronen aus Oberflächen	$W_A = h \cdot f_G$	h PLANCK-Konstante (↗ S. 69) f_G Grenzfrequenz f Frequenz c Lichtgeschwindigkeit (↗ S. 69) λ Wellenlänge (↗ S. 80)
Energie E eines Lichtquants (Photons)	$E = h \cdot f$ $\quad E = h \cdot \frac{c}{\lambda}$	
Masse m eines Lichtquants (Photons)	$m = \frac{E}{c^2} = \frac{h \cdot f}{c^2} = \frac{h}{c \cdot \lambda}$	
Impuls p eines Lichtquants (Photons)	$p = \frac{E}{c} = \frac{h \cdot f}{c} = \frac{h}{\lambda}$	
einsteinsche Gleichung für den Fotoeffekt	$h \cdot f = \frac{1}{2} m_e \cdot v^2 + W_A$	m_e Ruhemasse eines Elektrons (↗ S. 69) v Geschwindigkeit W_A Austrittsarbeit (↗ S. 79) p Impuls Δx Ortsunschärfe Δp Impulsunschärfe $\Delta\lambda$ Wellenlängenzunahme λ_C COMPTON-Wellenlänge (↗ S. 69) ϑ Streuwinkel m Masse
DE-BROGLIE-Wellenlänge	$\lambda = \frac{h}{p} = \frac{h}{m \cdot v}$	
heisenbergsche Unbestimmtheitsrelation	$\Delta x \cdot \Delta p \geq \frac{\hbar}{2}$ $\quad \hbar = \frac{h}{2\pi}$	
COMPTON-Effekt	$\Delta\lambda = \lambda_C (1 - \cos\vartheta)$ $\lambda_C = \frac{h}{m \cdot c}$	

Spezielle Relativitätstheorie

LORENTZ-Transformation und LORENTZ-Faktor	$x = \frac{x' + v \cdot t'}{\sqrt{1 - \frac{v^2}{c^2}}} = k(x' + v \cdot t')$ $\quad k = \frac{1}{\sqrt{1 - \frac{v^2}{c^2}}}$ $y = y'$ $z = z'$ $t = \frac{t' + \frac{v}{c^2} \cdot x'}{\sqrt{1 - \frac{v^2}{c^2}}} = k\left(t' + \frac{v}{c^2} \cdot x'\right)$	x, y, z Koordinaten eines Massepunktes im Inertialsystem S x', y', z' Koordinaten eines Massepunktes im Inertialsystems S' t Zeit im Inertialsystem S t' Zeit im Inertialsystem S' v Relativgeschwindigkeit der Inertialsysteme S und S' zueinander k LORENTZ-Faktor c Lichtgeschwindigkeit (↗ S. 69) t Zeit der „ruhenden“ Uhr t' Zeit der „bewegten“ Uhr l Länge des „bewegten“ Körpers in Bewegungsrichtung l' Länge des „ruhenden“ Körpers u, u' Geschwindigkeiten im Inertialsystem S bzw. S'
Zeitdilatation	$t = \frac{t'}{\sqrt{1 - \frac{v^2}{c^2}}} = t' \cdot k$ $\quad t > t'$	
Längenkontraktion	$l = l' \cdot \sqrt{1 - \frac{v^2}{c^2}} = \frac{l'}{k}$ $\quad l < l'$	
Addition von Geschwindigkeiten (Additionstheorem)	$u = \frac{u' + v}{1 + \frac{u' \cdot v}{c^2}}$ Unter der Bedingung $u', v << c$ gilt: $u = u' + v$	
Masse m eines bewegten Körpers (relativistische Masse)	$m = \frac{m_0}{\sqrt{1 - \frac{v^2}{c^2}}} = k \cdot m_0$	m_0 Ruhemasse v Geschwindigkeit des Körpers c Lichtgeschwindigkeit (↗ S. 69) m Masse E_0 Ruheenergie
Masse-Energie-Beziehung	$E = m \cdot c^2$ $\quad \Delta E = \Delta m \cdot c^2$ $E_0 = m_0 \cdot c^2$	

Ph

Atom- und Kernphysik

Aufbau von Atomen

Energiebilanz für emittiertes oder absorbiertes Licht	$\Delta E = E_n - E_m$ $\Delta E = h \cdot f$	E_n, E_m Energieniveaus des Atoms f Frequenz des Lichtes (↗ S. 80) h PLANCK-Konstante (↗ S. 69)
Spektralserien des Wasserstoffatoms	$f = R_H \cdot c \cdot \left(\frac{1}{n^2} - \frac{1}{m^2}\right)$ $(n = 1, 2, 3, \ldots)$ $(m = 2, 3, 4 \ldots)$ $f = R_y \cdot \left(\frac{1}{n^2} - \frac{1}{m^2}\right)$	c Lichtgeschwindigkeit (↗ S. 69) R_H RYDBERG-Konstante (↗ S. 69) R_y RYDBERG-Frequenz (↗ S. 69)
relative Atommasse A_r	$A_r = \frac{m_A}{u}$	m_A Masse des Atoms u atomare Masseeinheit (↗ S. 69)
Nukleonenzahl A (Massenzahl)	$A = Z + N$	Z Protonenzahl (Kernladungszahl, Ordnungszahl im Periodensystem) A Massenzahl N Neutronenzahl m_p Masse eines Protons (↗ S. 69) m_n Masse eines Neutrons (↗ S. 69) m_k Kernmasse c Lichtgeschwindigkeit (↗ S. 69)
Symbolschreibweise	$^{A}_{Z}$ Symbol des Elements ($^{238}_{92}U$)	
Massendefekt Δm	$\Delta m = (Z \cdot m_p + N \cdot m_n) - m_k$	
Kernbindungsenergie E_B	$E_B = \Delta m \cdot c^2$	

Radioaktive Strahlung

Aktivität A einer radioaktiven Substanz	$A = \frac{\Delta N}{\Delta t}$ $A = A_0 \cdot e^{-\lambda \cdot t}$	ΔN Anzahl der zerfallenen Atome Δt Zeitspanne A_0 Anfangsaktivität λ Zerfallskonstante E von einem Körper aufgenommene Strahlungsenergie m Masse t Zeit q Qualitätsfaktor (↗ S. 81) N_0 Anzahl der zum Zeitpunkt $t = 0$ vorhandenen, nicht zerfallenen Atomkerne N Anzahl der nicht zerfallenen Atomkerne $T_{1/2}$ Halbwertszeit (↗ S. 81)
Energiedosis D	$D = \frac{E}{m}$	
Äquivalentdosis H	$H = D \cdot q$	
Zerfallsgesetz	$N = N_0 \cdot e^{-\lambda \cdot t}$ $N = N_0 \cdot \left(\frac{1}{2}\right)^{\frac{t}{T_{1/2}}}$	
Halbwertszeit $T_{1/2}$	$T_{1/2} = \frac{\ln 2}{\lambda}$	

Uran-Radium-Reihe (Halbwertszeit: $4{,}5 \cdot 10^9$ Jahre)

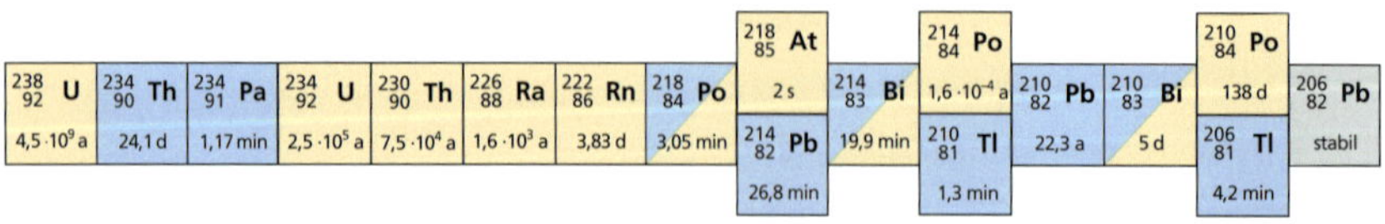

Thorium-Reihe (Halbwertszeit: $1{,}4 \cdot 10^{10}$ Jahre)

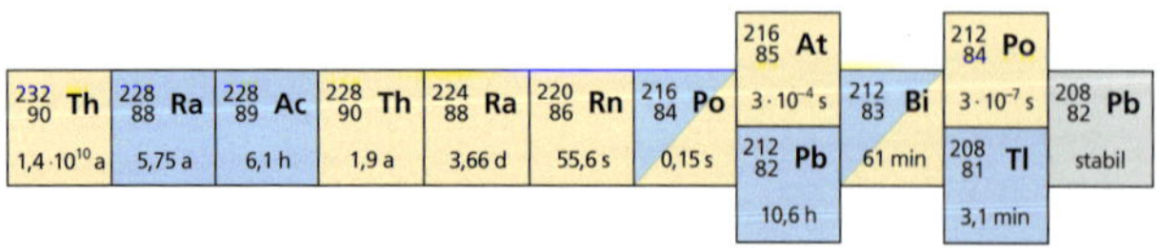

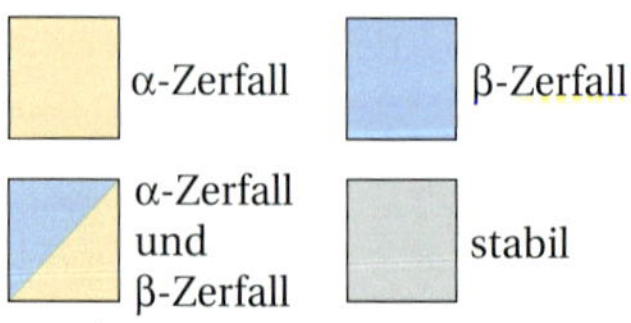

Astronomie

Astronomische Konstanten

Größe	Formelzeichen	Wert
HUBBLE-Konstante	H	$55\ \frac{\text{km}}{\text{s} \cdot \text{Mpc}} < H < 80\ \frac{\text{km}}{\text{s} \cdot \text{Mpc}}$
Solarkonstante	S	$1{,}366\ \frac{\text{kW}}{\text{m}^2}$
Vakuumlichtgeschwindigkeit	c	$299\,792{,}458\ \frac{\text{km}}{\text{s}}$

Einheiten für Zeit und Länge

Größe	Einheit und Einheitenzeichen		Beziehungen zwischen den Einheiten	
Zeit	mittlerer Sonnentag	d	1 d	= 86 400 s = 24 h
	Sterntag		1 Sterntag	= 23 h 56 min 4,098 s = 0,997 27 d = 86 164 s
	siderischer Tag		1 sid. Tag	= 1 Sterntag + 0,008 4 s
	siderischer Monat		1 sid. Monat	= 27 d 7 h 43 min 12 s
	synodischer Monat		1 syn. Monat	= 29 d 12 h 44 min 03 s
	tropisches Jahr	a	1 a	= 365,242 2 d = $3{,}15\,569 \cdot 10^7$ s
	siderisches Jahr		1 sid. Jahr	= 365,256 360 d = $3{,}155\,8 \cdot 10^7$ s
	Kalenderjahr		1 Kalenderjahr	= 365 d oder 366 d
Länge	Astronomische Einheit	AE	1 AE	= $149{,}6 \cdot 10^6$ km
	Lichtjahr	ly	1 ly	= $9{,}460\,5 \cdot 10^{15}$ m = $6{,}324\,3 \cdot 10^4$ AE = 0,306 6 pc
	Parsec	pc	1 pc	= $3{,}085\,68 \cdot 10^{16}$ m = 3,261 6 ly = $2{,}062\,6 \cdot 10^5$ AE

Scheinbare Anhebung der Gestirne über dem Horizont

bei 10 °C und 101,3 kPa

Höhe	Refraktion	Höhe	Refraktion	Höhe	Refraktion
0°	0,59°	6°	0,14°	20°	0,04°
1°	0,41°	8°	0,11°	30°	0,03°
2°	0,31°	10°	0,09°	60°	0,01°
4°	0,20°	15°	0,06°	90°	0,00°

Daten zu Erde, Mond und Sonne

Größe	Erde ⊕	Mond ☾	Sonne ⊙
mittlerer Radius $\bar{r}$	$6{,}371 \cdot 10^3$ km	$1{,}738 \cdot 10^3$ km	$6{,}96 \cdot 10^5$ km
Masse m	$5{,}97 \cdot 10^{24}$ kg	$7{,}35 \cdot 10^{22}$ kg	$1{,}989 \cdot 10^{30}$ kg
mittlere Dichte $\bar{\rho}$	$5{,}524\ \mathrm{g \cdot cm^{-3}}$	$3{,}34\ \mathrm{g \cdot cm^{-3}}$	$1{,}41\ \mathrm{g \cdot cm^{-3}}$
Fallbeschleunigung an der Oberfläche	$9{,}81\ \mathrm{m \cdot s^{-2}}$	$1{,}62\ \mathrm{m \cdot s^{-2}}$	$274\ \mathrm{m \cdot s^{-2}}$
Oberflächentemperatur T	−88 °C … 60 °C	−160 °C … 130 °C	≈ 6 000 °C
Rotationsdauer T (siderisch)	23 h 56 min 4 s	27,321 66 d	25,4 d
Umlaufzeit T_U (siderisch)	365 d 6 h 9 min 9 s	27,321 66 d	–
mittlere Bahngeschwindigkeit $\bar{v}$	$29{,}79\ \frac{\mathrm{km}}{\mathrm{s}}$	$1{,}02\ \frac{\mathrm{km}}{\mathrm{s}}$	$\approx 250\ \frac{\mathrm{km}}{\mathrm{s}}$
größte scheinbare Helligkeit m_{max}	–	$-12{,}^{m}7$	$-26{,}^{m}86$
mittlerer scheinbarer Winkeldurchmesser d	–	≈ 31'	≈ 32'
mittlere Entfernung zur Erde	–	384 400 km	$149{,}6 \cdot 10^6$ km

Planeten unseres Sonnensystems

Planet	mittlere Entfernung von der Sonne in 10^6 km	Umlaufzeit um die Sonne in Jahren	mittlere Bahngeschwindigkeit in $\mathrm{km \cdot s^{-1}}$	Radius in km	Masse in 10^{24} kg	mittlere Dichte in $\mathrm{g \cdot cm^{-3}}$	Anzahl der Monde (2002)
Merkur	57,9	0,24	47,90	2 440	0,34	5,4	–
Venus	108,2	0,62	35,04	6 050	4,87	5,24	–
Erde	149,6	1,00	29,79	6 371	5,97	5,52	1
Mars	227,9	1,88	24,14	3 400	0,64	3,93	2
Jupiter	778,3	11,86	13,07	71 400	1 900	1,33	39
Saturn	1 427	29,46	9,65	60 300	569	0,69	30
Uranus	2 870	84,02	6,81	25 600	87	1,24	21
Neptun	4 496	164,79	5,44	24 800	103	1,65	8
Pluto	5 900	247,7	4,73	1 150	0,013	2,0	1

Einige Daten der Galaxis (des Milchstraßensystems)

Gesamtmasse	$\approx 2{,}2 \cdot 10^{11}$ Sonnenmassen
Anzahl der Sterne	$\approx 2 \cdot 10^{11}$
Durchmesser	≈ 30 000 pc ≈ 98 000 ly
Dicke	≈ 5 000 pc ≈ 16 000 ly
Abstand der Sonne vom Zentrum des Systems	≈ 10 000 pc ≈ 33 000 ly
mit bloßem Auge sichtbare Sterne	≈ 5 000
mittlere Dichte $\bar{\rho}$ der Galaxis	$10^{-23}\ \mathrm{g \cdot cm^{-3}}$

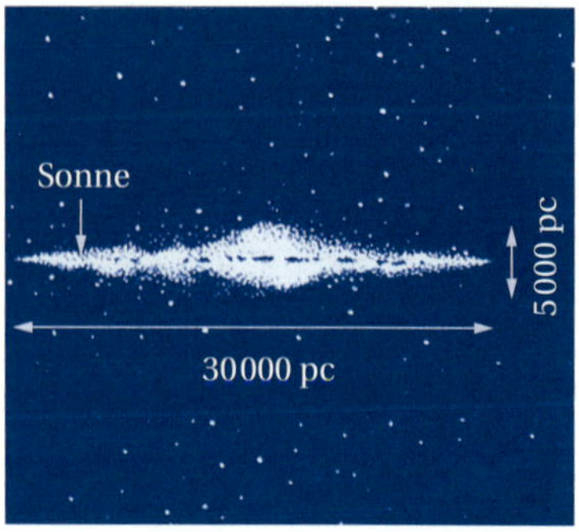

Astrophysikalische Gesetze und Zusammenhänge

1. keplersches Gesetz	Alle Planeten bewegen sich auf elliptischen Bahnen. In einem der Brennpunkte steht die Sonne.	
2. keplersches Gesetz	Der Quotient aus der vom Leitstrahl Sonne – Planet überstrichenen Fläche und der dazu erforderlichen Zeit ist konstant. $\frac{A_1}{t_1} = \frac{A_2}{t_2} = \frac{A}{t} = \text{konstant}$	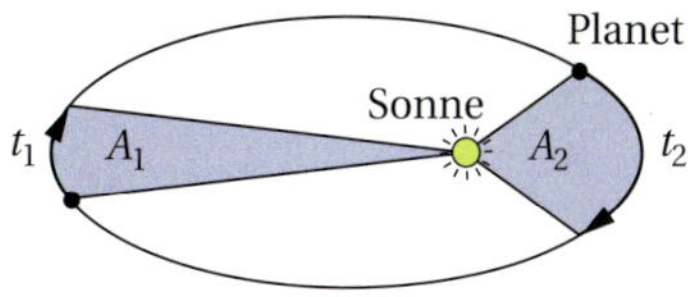
3. keplersches Gesetz	$\frac{T_1^2}{T_2^2} = \frac{a_1^3}{a_2^3}$	Die Quadrate der Umlaufzeiten zweier Planeten verhalten sich wie die dritten Potenzen der großen Halbachsen ihrer Bahnen.
Gravitationsgesetz	↗ S. 90	
1. kosmische Geschwindigkeit v_K (minimale Kreisbahngeschwindigkeit)	$v_K = \sqrt{\frac{G \cdot M}{R}}$ $v_{K,\,Erde} = 7{,}9\ \frac{km}{s}$	G Gravitationskonstante (↗ S. 69) M Masse des Zentralkörpers (der Erde) R Radius des Zentralkörpers (der Erde)
2. kosmische Geschwindigkeit v_F (Fluchtgeschwindigkeit)	$v_F = \sqrt{\frac{2G \cdot M}{R}}$ $v_{F,\,Erde} = 11{,}2\ \frac{km}{s}$	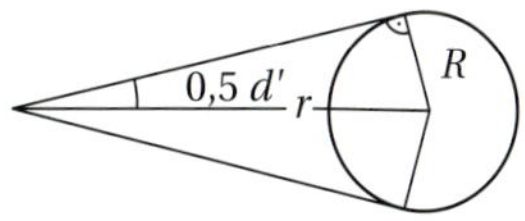
Radius R eines Himmelskörpers	$R = r \cdot \sin 0{,}5\, d'$	r Entfernung Beobachter–Himmelskörper d' Winkeldurchmesser
mittlere Dichte $\overline{\rho}$ eines kugelförmigen Himmelskörpers	$\overline{\rho} = \frac{m}{V} = \frac{6\, m}{\pi \cdot D^3}$	m Masse V Volumen D Durchmesser
Leuchtkraft $L_\odot$ der Sonne	$L_\odot = 4\pi \cdot r^2 \cdot S$	r Entfernung Sonne–Erde S Solarkonstante (↗ S. 111)
Leuchtkraft L eines Sterns	$L = \frac{E}{t}$	E ausgestrahlte Energie t Zeit Φ_V Lichtstrom m_2 Bezugshelligkeit M absolute Helligkeit m scheinbare Helligkeit r Entfernung des Sterns
scheinbare Helligkeit m_1 eines Sterns	$m_1 - m_2 = -2{,}5 \cdot \lg \frac{\Phi_{V,1}}{\Phi_{V,2}}$	
Entfernungsmodul	$m - M = 5 \cdot \lg r - 5$	
Entfernung r eines Sterns (in Parsec)	$r = \frac{1}{p}$	p Parallaxe in Bogensekunden
Gesetz von Hubble	$v = H \cdot r$	v Fluchtgeschwindigkeit H Hubble-Konstante (↗ S. 111) r Entfernung des Sterns $\Delta\lambda$ relative Wellenlängenverschiebung λ_0 Bezugswellenlänge c Lichtgeschwindigkeit (↗ S. 111)
Rotverschiebung z	$z = \frac{\Delta\lambda}{\lambda_0}$	
Zusammenhang zwischen Rotverschiebung z und Fluchtgeschwindigkeit v	$z + 1 = \sqrt{\frac{c+v}{c-v}}$	

Chemie

Eigenschaften von Stoffen

Elemente

Name	Symbol	Ordnungszahl	Atommasse in u	häufigste Oxidationszahlen	Dichte ♦ ρ in $g \cdot cm^{-3}$ bei 25 °C	Schmelztemperatur • ϑ_s in °C	Siedetemperatur • ϑ_v in °C	Standardentropie S^0 in $J \cdot mol^{-1} \cdot K^{-1}$
Actinium	Ac	89	[227]	+3		1050	3200	
Aluminium	Al	13	26,98	+3	2,70	660	2447	28
Americium	Am	95	[243]	+3	11,7	> 850	2600	
Antimon	Sb	51	121,75	+5; +3; −3	6,68	631	1380	46
Argon ♦	Ar	18	39,95	±0	1,784 $g \cdot l^{-1}$	−189	−186	
Arsen (grau)	As	33	74,92	+5; +3; −3	5,72	817 p	613 subl.	35
Astat	At	85	[210]	−1		302	335	
Barium	Ba	56	137,33	+2	3,50	714	1640	63
Berkelium	Bk	97	[247]	+3				
Beryllium	Be	4	9,01	+2	1,85	1280	2480	9
Bismut	Bi	83	208,98	+3	9,8	271	1560	57
Blei	Pb	82	207,2	+2; +4	11,35	327	1740	65
Bohrium	Bh	107	[262]					
Bor	B	5	10,81	+3	2,34	(2030)	3900	6
Brom	Br	35	79,90	+5; +3; +1; −1	3,12	−7	58	152
Cadmium	Cd	48	112,41	+2	8,65	321	765	52
Caesium	Cs	55	132,91	+1	1,87	29	690	83
Calcium	Ca	20	40,08	+2	1,55	838	1490	41
Californium	Cf	98	[251]	+3				
Cerium	Ce	58	140,12	+3; +4	6,78	795	3470	58
Chlor ♦	Cl	17	35,45	+7; +5; +3; +1; −1	3,21 $g \cdot l^{-1}$	−101	−35	223
Chromium	Cr	24	51,996	+6; +3	7,19	1900	2642	24
Cobalt	Co	27	58,93	+3; +2	8,90	1490	2900	30
Curium	Cm	96	[247]	+3	7,0			
Dubnium	Db	105	[262]					
Dysprosium	Dy	66	162,50	+3	8,54	1410	2600	
Einsteinium	Es	99	[254]	+3				
Eisen	Fe	26	55,85	+3; +2	7,86	1540	3000	27
Erbium	Er	68	167,26	+3	9,05	1500	2900	
Europium	Eu	63	151,96	+3; +2	5,26	826	1440	
Fermium	Fm	100	[257]	+3				
Fluor ♦	F	9	18,998	−1	1,695 $g \cdot l^{-1}$	−220	−188	203
Francium	Fr	87	[223]	+1		(27)	(680)	
Gadolinium	Gd	64	157,25	+3	7,89	1310	3000	
Gallium	Ga	31	69,72	+3	5,91	30	2400	41
Germanium	Ge	32	72,59	+4; +2; −4	5,32	937	2830	31
Gold	Au	79	196,97	+3	19,32	1063	2970	
Hafnium	Hf	72	178,49	+4	13,1	2000	5400	
Hassium	Hs	108	[262]					
Helium ♦	He	2	4,00	±0	0,18 $g \cdot l^{-1}$	−270	−269	
Holmium	Ho	67	164,93	+3	8,80	1460	2600	
Indium	In	49	114,82	+3	7,31	156	2000	58
Iod	I	53	126,90	+7; +5; +3; +1; −1	4,94	114	183	116
Iridium	Ir	77	192,22	+4; +3	22,5	2450	4500	
Kalium	K	19	39,10	+1	0,86	64	760	64

Name / Symbol		Ordnungszahl	Atommasse in u	häufigste Oxidationszahlen	Dichte ♦ ρ in $g \cdot cm^{-3}$ bei 25 °C	Schmelztemperatur● ϑ_s in °C	Siedetemperatur● ϑ_v in °C	Standardentropie S^0 in $J \cdot mol^{-1} \cdot K^{-1}$
Kohlenstoff	C	6	12,01	+4; –4				
(Grafit)					2,26	3 730	4830	6
(Diamant)					3,51	> 3 550		2
Krypton ♦	Kr	36	83,80	+2	3,74 $g \cdot l^{-1}$	–157	–152	164
Kupfer	Cu	29	63,55	+2; +1	8,96	1 083	2 600	33
Lanthan	La	57	138,91	+3	6,17	920	3 470	
Lawrencium	Lr	103	[260]	+3				
Lithium	Li	3	6,94	+1	0,53	180	1 330	138
Lutetium	Lu	71	174,97	+3	9,84	1 650	3 330	
Magnesium	Mg	12	24,31	+2	1,74	650	1 110	33
Mangan	Mn	25	54,94	+7; +6; +4; +2	7,43	1 250	2 100	32
Meitnerium	Mt	109	[266]					
Mendelevium	Md	101	[258]	+3				
Molybdän	Mo	42	95,94	+6; +4	10,2	2 610	5 560	29
Natrium	Na	11	22,99	+1	0,97	98	892	51
Neodymium	Nd	60	144,24	+3	7,00	1 020	3 030	
Neon ♦	Ne	10	20,18	±0	0,899 $g \cdot l^{-1}$	–249	–246	
Neptunium	Np	93	237,05	+5	20,4	640		
Nickel	Ni	28	58,70	+2	8,90	1 450	2 730	30
Niobium	Nb	41	92,91	+5	8,55	2 420	4 900	
Nobelium	No	102	[259]	+3				
Osmium	Os	76	190,2	+4	22,4	3 000	5 500	
Palladium	Pd	46	106,4	+4; +2	12,0	1 550	3 125	
Phosphor (weiß)	P	15	30,97	+5; +3; –3	1,82	44	280	41
Platin	Pt	78	195,09	+4; +2	21,45	1 770	3 825	
Plutonium	Pu	94	[244]	+4	19,8	640	3 230	
Polonium	Po	84	[209]	+4; +2; –2	9,4	254	962	
Praseodymium	Pr	59	140,91	+3	6,77	935	3 130	
Promethium	Pm	61	[145]	+3		(1 030)	(2 730)	
Protactinium	Pa	91	231,04	+5	15,4	(1 230)		
Quecksilber	Hg	80	200,59	+2; +1	13,53	–38,9	356,6	76
Radium	Ra	88	[226]	+2	5,0	700	1 530	
Radon ♦	Rn	86	[222]	(+2); ±0	9,37 $g \cdot l^{-1}$	–71	–62	
Rhenium	Re	75	186,21	+4	21,0	3 180	5 630	
Rhodium	Rh	45	102,91	+3	12,4	1 970	3 730	
Rubidium	Rb	37	85,47	+1	1,53	39	688	77
Ruthenium	Ru	44	101,07	+4; +3	12,2	2 300	3 900	
Rutherfordium	Rf	104	[261]					
Samarium	Sm	62	150,35	+3	7,54	1 070	1 900	
Sauerstoff ♦	O	8	15,999	–2	1,43 $g \cdot l^{-1}$	–218,4	–183	205
Scandium	Sc	21	44,96	+3	3,0	1 540	2 730	35
Schwefel	S	16	32,06	+6; +4; +2; –2				
rhombisch					2,07	113		22
monoklin					1,96	119	445	33
Seaborgium	Sg	106	[262]					
Selen (grau)	Se	34	78,96	+6; +4; +2; –2	4,80	217	685	42
Silber	Ag	47	107,87	+1	10,5	961	2 210	43
Silicium	Si	14	28,09	+4; –4	2,33	1 410	2 680	19
Stickstoff ♦	N	7	14,007	+5; +3; –3	1,251 $g \cdot l^{-1}$	–210	–195,8	192
Strontium	Sr	38	87,62	+2	2,6	770	1 380	52
Tantal	Ta	73	180,95	+5	16,6	3 000	5 430	
Technetium	Tc	43	[97]	+7; +4	11,5	2 140	(4 600)	
Tellur	Te	52	127,60	+6; +4; +2; –2	6,24	450	1 390	50
Terbium	Tb	65	158,92	+3	8,27	1 360	2 800	
Thallium	Tl	81	204,37	+3; +1	11,85	303	1 460	64
Thorium	Th	90	232,04	+4	11,7	1 700	4 200	54
Thulium	Tm	69	168,93	+3	9,33	1 550	1 730	
Titanium	Ti	22	47,90	+4	4,5	1 670	3 260	31
Uranium	U	92	238,03	+6	18,90	1 130	3 820	50
Vanadium	V	23	50,94	+5	5,8	1 900	3 450	29
Wasserstoff ♦	H	1	1,008	+1; –1	0,089 $g \cdot l^{-1}$	–259,1	–252,5	131
Wolfram	W	74	183,85	+6; +4	19,3	3 410	5 500	33

Name	Symbol	Ordnungszahl	Atommasse in u	häufigste Oxidationszahlen	Dichte ♦ ρ in $g \cdot cm^{-3}$ bei 25 °C	Schmelztemperatur ● ϑ_s in °C	Siedetemperatur ● ϑ_v in °C	Standardentropie S^0 in $J \cdot mol^{-1} \cdot K^{-1}$
Xenon ♦	Xe	54	131,30	+2; +4; +6	5,8 $g \cdot l^{-1}$	–112	–108	170
Ytterbium	Yb	70	173,04	+3	6,98	824	1430	
Yttrium	Y	39	88,91	+3	4,5	1500	2930	
Zink	Zn	30	65,38	+2	7,13	419	906	42
Zinn	Sn	50	118,69	+4; +2; –2	7,29	232	2270	52
Zirconium	Zr	40	91,22	+4	6,49	1850	3580	39

[ ] Die umklammerten Werte für die Atommasse geben die Massenzahl des Isotops mit der höchsten Halbwertszeit an.
♦ Dichte gasförmiger Stoffe bei 0 °C
● Schmelz- und Siedetemperatur bei 101,3 kPa

Anorganische Verbindungen

Name	Aggregatzustand bei 25 °C	Formel	Dichte ♦ ρ in $g \cdot cm^{-3}$ bei 25 °C	molare Masse in $g \cdot mol^{-1}$	Schmelztemperatur ● ϑ_s in °C	Siedetemperatur ● ϑ_v in °C	Standardbildungsenthalpie $\Delta_f H^0$ in $kJ \cdot mol^{-1}$	Standardentropie S^0 in $J \cdot mol^{-1} \cdot K^{-1}$	freie Standardbildungsenthalpie $\Delta_f G^0$ in $kJ \cdot mol^{-1}$
Aluminiumbromid	s	$AlBr_3$	2,6	266,7	97,4	257	–516	163	–488
Aluminiumcarbid	s	Al_4C_3	2,4	144	2 100 z	–	–209	89	–196
Aluminiumchlorid	s	$AlCl_3$	2,4	133,3	192,5 p	180 subl.	–704	111	–629
Aluminiumhydroxid	s	$Al(OH)_3$	2,4	78	> 170		–1 277		
Aluminiumoxid	s	Al_2O_3	4,0	101,9	2 045	≈ 3 000	–1 676	50,9	–1 582
Aluminiumsulfat	s	$Al_2(SO_4)_3$	2,7	342,1	605 z	–	–3 442	239	–3 100
Ammoniak ♦	g	NH_3	0,77 $g \cdot l^{-1}$	17,0	–78	–33,5	–46,1	192,2	–16
Ammoniumcarbonat	s	$(NH_4)_2CO_3$		96,1	z	–	–942	170	–687
Ammoniumchlorid	s	NH_4Cl	1,5	53,5	–	335 subl.	–314,6	94,6	–203
Ammoniumhydrogencarbonat	s	NH_4HCO_3	1,6	79,1	36 z	–	–849	121	–666
Ammoniumnitrat	s	NH_4NO_3	1,7	80,0	169	200 z	–366	151	–184
Ammoniumsulfat	s	$(NH_4)_2SO_4$	1,8	132,1	280 z	–	–1 180	220	–902
Arsentrioxid	s	As_2O_3	3,7	197,8	309	459	–657	107	–578
Bariumcarbonat	s	$BaCO_3$	4,4	197,4	1350		–1 216	112	–1 138
Bariumchlorid	s	$BaCl_2$	3,9	208,2	963	1562	–859,8	124	–811
Bariumhydroxid	s	$Ba(OH)_2$	4,5	171,4	408	>600 z	–945		
Bariumoxid	s	BaO	5,7	153,3	1920	(2 000)	–554	70	–525
Bariumsulfat	s	$BaSO_4$	4,5	233,4	1350		–1 473	132	–1 362
Blei(II)-chlorid	s	$PbCl_2$	5,8	278,1	498	954	–359	136	–314
Blei(II)-nitrat	s	$Pb(NO_3)_2$	4,5	331,2	470 z	–	–456		
Blei(II)-oxid	s	PbO	9,5	223,2	890	1470	–217	69	–188
Blei(II, IV)-oxid (Mennige)	s	Pb_3O_4	9,1	685,6	500 z	–	–718	211	–601
Blei(IV)-oxid	s	PbO_2	9,4	239,2	290 z	–	–277	69	–217
Blei(II)-sulfat	s	$PbSO_4$	6,2	303,3	1170		–920	149	–813
Blei(II)-sulfid	s	PbS	7,5	239,3	1114		–100	91	–99
Borsäure	s	H_3BO_3	1,4	61,8	185 z	–	–1 094	88,7	–969
Bromwasserstoff ♦	g	HBr	3,644 $g \cdot l^{-1}$	80,9	–87	–67	–36	199	–53
Calciumbromid	s	$CaBr_2$	3,3	199,9	730	810	–683	130	–664
Calciumcarbid	s	CaC_2	2,2	64,1	2 300		–60	70	–65
Calciumcarbonat	s	$CaCO_3$	2,7	100,1	900 z	–	–1 207	93	–1 129

Aggregatzustand bei 25 °C / Name	Formel	Dichte ♦ ρ in $g \cdot cm^{-3}$ bei 25 °C	molare Masse in $g \cdot mol^{-1}$	Schmelztemperatur● ϑ_s in °C	Siedetemperatur● ϑ_v in °C	Standardbildungsenthalpie $\Delta_f H^0$ in $kJ \cdot mol^{-1}$	Standardentropie S^0 in $J \cdot mol^{-1} \cdot K^{-1}$	freie Standardbildungsenthalpie $\Delta_f G^0$ in $kJ \cdot mol^{-1}$
Calciumchlorid s	$CaCl_2$	2,1	111,0	772	>1600	–796	105	–748
Calciumfluorid s	CaF_2	3,2	78,1	1392	(2500)	–1220	69	–1167
Calciumhydroxid s	$Ca(OH)_2$	2,3	74,1	580,0 z	–	–986	83	–899
Calciumiodid s	CaI_2	4,0	293,9	740,0 z	1100	–533	142	–529
Calciumnitrat s	$Ca(NO_3)_2$	2,5	164,1	561		–938	193	–743
Calciumoxid s	CaO	3,3	56,1	2570	2850	–635	40	–604
Calciumphosphat s	$Ca_3(PO_4)_2$	3,1	310,2	1670		–4120	236	–3885
Calciumsulfat s	$CaSO_4$	3,0	136,1	1450		–1434	107	–1322
Chlorwasserstoff ♦ g	HCl	1,639 $g \cdot l^{-1}$	36,5	–114	–85	–92	187	–95
Chromium(II)-chlorid s	$CrCl_2$	2,9	122,9	815		–395	115	–356
Chromium(III)-oxid s	Cr_2O_3	5,2	152,0	2437	(3000)	–1140	81	–1058
Cobaltchlorid s	$CoCl_2$	3,4	129,8	727	1050	–313	109	–270
Cyanwasserstoff l	HCN	0,7	27	–14	26	109	113	125
Eisen(III)-chlorid s	$FeCl_3$	2,8	162,2	306	315	–399	142	–334
Eisendisulfid (Pyrit) s	FeS_2	5,0	120,0	1171	z	–178	53	–167
Eisen(III)-hydroxid s	$Fe(OH)_3$	3,9	106,9	500,0 z	–	–823	107	–697
Eisen(II)-oxid s	FeO	5,7	71,8	1380		–272	61	–251
Eisen(II, III)-oxid s	Fe_3O_4	5,2	231,5	1538,0 z	–	–1118	146	–1015
Eisen(III)-oxid s	Fe_2O_3	5,2	159,7	1560 z	–	–824	87	–742
Eisen(II)-sulfat s	$FeSO_4$	2,84	151,9	z	–	–928	108	–821
Eisen(II)-sulfid s	FeS	4,8	87,9	1195	z	–100	60	–100
Fluorwasserstoff ♦ g	HF	0,987 (l)	20	–83	19	–271	174,7	–243
Iodwasserstoff ♦ g	HI	5,79 $g \cdot l^{-1}$	127,9	–51	–35	25,9	206,3	62
Kaliumaluminiumsulfat s	$KAl(SO_4)_2$		258,2			–2465	205	–2236
Kaliumbromid s	KBr	2,7	119	734	1380	–392	97	–379
Kaliumcarbonat s	K_2CO_3	2,3	138,2	897	z	–1146	156	–1061
Kaliumchlorat s	$KClO_3$	2,3	122,6	368	400 z	–391	143	–290
Kaliumchlorid s	KCl	2,0	74,6	770	1407	–436	83	–408
Kaliumchromat s	K_2CrO_4	2,7	194,2	975	z	–1383		
Kaliumcyanid s	KCN	1,5	65,1	623		–113	128	–102
Kaliumdichromat s	$K_2Cr_2O_7$	2,7	294,2	398	500 z	–2033		
Kaliumfluorid l	KF	2,5	58,1	857	1500 z	–563	67	–533
Kaliumhydroxid s	KOH	2,0	56,1	360	1327	–425	79	379
Kaliumiodat s	KIO_3	3,9	214,0	560	z	–508	152	–426
Kaliumiodid s	KI	3,1	166,0	681	1324	–328	104	–322
Kaliumnitrat s	KNO_3	2,1	101,1	338	400 z	–493	133	–393
Kaliumpermanganat s	$KMnO_4$	2,7	158,0	240 z	–	–813	172	–714
Kaliumphosphat s	K_3PO_4	2,6	212,3	1340				
Kaliumsulfat s	K_2SO_4	2,7	174,3	1074	1689	–1434	176	–1316
Kaliumoxid s	K_2O	2,3	94,2	350 z	–	–361	98	–322
Kohlenstoffdioxid ♦ g	CO_2	1,98 $g \cdot l^{-1}$	44	–56,6 p	–78,4 subl.	–393	214	–394
Kohlenstoffdisulfid l	CS_2	1,3	76,1	–111	46	90	151	65
Kohlenstoffmonooxid ♦ g	CO	1,25 $g \cdot l^{-1}$	28	–205	–190	–110,5	198	–137

Name	Aggregatzustand bei 25 °C	Formel	Dichte ♦ ρ in $g \cdot cm^{-3}$ bei 25 °C	molare Masse in $g \cdot mol^{-1}$	Schmelztemperatur● ϑ_s in °C	Siedetemperatur● ϑ_v in °C	Standardbildungsenthalpie $\Delta_f H^0$ in $kJ \cdot mol^{-1}$	Standardentropie S^0 in $J \cdot mol^{-1} \cdot K^{-1}$	freie Standardbildungsenthalpie $\Delta_f G^0$ in $kJ \cdot mol^{-1}$
Kupfer(I)-chlorid	s	$CuCl$	3,5	99,0	430	1490	–137	86	–120
Kupfer(II)-chlorid	s	$CuCl_2$	3,4	134,4	498	993 z	–220	108	–176
Kupfer(II)-nitrat	s	$Cu(NO_3)_2$		187,6	256	subl.	–303		
Kupfer(I)-oxid	s	Cu_2O	6,0	143,1	1230	1800 z	–169	93	–146
Kupfer(II)-oxid	s	CuO	6,4	79,5	1026 z	–	–157	43	–130
Kupfer(II)-sulfat	s	$CuSO_4$	3,6	159,6	650 z	–	–771	109	–662
Lithiumchlorid	s	$LiCl$	2,1	42,4	610	1350	–402	59	–377
Magnesiumbromid	s	$MgBr_2$	3,7	184,1	700		–524	117	–504
Magnesiumcarbonat	s	$MgCO_3$	3,1	84,3	350 z	–	–1096	66	–1012
Magnesiumchlorid	s	$MgCl_2$	2,3	95,2	712	1418	–642	90	–592
Magnesiumhydroxid	s	$Mg(OH)_2$	2,4	58,3	350 z	–	–924	63	–834
Magnesiumnitrat	s	$Mg(NO_3)_2$		148,3	z	–	–791	164	–590
Magnesiumoxid	s	MgO	3,6	40,3	2800	3600	–601,2	27	–570
Magnesiumsulfat	s	$MgSO_4$	2,7	120,4	1124 z	–	–1288	92	–1171
Manganchlorid	s	$MnCl_2$	3,0	125,9	650	1190	–481	118	–441
Mangan(IV)-oxid (Braunstein)	s	MnO_2	5,0	86,9	535 z	–	–520	53	–465
Mangansulfat	s	$MnSO_4$	3,2	151,0	700	850 z	–1065	112	–957
Natriumbromid	s	$NaBr$	3,2	102,9	747	1390	–360	84	–347
Natriumcarbonat	s	Na_2CO_3	2,5	106,0	854	z	–1131	136	–1048
Natriumchlorid	s	$NaCl$	2,2	58,5	801	1465	–411	72	–384
Natriumhydrogencarbonat	s	$NaHCO_3$	2,2	84,0	270 z	–	–948	102	–852
Natriumhydroxid	s	$NaOH$	2,1	40	322 p	1378	–427	64	–381
Natriumnitrat	s	$NaNO_3$	2,3	85	310	z	–467	116	–366
Natriumnitrit	s	$NaNO_2$	2,2	69,0	271	320 z	–359		
Natriumphosphat	s	Na_3PO_4	2,5	163,9	1340		–1925		
Natriumsulfat	s	Na_2SO_4	2,7	142,0	884		–1384	149	–1267
Natriumthiosulfat	s	$Na_2S_2O_3$	1,7	158,1	z	–	–1117		
Ozon ♦	g	O_3	2,14 (l)	48	–193	–111	143	239	163
phosphorige Säure	s	H_3PO_3	1,6	82	74	200 z	–964		
Diphosphorpentaoxid	s	P_4O_{10}	2,4	284	580	300 subl.	–3008	228	–2724
Phosphorpentachlorid	g	PCl_5	1,6	208,3	148 p	164 subl.	–375	113	–305
Phosphorsäure	s	H_3PO_4	1,8	98,0	42	213 z	–1286	110	–1126
Quecksilber(II)-chlorid	s	$HgCl_2$	5,4	271,5	277	304	–224	146	–179
Quecksilber(II)-oxid	s	HgO	11,1	216,6	500 z	–	–91	70	–59
Salpetersäure	l	HNO_3	1,5	63	–47	86	–174	156	–81
Sauerstoff ♦	g	O_2	1,43 $g \cdot l^{-1}$	31,998	–218,4	–183	0	205	0
Schwefeldioxid ♦	g	SO_2	2,926 $g \cdot l^{-1}$	64,1	–73	–10	–297	248	–300
Schwefelsäure	l	H_2SO_4	1,8	98,1	10	338 z	–814	157	–690
Schwefeltrioxid (β)		SO_3	1,97	80,1	32,5	45	–396	257	–371
Schwefelwasserstoff ♦	g	H_2S	1,529 $g \cdot l^{-1}$	34,1	–86	–62	–20,7	205,5	–34
Silberbromid	s	$AgBr$	6,5	187,8	430	700 z	–100	107	–97

Aggregatzustand bei 25 °C / Name		Formel	Dichte ♦ ρ in $g \cdot cm^{-3}$ bei 25 °C	molare Masse in $g \cdot mol^{-1}$	Schmelztemperatur● ϑ_s in °C	Siedetemperatur● ϑ_v in °C	Standardbildungsenthalpie $\Delta_f H^0$ in $kJ \cdot mol^{-1}$	Standardentropie S^0 in $J \cdot mol^{-1} \cdot K^{-1}$	freie Standardbildungsenthalpie $\Delta_f G^0$ in $kJ \cdot mol^{-1}$
Silberchlorid	s	AgCl	5,6	143,3	455	1564	–127	96	–110
Silberiodid	s	AgI	5,7	234,8	557	1506	–62	115	–66
Silbernitrat	s	$AgNO_3$	4,4	169,9	209	444 z	–124	141	–33
Siliciumdioxid	s	SiO_2	2,6	60,1	1700	2230	–911	42	–858
Distickstoffpentoxid	s	N_2O_5	1,6	108,0	41 p	32 subl.	11	356	115
Distickstofftrioxid	g	N_2O_3	1,4 (l)	76,0	–102		84	312	139
Stickstoffdioxid ♦	g	NO_2	1,49 (l)	46,0	–11	21	33	240	51
Stickstoffmonooxid ♦	g	NO	1,340 $g \cdot l^{-1}$	30	–164	–152	90	211	87
Wasser	l	H_2O	0,997■	18,0	0	100	–285	70	–237
Wasser	g	H_2O	–	–	–	–	–242	189	–229
Wasserstoff ♦	g	H_2	0,089 $g \cdot l^{-1}$	2,016	–259,1	–252,5	0	131	0
Wasserstoffperoxid	l	H_2O_2	1,4	34,0	–0,4	158	–188	109	–120
Zinkchlorid	s	$ZnCl_2$	2,9	136,3	283	732	–415	111	–369
Zinkoxid	s	ZnO	5,5	81,4	1970	subl.	–348	44	–318

s – (solid) – fest p – unter Druck l (liquid) – flüssig subl. – sublimiert g (gaseous) – gasförmig z – zersetzlich

♦ Dichte gasförmiger Stoffe bei 0 °C

● Schmelz- und Siedetemperatur bei 101,3 kPa

■ Dichte von Wasser: bei 0 °C 0,999 84 $g \cdot cm^{-3}$; bei 4 °C 0,999 97 $g \cdot cm^{-3}$; bei 100 °C 0,958 35 $g \cdot cm^{-3}$

Organische Verbindungen

Aggregatzustand bei 25 °C / Name		Formel	Dichte ♦ ρ in $g \cdot cm^{-3}$ bei 25 °C	molare Masse in $g \cdot mol^{-1}$	Schmelztemperatur● ϑ_s in °C	Siedetemperatur● ϑ_v in °C	Standardbildungsenthalpie $\Delta_f H^0$ in $kJ \cdot mol^{-1}$	Standardentropie S^0 in $J \cdot mol^{-1} \cdot K^{-1}$	freie Standardbildungsenthalpie $\Delta_f G^0$ in $kJ \cdot mol^{-1}$
Acrylnitril	l	C_2H_3CN	0,806	53,1	–82	77	140	178,91	
2-Amino-Ethansäure (Glycin)	s	NH_2CH_2COOH	0,828 (17°C)	75,1	262 z	–	–528,8	108,78	–369
Aminobenzol (Anilin)	l	$C_6H_5NH_2$	1,02	93,1	–6,3	184,1	35,14	191,62	167 (g)
Anthracen	s	$C_{14}H_{10}$	1,28	178,2	216	340	231	207,15	
Benzaldehyd	l	C_6H_5CHO	1,042 (15°C)	106,1	–26	178,1	–82,0	221,2	
Benzoesäure	s	C_6H_5COOH	1,266 (15°C)	122,1	122,4	249	–380,74	170,7	–210 (g)
Benzol (Benzen)	l	C_6H_6	0,87	78,1	5,5	80,1	83 (g)	269 (g)	130 (g)
Blei(II)-acetat	s	$(CH_3COO)_2Pb$	3,2	325,3	280	z	–964		
Bromethan	l	C_2H_5Br	1,451	109	–118,6	38,4	–92	288 (g)	–27 (g)
Brommethan	g	CH_3Br	1,662 (l)	94,9	–93,6	3,6	–38	246	–28
2-Brompropan	l	C_3H_7Br	1,306	123,0	–89	59,4	–97	316	–27 (g)
Buta-1,3-dien	g	C_4H_6	0,650 (–6°C)	54,1	–108,9	–4,4	110	279	151
Butan ♦	g	C_4H_{10}	2,703 $g \cdot l^{-1}$	58,1	–138,4	–0,5	–124,51	310,45	–17
Butandisäure (Bernsteinsäure)	s	$C_2H_4(COOH)_2$	1,572	118,1	188	235 z	–941	176	–747

Name	Aggregatzustand bei 25 °C	Formel	Dichte ♦ ρ in $g \cdot cm^{-3}$ bei 25 °C	molare Masse in $g \cdot mol^{-1}$	Schmelztemperatur• ϑ_s in °C	Siedetemperatur• ϑ_v in °C	Standardbildungsenthalpie $\Delta_f H^0$ in $kJ \cdot mol^{-1}$	Standardentropie S^0 in $J \cdot mol^{-1} \cdot K^{-1}$	freie Standardbildungsenthalpie $\Delta_f G^0$ in $kJ \cdot mol^{-1}$
Butan-1-ol	l	C_4H_9OH	0,806	74,1	–89,3	117,7	–274	363	–151
Butan-2-ol	l	C_4H_9OH	0,802	74,1	–114,7	99,5	–292	359	–167
Butansäure (Buttersäure)	l	C_3H_7COOH	0,952	88,1	–5,2	163,3	–533,8	225,9	–378
Butansäure-ethylester	l	$C_3H_7COOC_2H_5$	0,879 (20 °C)	116,15	–93,3	120	–528,4		
But-1-en	g	C_4H_8	0,589 (l)	56,1	–185,4	–6,3	–0,1	306	71
But-1-in	l	C_4H_6	0,65	54,1	–125,7	8,1	165	191	202
But-2-in	l	C_4H_6	0,686	54,1	–32,0	27,0	146 (g)	283 (g)	185 (g)
Chlorbenzol	l	C_6H_5Cl	1,106	112,6	–45	132	11	196,22	99 (g)
1-Chlorbutan	l	C_4H_9Cl	0,881	92,6	–123,1	78,4	–147 (g)	358 (g)	–39 (g)
Chlorethan	g	C_2H_5Cl	0,917 (6 °C)	64,5	–136,4	12,3	–112	276	–73
Chlorethansäure	s	$ClCH_2COOH$	1,404 (40 °C)	94,5	63	187,9	–513		
Chlorethen (Vinylchlorid)	g	C_2H_3Cl	0,901 (l)	62,5	–153,8	–13,4	35	264	52
Chlormethan ♦	g	CH_3Cl	2,307 $g \cdot l^{-1}$	50,5	–97,7	–24,2	–86	235	–63
1-Chlorpentan	l	$C_5H_{11}Cl$	0,877	106,6	–99,0	107,8	–175 (g)	397 (g)	–37 (g)
Chlorpropan	l	C_3H_7Cl	0,885	78,5	–122,8	46,6	–130 (g)	319 (g)	–51 (g)
Citronensäure	s	$C_6H_8O_7$	1,542	192,12	153		–1543,8	252,1	
Cyclobutan	g	C_4H_8	0,689 (l)	56,1	–90,7	12,5	27 (g)	265 (g)	110 (g)
Cyclohexan	l	C_6H_{12}	0,774	84,2	6,6	80,7	–157	205	32 (g)
Cyclohexanol	s	$C_6H_{11}OH$	0,962	100,2	25,2	161	–295	328	–118
Cyclohexen	l	C_6H_{10}	0,806	82,1	–103,5	83,0	–5 (g)	311 (g)	107 (g)
Cyclopentan	l	C_5H_{10}	0,74	70,1	–93,9	49,3	–77 (g)	293 (g)	39 (g)
Decan	l	$C_{10}H_{22}$	0,726	142,3	–29,7	174,1	–250 (g)	545 (g)	–33 (g)
1,2-Dibromethan	l	$C_2H_4Br_2$	2,169	187,9	9,8	131,4	–81	330 (g)	–11 (g)
Dibrommethan	l	CH_2Br_2	2,484	173,9	–52,6	97,0	–4 (g)	293 (g)	–6 (g)
1,2-Dichlorbenzol	l	$C_6H_4Cl_2$	1,305	147,0	–17	179	–18	342 (g)	83 (g)
1,3-Dichlorbenzol	l	$C_6H_4Cl_2$	1,288	147,0	–25	172	–22	343 (g)	79 (g)
1,4-Dichlorbenzol	s	$C_6H_4Cl_2$	1,533	147,0	53	174	–42	337 (g)	77 (g)
1,2-Dichlorethan	l	$C_2H_4Cl_2$	1,246	99,0	–35,7	83,5	–165	308 (g)	–74 (g)
Dichlorethansäure	l	$Cl_2CHCOOH$	1,563 (20 °C)	128,9	13,5	194	–501		
Dichlormethan	l	CH_2Cl_2	1,316	84,9	–95,1	39,8	–124	2 707 (g)	–69 (g)
Diethylether	l	$C_2H_5OC_2H_5$	0,714	74,1	–116,2	34,51	–279	343	–122 (g)
1,2-Dihydroxybenzol (Brenzcatechin)	s	$C_6H_4(OH)_2$	1,344	110,1	104,5	245	353		
1,3-Dihydroxybenzol (Resorcin)	s	$C_6H_4(OH)_2$	1,271 (15 °C)	110,1	109,8	276,5	–357,73	146,44	–172 (g)

Name	Aggregatzustand bei 25 °C	Formel	Dichte ♦ ρ in $g \cdot cm^{-3}$ bei 25 °C	molare Masse in $g \cdot mol^{-1}$	Schmelztemperatur● ϑ_s in °C	Siedetemperatur● ϑ_v in °C	Standardbildungsenthalpie $\Delta_f H^0$ in $kJ \cdot mol^{-1}$	Standardentropie S^0 in $J \cdot mol^{-1} \cdot K^{-1}$	freie Standardbildungsenthalpie $\Delta_f G^0$ in $kJ \cdot mol^{-1}$
1,4-Dihydroxybenzol (Hydrochinon)	s	$C_6H_4(OH)_2$	1,33	110,1	171,5	285	366	294	−175 (g)
1,2-Dimethylbenzol (o-Xylol)	l	$C_6H_4(CH_3)_2$	0,876	106,2	−25,2	144,4	−24	353	122 (g)
1,3-Dimethylbenzol (m-Xylol)	l	$C_6H_4(CH_3)_2$	0,860	106,2	−47,9	139,1	−26	358	119 (g)
1,4-Dimethylbenzol (p-Xylol)	l	$C_6H_4(CH_3)_2$	0,875	106,2	13,3	138,4	−24	352	121 (g)
Dimethylether	g	CH_3OCH_3	1,62	46,1	−138,5	−23	−184	267	−113
Dodecan	l	$C_{12}H_{26}$	0,745	170,3	−9,6	216,3	−291 (g)	623 (g)	50 (g)
Eicosan	s	$C_{20}H_{42}$	0,785	282,5	36,4	343,8	−456 (g)	934 (g)	117 (g)
Ethan ♦	g	C_2H_6	1,356 $g \cdot l^{-1}$	30,1	−183,3	−88,6	−84,47	228,45	−33
Ethanal	g	CH_3CHO	0,788 (13 °C)	44,1	−123	20,1	−166	264,0	−133
Ethan-1,2-diol (Ethylenglycol)	l	$C_2H_4(OH)_2$	1,109	62,1	−15,6	197,8	−451,87	166,94	−305 (g)
Ethandisäure (Oxalsäure)	s	$(COOH)_2$	1,90 (17 °C)	90,0		157 subl.	−830	120	−701
Ethanol	l	C_2H_5OH	0,785	46,1	−114,1	78,3	−278,31	158,99	−168 (g)
Ethansäure	l	CH_3COOH	1,044	60,1	16,7	117,9	−486,18	158,99	−377 (g)
Ethansäure-ethylester	l	$CH_3COOC_2H_5$	0,9	88,1	−83,6	77,1	−443 (g)	363 (g)	−327 (g)
Ethansäure-methylester	l	CH_3COOCH_3	0,933	74,1	−98,1	57,0	−442		
Ethen ♦	g	C_2H_4	1,260 $g \cdot l^{-1}$	28,1	−169,2	−103,7	52,55	219,53	68
Ethin ♦	g	C_2H_2	1,170 $g \cdot l^{-1}$	26,0	−80,8	−84,0 subl.	225,51	200,95	209
Ethylbenzol	l	$C_6H_5C_2H_5$	0,863	106,2	−95	136,2	−12	361	131 (g)
Glucose (α-D-Glucose)	s	$C_6H_{12}O_6$	1,54	180,0	146	200 z	−949	209,19	−911
Harnstoff	s	$CO(NH_2)_2$	1,33	60,1	132,7	z	−330,95	104,6	−154 (g)
Heptan	l	C_7H_{16}	0,68	100	−90	98	−188	428	8
Heptan-1-ol	l	$C_7H_{15}OH$	0,819	116,2	−34,0	176,2	−335	480	−124
Hept-1-en	l	C_7H_{14}	0,693	98,2	−119,0	93,6	−62 (g)	424 (g)	−96 (g)
Hexadecan	l	$C_{16}H_{34}$	0,770	226,4	18,2	286,8	−373 (g)	778 (g)	84 (g)
Hexadecansäure (Palmitinsäure)	s	$C_{15}H_{31}COOH$	0,85 (62 °C)	256,4	62,2	219 p	−917,3	475,72	
Hexan	l	C_6H_{14}	0,655	86,2	−95,3	68,7	−211,29	297,9	−0,3 (g)
Hexan-1-ol	l	$C_6H_{13}OH$	0,816	102,2	−44,6	157,1	−320	442	−138
Hexansäure	l	$C_5H_{11}COOH$	0,923	116,2	−3	205,7	−586 (l)		
Hex-1-en	l	C_6H_{12}	0,668	84,2	−139,8	63,5	−73	385	87 (g)
Hex-1-in	l	C_6H_{10}	0,71	82,1	−131,9	71,3	124	369	219
Hydrazin	l	N_2H_4	1,0	32	1	114	95	238	159

Ch

Name	Aggregatzustand bei 25 °C	Formel	Dichte ♦ ρ in $g \cdot cm^{-3}$ bei 25 °C	molare Masse in $g \cdot mol^{-1}$	Schmelztemperatur● ϑ_s in °C	Siedetemperatur● ϑ_v in °C	Standardbildungsenthalpie $\Delta_f H^0$ in $kJ \cdot mol^{-1}$	Standardentropie S^0 in $J \cdot mol^{-1} \cdot K^{-1}$	freie Standardbildungsenthalpie $\Delta_f G^0$ in $kJ \cdot mol^{-1}$
2-Hydroxybenzoesäure (Salicylsäure)	s	$C_6H_4OHCOOH$	1,443 (20°C)	138,1	159	z	−585 (s)	178 (s)	−418 (s)
2-Hydroxypropansäure (Milchsäure)	s	$C_2H_4OHCOOH$	1,206	90,08	17	122 z		143	
Methan ♦	g	CH_4	0,72 $g \cdot l^{-1}$	16,0	−182,5	−161,5	−74,67	186,02	−51
Methanal	g	HCHO	0,82 (−20 °C)	30,0	−117	−19,2	−118,40	217,56	−110
Methanol	l	CH_3OH	0,79	32,0	−97,7	64,5	−238,48	126,77	−163 (g)
Methansäure	l	HCOOH	1,214	46,0	8,4	101	−416,43	138,07	−351 (g)
Methansäuremethylester	l	$HCOOCH_3$	0,974 (20 °C)	60,1	−99,0	31,5	−350 (g)	301 (g)	−297 (g)
Methylbenzol (Toluol)	l	$C_6H_5CH_3$	0,862	92,1	−95	110,6	15,1	217,71	122 (g)
2-Methylbutan	g	C_5H_{12}	0,615	72,1	−159,9	27,9	−155 (g)	344 (g)	−15 (g)
2-Methylpropan	g	C_4H_{10}	0,551 (l)	58,1	−159,6	−11,7	−135 (g)	295 (g)	−21 (g)
Naphthalin	s	$C_{10}H_8$	1,18	128,2	80,3	218,0	151 (g)	336 (g)	224 (g)
Natriumacetat	s	CH_3COONa	1,5	82,0	324	z	−710		
Nitrobenzol	l	$C_6H_5NO_2$	1,198	123,1	5,7	210,8	17,99	221,75	146
Nonan	l	C_9H_{20}	0,714	128,3	−53,5	150,8	−229 (g)	506 (g)	25 (g)
Octadecansäure (Stearinsäure)	s	$C_{17}H_{35}COOH$	0,84 (80 °C)	284,5	69,4	291 p	−954,37	435,6 (1 bar)	
Octadec-9-ensäure (Ölsäure)	l	$C_{17}H_{33}COOH$	0,89	282,5	14	205	−764,8		
Octan	l	C_8H_{18}	0,698	114,2	−56,8	125,7	−250	467	16 (g)
Pentan	l	C_5H_{12}	0,621	72,1	−129,7	36,1	−168,19	259,40	−8 (g)
Pentan-1-ol	l	$C_5H_{11}OH$	0,811	88,2	−78,2	138	−302	403	−150
Pentansäure	l	C_4H_9COOH	0,935	102,1	−34	185,5	−490 (g)	440 (g)	−357 (g)
Pent-1-en	l	C_5H_{10}	0,635	70,1	−165,2	30,0	−21	346	79
Pent-1-in	l	C_5H_8	0,689	68,1	−105,7	40,2	144 (g)	330 (g)	210 (g)
Pent-2-in	l	C_5H_8	0,706	68,1	−109,3	56,1	129 (g)	332 (g)	194 (g)
Phenol	s	C_6H_5OH	1,132	94,1	41,0	181,8	−155,22	142,25	33 (g)
Phosgen	g	$COCl_2$	1,4	98,9	−104	8	−219	283	−205
Phthalsäure	s	$C_6H_4(COOH)_2$	1,593	166,1	210–211	7	−782	208	−592
Propan ♦	g	C_3H_8	2,02 $g \cdot l^{-1}$	44,1	−187,7	−42,1	−103,63	270,70	−24
Propan-1-ol	l	C_3H_7OH	0,799	60,1	−126,2	97,2	−302,5	192,46	−163 (g)
Propan-2-ol	l	C_3H_7OH	0,781	60,1	−88,5	82,3	−272	310	−173 (g)
Propanon (Aceton)	l	CH_3COCH_3	0,79	58,1	−94,7	56,1	−235,14	199,99	−153 (g)
Propansäure	l	C_2H_5COOH	0,988	74,1	−20,7	140,8	−511	191,0	
Propan-1,2,3-triol (Glycerin)	l	$C_3H_5(OH)_3$	1,26	92,1	17,9	290	−659,8	204,59	
Propen	g	C_3H_6	0,505 (l)	42,1	−185,3	−47,7	20	267	62

Name / Aggregatzustand bei 25 °C		Formel	Dichte ♦ ρ in $g \cdot cm^{-3}$ bei 25 °C	molare Masse in $g \cdot mol^{-1}$	Schmelztemperatur● ϑ_s in °C	Siedetemperatur● ϑ_v in °C	Standardbildungsenthalpie $\Delta_f H^0$ in $kJ \cdot mol^{-1}$	Standardentropie S^0 in $J \cdot mol^{-1} \cdot K^{-1}$	freie Standardbildungsenthalpie $\Delta_f G^0$ in $kJ \cdot mol^{-1}$
Propin	g	C_3H_4	0,6711 (l)	40,1	–102,7	–23,2	185	248	194
Saccharose	s	$C_{12}H_{22}O_{11}$	1,588	342,3	185 z	–	–2 221	360	–1544
Silberacetat	s	CH_3COOAg	3,3	166,9	z	–	–399	150	–308
Tetrachlormethan	l	CCl_4	1,584	153,8	–23,0	76,5	–141,4	217,56	–58 (g)
Tribrommethan	l	$CHBr_3$	2,876	252,8	8,1	149,6	25 (g)	331 (g)	16 (g)
Trichlormethan (Chloroform)	l	$CHCl_3$	1,480	119,4	–63,5	61,7	–132	296 (g)	–69 (g)
Trichlorethansäure	s	Cl_3CCOOH	1,62	163,4	58	197,6	–501 (l)		
Triiodmethan (Iodoform)	s	CHI_3	4,178	393,8	119	218	211	356	178
Triethylamin	l	$(C_2H_5)_3N$	0,737 (20°C)	101,19	–114,8	89,4	–100	405	110
Undecan	l	$C_{11}H_{24}$	0,737	156,3	–25,6	195,9	–270 (g)	584 (g)	42 (g)
Vinylbenzol (Styrol)	l	$C_6H_5C_2H_3$	0,91	104,14	–31	145	103,4	237,6	

♦ Dichte gasförmiger Stoffe bei 0 °C   ● Schmelz- und Siedetemperatur bei 101,3 kPa

Molare Standardgrößen ausgewählter hydratisierter Ionen in wässriger Lösung

Ionen	Formel	Standardbildungsenthalpie $\Delta_f H^0$ in $kJ \cdot mol^{-1}$	Standardentropie S^0 in $J \cdot mol^{-1} \cdot K^{-1}$	freie Standardbildungsenthalpie $\Delta_f G^0$ in $kJ \cdot mol^{-1}$
Acetat-Ionen	CH_3COO^-	–486	86	–368
Aluminium-Ionen	Al^{3+}	–531	–322	–485
Ammonium-Ionen	NH_4^+	–132	–113	–79
Barium-Ionen	Ba^{2+}	–538	10	–561
Blei-Ionen	Pb^{2+}	–2	10	–24
Bromid-Ionen	Br^-	–121	83	–104
Calcium-Ionen	Ca^{2+}	–543	–53	–554
Carbonat-Ionen	CO_3^{2-}	–677	–57	–582
Chlorid-Ionen	Cl^-	–167	57	–131
Chromat-Ionen	CrO_4^{2-}	–881	50	–728
Cobalt(II)-Ionen	Co^{2+}	–58	–113	–54
Cobalt(III)-Ionen	Co^{3+}	92	–305	–134
Cyanid-Ionen	CN^-	151	94	172
Dichromat-Ionen	$Cr_2O_7^{2-}$	–1490	262	–1301
Eisen(II)-Ionen	Fe^{2+}	–89	–138	–79
Eisen(III)-Ionen	Fe^{3+}	–49	–316	–5
Fluorid-Ionen	F^-	–333	–14	–279
Formiat-Ionen	$HCOO^-$	–426	92	–351
Hydrogencarbonat-Ionen	HCO_3^-	602	91	–587

Ionen	Formel	Standardbildungs-enthalpie $\Delta_f H^0$ in $kJ \cdot mol^{-1}$	Standardentropie S^0 in $J \cdot mol^{-1} \cdot K^{-1}$	freie Standard-bildungsenthalpie $\Delta_f G^0$ in $kJ \cdot mol^{-1}$
Hydronium-Ionen	H_3O^+	–286	70	–237
Hydroxid-Ionen	OH^-	–230	–11	–157
Iodid-Ionen	I^-	–57	107	–52
Kalium-Ionen	K^+	–251	103	–282
Kupfer(I)-Ionen	Cu^+	72	41	50
Kupfer(II)-Ionen	Cu^{2+}	65	–100	66
Magnesium-Ionen	Mg^{2+}	–467	–138	–455
Mangan-Ionen	Mn^{2+}	–221	–74	–228
Natium-Ionen	Na^+	–240	59	–262
Nitrat-Ionen	NO_3^-	–207	146	–111
Perchlorat-Ionen	ClO_4^-	–129	182	–9
Permanganat-Ionen	MnO_4^-	–541	191	–447
Phosphat-Ionen	PO_4^{3-}	–1290	–222	–1032
Silber-Ionen	Ag^+	106	73	77
Sulfat-Ionen	SO_4^{2-}	–909	20	–745
Sulfid-Ionen	S^{2-}	33	–15	86
Sulfit-Ionen	SO_3^{2-}	–635	–29	–487
Thiosulfat-Ionen	$S_2O_3^{2-}$	–652	121	
Wasserstoff-Ionen	H^+	0	0	0
Zink-Ionen	Zn^{2+}	–154	–112	–147

Atombau

Atom- und Ionenradien ausgewählter Elemente

Element	Atomradius in 10^{-10} m	Ionen-radius in 10^{-10} m	Ionen-ladung	Element	Atomradius in 10^{-10} m	Ionenradius in 10^{-10} m	Ionen-ladung
Aluminium Al	1,43	0,50	+3	Kupfer Cu	1,28	0,72	+2
Beryllium Be	1,12	0,31	+2	Lithium Li	1,52	0,60	+1
Bor B	0,88	0,20	+3	Magnesium Mg	1,60	0,65	+2
Brom Br	1,14	1,95	–1	Mangan Mn	1,24	0,91	+2
Caesium Cs	2,62	1,69	+1	Mangan Mn	1,24	0,70	+3
Calcium Ca	1,97	0,97	+2	Natrium Na	1,86	0,95	+1
Chlor Cl	0,99	1,81	–1	Phosphor P	1,10	2,12	–3
Cobalt Co	1,25	0,82	+2	Rubidium Rb	2,44	1,48	+1
Eisen Fe	1,24	0,83	+2	Sauerstoff O	0,66	1,45	–2
Eisen Fe	1,24	0,647	+3	Schwefel S	1,04	1,84	–2
Fluor F	0,64	1,36	–1	Selen Se	1,17	1,98	–2
Gallium Ga	1,22	0,62	+3	Silicium Si	1,17	0,39	+4
Germanium Ge	1,22	0,53	+4	Stickstoff N	0,70	1,71	–3
Iod I	1,33	2,16	–1	Silber Ag	1,44	1,26	+1
Kalium K	2,02	1,33	+1	Wasserstoff H	0,373		
Kohlenstoff C	0,77	0,16	+4	Zink Zn	1,33	0,74	+2

Verteilung der Elektronen in der Atomhülle (Grundzustand)

Periode	Ordnungszahl	Elemente		Anzahl der Elektronen in den Hauptenergieniveaustufen 1	2	3	4	5	6	7
Periode 1	1	Wasserstoff	H	1						
Periode 1	2	Helium	He	2						
Periode 2	3	Lithium	Li	2	1					
Periode 2	4	Beryllium	Be	2	2					
Periode 2	5	Bor	B	2	3					
Periode 2	6	Kohlenstoff	C	2	4					
Periode 2	7	Stickstoff	N	2	5					
Periode 2	8	Sauerstoff	O	2	6					
Periode 2	9	Fluor	F	2	7					
Periode 2	10	Neon	Ne	2	8					
Periode 3	11	Natrium	Na	2	8	1				
Periode 3	12	Magnesium	Mg	2	8	2				
Periode 3	13	Aluminium	Al	2	8	3				
Periode 3	14	Silicium	Si	2	8	4				
Periode 3	15	Phosphor	P	2	8	5				
Periode 3	16	Schwefel	S	2	8	6				
Periode 3	17	Chlor	Cl	2	8	7				
Periode 3	18	Argon	Ar	2	8	8				
Periode 4	19	Kalium	K	2	8	8	1			
Periode 4	20	Calcium	Ca	2	8	8	2			
Periode 4	21	Scandium	Sc	2	8	8+1	2			
Periode 4	22	Titanium	Ti	2	8	8+2	2			
Periode 4	23	Vanadium	V	2	8	8+3	2			
Periode 4	24	Chromium	Cr	2	8	8+5	1			
Periode 4	25	Mangan	Mn	2	8	8+5	2			
Periode 4	26	Eisen	Fe	2	8	8+6	2			
Periode 4	27	Cobalt	Co	2	8	8+7	2			
Periode 4	28	Nickel	Ni	2	8	8+8	2			
Periode 4	29	Kupfer	Cu	2	8	8+10	1			
Periode 4	30	Zink	Zn	2	8	8+10	2			
Periode 4	31	Gallium	Ga	2	8	18	3			
Periode 4	32	Germanium	Ge	2	8	18	4			
Periode 4	33	Arsen	As	2	8	18	5			
Periode 4	34	Selen	Se	2	8	18	6			
Periode 4	35	Brom	Br	2	8	18	7			
Periode 4	36	Krypton	Kr	2	8	18	8			
Periode 5	37	Rubidium	Rb	2	8	18	8	1		
Periode 5	38	Strontium	Sr	2	8	18	8	2		
Periode 5	39	Yttrium	Y	2	8	18	8+1	2		
Periode 5	40	Zirconium	Zr	2	8	18	8+2	2		
Periode 5	41	Niobium	Nb	2	8	18	8+4	1		
Periode 5	42	Molybdän	Mo	2	8	18	8+5	1		
Periode 5	43	Technetium	Tc	2	8	18	8+5	2		
Periode 5	44	Ruthenium	Ru	2	8	18	8+7	1		
Periode 5	45	Rhodium	Rh	2	8	18	8+8	1		
Periode 5	46	Palladium	Pd	2	8	18	8+10	0		
Periode 5	47	Silber	Ag	2	8	18	8+10	1		
Periode 5	48	Cadmium	Cd	2	8	18	8+10	2		
Periode 5	49	Indium	In	2	8	18	18	3		
Periode 5	50	Zinn	Sn	2	8	18	18	4		
Periode 5	51	Antimon	Sb	2	8	18	18	5		
Periode 5	52	Tellur	Te	2	8	18	18	6		
Periode 5	53	Iod	I	2	8	18	18	7		
Periode 5	54	Xenon	Xe	2	8	18	18	8		
Periode 6	55	Caesium	Cs	2	8	18	18	8	1	
Periode 6	56	Barium	Ba	2	8	18	18	8	2	
Periode 6	57	Lanthan	La	2	8	18	18	8+1	2	
Periode 6	58	Cerium	Ce	2	8	18	18+1	8+1	2	
Periode 6	59	Praseodymium	Pr	2	8	18	18+3	8	2	
Periode 6	60	Neodymium	Nd	2	8	18	18+4	8	2	
Periode 6	61	Promethium	Pm	2	8	18	18+5	8	2	
Periode 6	62	Samarium	Sm	2	8	18	18+6	8	2	
Periode 6	63	Europium	Eu	2	8	18	18+7	8	2	
Periode 6	64	Gadolinium	Gd	2	8	18	18+7	8+1	2	
Periode 6	65	Terbium	Tb	2	8	18	18+9	8	2	
Periode 6	66	Dysprosium	Dy	2	8	18	18+10	8	2	
Periode 6	67	Holmium	Ho	2	8	18	18+11	8	2	
Periode 6	68	Erbium	Er	2	8	18	18+12	8	2	
Periode 6	69	Thulium	Tm	2	8	18	18+13	8	2	
Periode 6	70	Ytterbium	Yb	2	8	18	18+14	8	2	
Periode 6	71	Lutetium	Lu	2	8	18	18+14	8+1	2	
Periode 6	72	Hafnium	Hf	2	8	18	32	8+2	2	
Periode 6	73	Tantal	Ta	2	8	18	32	8+3	2	
Periode 6	74	Wolfram	W	2	8	18	32	8+4	2	
Periode 6	75	Rhenium	Re	2	8	18	32	8+5	2	
Periode 6	76	Osmium	Os	2	8	18	32	8+6	2	
Periode 6	77	Iridium	Ir	2	8	18	32	8+7	2	
Periode 6	78	Platin	Pt	2	8	18	32	8+9	1	
Periode 6	79	Gold	Au	2	8	18	32	8+10	1	
Periode 6	80	Quecksilber	Hg	2	8	18	32	8+10	2	
Periode 6	81	Thallium	Tl	2	8	18	32	18	3	
Periode 6	82	Blei	Pb	2	8	18	32	18	4	
Periode 6	83	Bismut	Bi	2	8	18	32	18	5	
Periode 6	84	Polonium	Po	2	8	18	32	18	6	
Periode 6	85	Astat	At	2	8	18	32	18	7	
Periode 6	86	Radon	Rn	2	8	18	32	18	8	
Periode 7	87	Francium	Fr	2	8	18	32	18	8	1
Periode 7	88	Radium	Ra	2	8	18	32	18	8	2
Periode 7	89	Actinium	Ac	2	8	18	32	18	8+1	2
Periode 7	90	Thorium	Th	2	8	18	32	18	8+2	2
Periode 7	91	Protactinium	Pa	2	8	18	32	18+2	8+1	2
Periode 7	92	Uranium	U	2	8	18	32	18+3	8+1	2
Periode 7	93	Neptunium	Np	2	8	18	32	18+4	8+1	2
Periode 7	94	Plutonium	Pu	2	8	18	32	18+6	8	2
Periode 7	95	Americium	Am	2	8	18	32	18+7	8	2
Periode 7	96	Curium	Cm	2	8	18	32	18+7	8+1	2
Periode 7	97	Berkelium	Bk	2	8	18	32	18+9	8	2
Periode 7	98	Californium	Cf	2	8	18	32	18+10	8	2
Periode 7	99	Einsteinium	Es	2	8	18	32	18+11	8	2
Periode 7	100	Fermium	Fm	2	8	18	32	18+12	8	2
Periode 7	101	Mendelevium	Md	2	8	18	32	18+13	8	2
Periode 7	102	Nobelium	No	2	8	18	32	18+14	8	2
Periode 7	103	Lawrencium	Lr	2	8	18	32	18+14	8+1	2
Periode 7	104	Rutherfordium	Rf	2	8	18	32	32	8+2	2
Periode 7	105	Dubnium	Db	2	8	18	32	32	8+3	2

Energieniveauschema der Atomorbitale

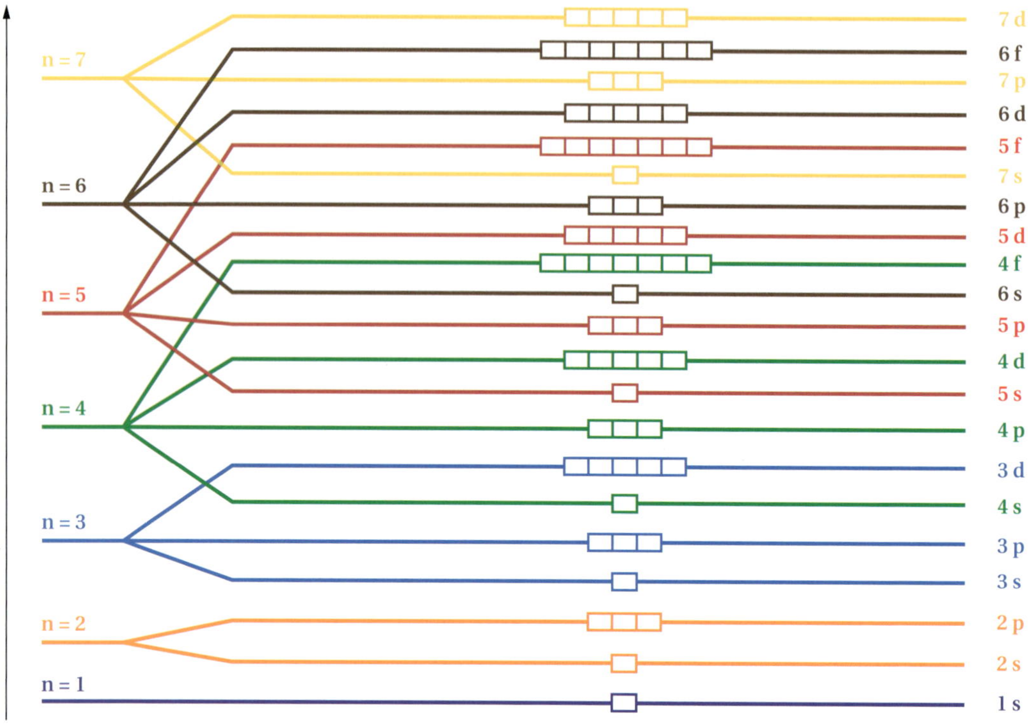

Hauptquantenzahl n	Nebenquantenzahl l	Orbitalbezeichnung	Magnetquantenzahl m	Spinquantenzahl s	Elektronenzahl
1	0	s	0	$\pm \frac{1}{2}$	2
2	0	s	0	$\pm \frac{1}{2}$	
	1	p	1	$\pm \frac{1}{2}$	
			0	$\pm \frac{1}{2}$	8
			−1	$\pm \frac{1}{2}$	
3	0	s	0	$\pm \frac{1}{2}$	
	1	p	1	$\pm \frac{1}{2}$	
			0	$\pm \frac{1}{2}$	
			−1	$\pm \frac{1}{2}$	
	2	d	2	$\pm \frac{1}{2}$	18
			1	$\pm \frac{1}{2}$	
			0	$\pm \frac{1}{2}$	
			−1	$\pm \frac{1}{2}$	
			−2	$\pm \frac{1}{2}$	
4					

Allgemeine Stoff- und Reaktionskonstanten

pH-Wert-Skala

Eigenschaft der Lösung	stark sauer	schwach sauer	neu-tral	schwach alkalisch	stark alkalisch
Ursache	Konzentration der Hydronium-Ionen H_3O^+ ←			→ Konzentration der Hydroxid-Ionen OH^-	
Universalindikatorpapier					
pH-Wert	0 1 2	3 4 5 6	7	8 9 10	11 12 13 14

Säure-Base-Indikatoren

Name	angezeigte Farben pH_1	< pH_2	pH-Umschlagsbereich
Brillantgrün	gelb	grün	0,0 … 2,6
Kresolrot	rot	gelb	0,2 … 1,8
Thymolblau	rot	gelb	1,2 … 2,8
Methylgelb	rot	gelb	2,4 … 4,0
Methylorange	rot	gelb	3,1 … 4,4
Methylrot	rosa	gelb	4,4 … 6,2
Lackmus	rot	blau	5,0 … 8,0
Bromthymolblau	gelb	blau	6,0 … 7,6
Kresolrot	gelb	violett-rot	7,0 … 8,8
Thymolblau	gelb	blau	8,0 … 9,6
Phenolphthalein	farblos	rot	8,3 … 10,0
Alizaringelb R	gelb	orangebraun	10,1 … 12,0
Indigocarmin	blau	gelb	11,5 … 13,0

Dichten und Stoffmengenkonzentrationen handelsüblicher Lösungen

in Wasser gelöster Stoff	konzentriert			verdünnt		
	Massenanteile ω_i in %	Dichte ρ bei 20 °C in $g \cdot ml^{-1}$	Stoffmengen-konzentration in $mol \cdot l^{-1}$	Massenanteile ω_i in %	Dichte ρ bei 20 °C in $g \cdot ml^{-1}$	Stoffmengen-konzentration in $mol \cdot l^{-1}$
HCl (g)	36	1,179	12	7	1,033	2
HNO_3 (l)	65	1,391	14,53	12	1,066	2
H_2SO_4 (l)	96	1,836	17,97	9	1,059	1
H_3PO_4 (s)	85	1,71	14,65	10	1,05	1,1
CH_3COOH (l)	99	1,052	17,35	12	1,015	2
NaOH (s)	32	1,35	10,79	8	1,087	2,2
KOH (s)	27	1,256	6,12	11	1,100	2,2
NH_3 (g)	25	0,907	13,35	3	0,981	1,7
C_2H_5OH (l)	96	0,8	16,7	6	0,988	1

Säure-Base-Konstanten und pK_S- bzw. pK_B-Werte für ausgewählte Säure-Base-Paare ($pK_S = -\lg \{K_S\}$)

bei 25 °C

Säure	K_S in $mol \cdot l^{-1}$	pK_S	korrespondierende Base	K_B in $mol \cdot l^{-1}$	pK_B
$HClO_4$	$\approx 10^{9}$	≈ -9	ClO_4^-	$\approx 10^{-23}$	≈ 23
HCl	$\approx 10^{7}$	≈ -7	Cl^-	$\approx 10^{-21}$	≈ 21
H_2SO_4	$\approx 10^{3}$	≈ -3	HSO_4^-	$\approx 10^{-17}$	≈ 17
H_3O^+	$5{,}49 \cdot 10^{1}$	−1,74	H_2O	$1{,}82 \cdot 10^{-16}$	15,74
HNO_3	$2{,}09 \cdot 10^{1}$	−1,32	NO_3^-	$4{,}79 \cdot 10^{-16}$	15,32
HOOC–COOH	$5{,}6 \cdot 10^{-2}$	1,25	$HOOC–COO^-$	$1{,}77 \cdot 10^{-13}$	12,75
$CHCl_2–COOH$	$5{,}0 \cdot 10^{-2}$	1,30	$CHCl_2–COO^-$	$1{,}99 \cdot 10^{-13}$	12,7
H_2SO_3	$1{,}26 \cdot 10^{-2}$	1,90	HSO_3^-	$7{,}94 \cdot 10^{-13}$	12,10
HSO_4^-	$1{,}2 \cdot 10^{-2}$	1,92	SO_4^{2-}	$8{,}32 \cdot 10^{-13}$	12,08
H_3PO_4	$7{,}41 \cdot 10^{-3}$	2,13	$H_2PO_4^-$	$1{,}35 \cdot 10^{-12}$	11,87
$CH_3–CHCl–COOH$	$1{,}48 \cdot 10^{-3}$	2,83	$CH_3–CHCl–COO^-$	$6{,}76 \cdot 10^{-12}$	11,17
$CH_2Cl–COOH$	$1{,}3 \cdot 10^{-3}$	2,86	$CH_2Cl–COO^-$	$7{,}24 \cdot 10^{-12}$	11,14
HNO_2	$7{,}2 \cdot 10^{-4}$	3,14	NO_2^-	$1{,}38 \cdot 10^{-11}$	10,86
HF	$6{,}8 \cdot 10^{-4}$	3,17	F^-	$1{,}48 \cdot 10^{-11}$	10,83
HCOOH	$1{,}78 \cdot 10^{-4}$	3,75	$HCOO^-$	$5{,}62 \cdot 10^{-11}$	10,25
$CH_2Cl–CH_2–COOH$	$1{,}14 \cdot 10^{-4}$	3,98	$CH_2Cl–CH_2–COO^-$	$9{,}54 \cdot 10^{-11}$	10,02
CH_3COOH	$1{,}78 \cdot 10^{-5}$	4,75	CH_3COO^-	$5{,}62 \cdot 10^{-10}$	9,25
CH_3CH_2COOH	$1{,}3 \cdot 10^{-5}$	4,87	$CH_3CH_2COO^-$	$7{,}41 \cdot 10^{-10}$	9,13
H_2CO_3	$3{,}02 \cdot 10^{-7}$	6,52	HCO_3^-	$3{,}31 \cdot 10^{-8}$	7,48
H_2S	$1{,}20 \cdot 10^{-7}$	6,92	HS^-	$8{,}32 \cdot 10^{-8}$	7,08
$H_2PO_4^-$	$7{,}58 \cdot 10^{-8}$	7,12	HPO_4^{2-}	$1{,}31 \cdot 10^{-7}$	6,88
HSO_3^-	$6{,}4 \cdot 10^{-8}$	7,20	SO_3^{2-}	$1{,}58 \cdot 10^{-7}$	6,80
NH_4^+	$5{,}62 \cdot 10^{-10}$	9,25	NH_3	$1{,}78 \cdot 10^{-5}$	4,75
HCN	$3{,}98 \cdot 10^{-10}$	9,40	CN^-	$2{,}51 \cdot 10^{-5}$	4,60
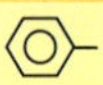–OH	$1{,}04 \cdot 10^{-10}$	9,98	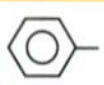–O^-	$9{,}54 \cdot 10^{-5}$	4,02
HCO_3^-	$3{,}98 \cdot 10^{-11}$	10,40	CO_3^{2-}	$2{,}51 \cdot 10^{-4}$	3,60
HPO_4^{2-}	$4{,}78 \cdot 10^{-13}$	12,32	PO_4^{3-}	$2{,}08 \cdot 10^{-2}$	1,68
H_2O	$1{,}82 \cdot 10^{-16}$	15,74	OH^-	$5{,}49 \cdot 10^{1}$	−1,74
$[Zn(H_2O)_6]^{2+}$	$2{,}45 \cdot 10^{-10}$	9,61	$[Zn(OH)(H_2O)_5]^{+}$	$4{,}07 \cdot 10^{-5}$	4,39
$[Al(H_2O)_6]^{3+}$	$1{,}41 \cdot 10^{-5}$	4,85	$[Al(OH)(H_2O)_5]^{2+}$	$7{,}08 \cdot 10^{-10}$	9,15
$[Fe(H_2O)_6]^{3+}$	$6{,}03 \cdot 10^{-3}$	2,22	$[Fe(OH)(H_2O)_5]^{2+}$	$1{,}66 \cdot 10^{-12}$	11,78

Löslichkeit ausgewählter Gase

bei 101,3 kPa

In 1 Liter Wasser werden n Gramm Gas (Angabe im jeweiligen Feld) aufgenommen.

Gas	0 °C	10 °C	20 °C	30 °C	40 °C	50 °C	60 °C	80 °C
O_2	0,0694	0,0537	0,0434	0,0359	0,0308	0,0266	0,0227	0,013
N_2	0,0294	0,023	0,0190	0,0162	0,0139	0,0122	0,0105	0,0066
H_2	0,0019	0,0017	0,0016	0,0015	0,0014	0,0013	0,0012	0,0008
Cl_2	14,6	9,972	7,293	5,723	4,59	3,925	3,295	2,227
CO_2	3,346	2,318	1,688	1,257	0,973	0,761	0,576	
CO	0,044		0,029		0,022	0,020	0,019	0,018
HCl	842	772	721	673	633	596	561	
SO_2	228	153,9	106,6		55,84	41,90		
NH_3	899	684	518	408	338	284	238	154
H_2S	7,188	5,232	3,974		2,555	2,143	1,832	1,411
C_2H_6	0,1339	0,0890	0,0640	0,0491	0,0395	0,0333	0,0295	0,0247
C_2H_4	0,285	0,204	0,154	0,113				
C_2H_2	2,03	1,53	1,21	0,98				

Löslichkeit ausgewählter Ionensubstanzen

bei 20 °C und 101,3 kPa

In 100 g Wasser lösen sich n Gramm Salz (Angabe im jeweiligen Feld) bis zur Sättigung.

Ionen	Cl^-	Br^-	I^-	NO_3^-	SO_4^{2-}	S^{2-}	CO_3^{2-}	PO_4^{3-}	OH^-
Na^+	35,85	90,5	179,3	88,0	19,08	19,0	21,58	12,1	109
K^+	34,35	65,6	144,5	31,5	11,15		111,5	23,0	111,4
NH_4^+	37,4	73,9	172,0	187,7	75,4		100,0	20,3	–
Ba^{2+}	35,7	104,0	170,0	9,03	$2{,}3 \cdot 10^{-4}$		$2 \cdot 10^{-3}$		3,48
Mg^{2+}	54,25	102,0	148,1	70,5	35,6		0,18		$0{,}12 \cdot 10^{-2}$
Ca^{2+}	74,5	142,0	204,0	127,0	0,2		$1{,}5 \cdot 10^{-3}$	$1{,}9 \cdot 10^{-2}$	0,118
Zn^{2+}	367,0	447,0	432,0	117,5	53,8		$2 \cdot 10^{-2}$		
Pb^{2+}	0,97	0,84	0,07	52,5	$4{,}2 \cdot 10^{-3}$	$8{,}6 \cdot 10^{-5}$	$1{,}7 \cdot 10^{-4}$	$1{,}3 \cdot 10^{-5}$	
Cu^{2+}	77,0	122		121,9	21,1	$2{,}9 \cdot 10^{-3}$			$1{,}42 \cdot 10^{-4}$
Fe^{2+}	62,2				26,6	$6 \cdot 10^{-4}$			
Ag^+	$1{,}5 \cdot 10^{-4}$	$1{,}2 \cdot 10^{-5}$	$2{,}5 \cdot 10^{-7}$	215,5	0,74	$1{,}4 \cdot 10^{-5}$	$3 \cdot 10^{-3}$	$6{,}5 \cdot 10^{-4}$	
Al^{3+}	45,6			73,0	36,3				

Wasserhärte

Härtebereich	Härtegrad in $mmol \cdot l^{-1}$	Härtegrad in °dH	Bezeichnung
1	0 … 1,3	0 … 7	weich
2	1,3 … 2,5	7 … 14	mittelhart
3	2,5 … 3,8	14 … 21	hart
4	> 3,8	> 21	sehr hart

(Wasserhärte = Maß für den Gehalt an Magnesium- und Calcium-Ionen des Wassers; der Härtegrad wird bezogen auf CaO bzw. MgO angegeben)

Löslichkeitsprodukte einiger Salze und Hydroxide

bei 25 °C

Name	Formel	K_L	Einheit	pK_L
Aluminiumhydroxid	$Al(OH)_3$	$1 \cdot 10^{-33}$	$mol^4 \cdot l^{-4}$	33
Bariumcarbonat	$BaCO_3$	$5 \cdot 10^{-9}$	$mol^2 \cdot l^{-2}$	8,3
Bariumhydroxid	$Ba(OH)_2$	$5 \cdot 10^{-3}$	$mol^3 \cdot l^{-3}$	2,3
Bariumphosphat	$Ba_3(PO_4)_2$	$6 \cdot 10^{-38}$	$mol^5 \cdot l^{-5}$	37,2
Bariumsulfat	$BaSO_4$	$1 \cdot 10^{-10}$	$mol^2 \cdot l^{-2}$	10
Blei(II)-chlorid	$PbCl_2$	$2 \cdot 10^{-5}$	$mol^3 \cdot l^{-3}$	4,7
Blei(II)-hydroxid	$Pb(OH)_2$	$6 \cdot 10^{-16}$	$mol^3 \cdot l^{-3}$	15,2
Blei(II)-sulfat	$PbSO_4$	$2 \cdot 10^{-8}$	$mol^2 \cdot l^{-2}$	7,7
Blei(II)-sulfid	PbS	$1 \cdot 10^{-28}$	$mol^2 \cdot l^{-2}$	28
Calciumcarbonat	$CaCO_3$	$5 \cdot 10^{-9}$	$mol^2 \cdot l^{-2}$	8,3
Calciumhydroxid	$Ca(OH)_2$	$4 \cdot 10^{-6}$	$mol^3 \cdot l^{-3}$	5,4
Calciumsulfat	$CaSO_4$	$2 \cdot 10^{-5}$	$mol^2 \cdot l^{-2}$	4,7
Eisen(III)-hydroxid	$Fe(OH)_3$	$4 \cdot 10^{-40}$	$mol^4 \cdot l^{-4}$	39,4
Eisen(II)-hydroxid	$Fe(OH)_2$	$8 \cdot 10^{-16}$	$mol^3 \cdot l^{-3}$	15,1
Eisen(II)-sulfid	FeS	$5 \cdot 10^{-18}$	$mol^2 \cdot l^{-2}$	17,3
Kupfer(II)-sulfid	CuS	$6 \cdot 10^{-36}$	$mol^2 \cdot l^{-2}$	35,2
Magnesiumhydroxid	$Mg(OH)_2$	$1 \cdot 10^{-11}$	$mol^3 \cdot l^{-3}$	11
Mangan(II)-hydroxid	$Mn(OH)_2$	$2 \cdot 10^{-13}$	$mol^3 \cdot l^{-3}$	12,7
Quecksilber(II)-sulfid	HgS (rot)	$4 \cdot 10^{-53}$	$mol^2 \cdot l^{-2}$	52,4
Silberbromid	$AgBr$	$5 \cdot 10^{-13}$	$mol^2 \cdot l^{-2}$	12,3
Silberchlorid	$AgCl$	$2 \cdot 10^{-10}$	$mol^2 \cdot l^{-2}$	9,7
Silberiodid	AgI	$8 \cdot 10^{-17}$	$mol^2 \cdot l^{-2}$	16,1
Zinkcarbonat	$ZnCO_3$	$6 \cdot 10^{-11}$	$mol^2 \cdot l^{-2}$	10,2
Zinkhydroxid	$Zn(OH)_2$	$3 \cdot 10^{-17}$	$mol^3 \cdot l^{-3}$	16,5

Ebullioskopische (K_e) und kryoskopische (K_k) Konstanten

Lösungsmittel	Schmelztemperatur• in °C	Siedetemperatur• in °C	K_e in $K \cdot kg \cdot mol^{-1}$	K_k in $K \cdot kg \cdot mol^{-1}$
Cyclohexan	6,5	80,8	20,2	2,75
Essigsäure	16,7	117,9	3,07	3,9
Ethanol	–114,1	78,3	1,04	–
Methanol	–97,7	64,5	0,84	–
Wasser	0,0	100	0,515	1,853

Stabilitätskonstanten von Komplex-Ionen

bei 298 K

Z Li	*lgK*	Z Li	*lgK*
$Ag^+ + 2CN^- \rightleftharpoons [Ag(CN)_2]^-$	20	$Fe^{2+} + 6\,CN^- \rightleftharpoons [Fe(CN)_6]^{4-}$	37
$Ag^+ + 2NH_3 \rightleftharpoons [Ag(NH_3)_2]^+$	7	$Fe^{3+} + 6\,CN^- \rightleftharpoons [Fe(CN)_6]^{3-}$	44
$Ag^+ + 2S_2O_3^{2-} \rightleftharpoons [Ag(S_2O_3)_2]^{3-}$	13	$Hg^{2+} + 4\,CN^- \rightleftharpoons [Hg(CN)_4]^{2-}$	41
$Al^{3+} + 6F^- \rightleftharpoons [AlF_6]^{3-}$	20	$Hg^{2+} + 4\,Cl^- \rightleftharpoons [HgCl_4]^{2-}$	16
$Cd^{2+} + 4NH_3 \rightleftharpoons [Cd(NH_3)_4]^{2+}$	7	$Ni^{2+} + 4\,CN^- \rightleftharpoons [Ni(CN)_4]^{2-}$	31
$Co^{2+} + 6NH_3 \rightleftharpoons [Co(NH_3)_6]^{2+}$	5	$Ni^{2+} + 6\,NH_3 \rightleftharpoons [Ni(NH_3)_6]^{2+}$	8
$Co^{3+} + 6NH_3 \rightleftharpoons [Co(NH_3)_6]^{3+}$	34	$Zn^{2+} + 4\,CN^- \rightleftharpoons [Zn(CN)_4]^{2-}$	20
$Cu^+ + 2NH_3 \rightleftharpoons [Cu(NH_3)_2]^+$	11	$Zn^{2+} + 4\,NH_3 \rightleftharpoons [Zn(NH_3)_4]^{2+}$	9
$Cu^{2+} + 4NH_3 \rightleftharpoons [Cu(NH_3)_4]^{2+}$	13		

Reaktionsteilnehmer in wässriger Lösung; c in $mol \cdot l^{-1}$; $Z + n\,Li \rightleftharpoons Z\,Li_n$ $K = \frac{c_{ZLi_n}}{c_Z \cdot c_{Li}^n}$ (Anmerkung: Die Komplex-Ionen werden immer in eckige Klammern gesetzt, z.B. $[Zn(CN)_4]^{2-}$.)

Gitterenthalpien für den Zerfall von einem Mol Kristall in seine Ionen ($\Delta H_{298}/kJ \cdot mol^{-1}$)

bei 298 K

	F^-	Cl^-	Br^-	I^-
Li^+	1039	850	802	742
Na^+	920	780	740	692
K^+	816	710	680	639
Cs^+	749	651	630	599
Be^+	3476	2994	2896	2784
Mg^{2+}	2949	2502	2402	2293
Ca^{2+}	2617	2231	2134	2043
Ba^{2+}	2330	2024	1942	1838
Sr^{2+}	2482	2129	2040	1940

Durchschnittliche Bindungsenthalpien bei 298 K und Atom-Atom-Abstände

Bindung	ΔH in $kJ \cdot mol^{-1}$	Bindungslängen in pm	Bindung	ΔH in $kJ \cdot mol^{-1}$	Bindungslängen in pm	Bindung	ΔH in $kJ \cdot mol^{-1}$	Bindungslängen in pm
Br–Br	193	228	C–O	358	143	C=S	536	189
C–C	348	154	C–P	264	184	N=N	418	125
Cl–Cl	242	199	C–S	272	182	N≡N	945	110
F–F	159	142	H–Cl	431	128	N=O	607	
H–H	436	74	H–Br	366	141	O=O	498	121
I–I	151	267	H–F	567	92	Br–Cl	219	214
N–N	163	146	H–I	298	160	Br–F	249	176
O–O	146	148	H–N	391	101	Br–I	178	
P–P	172	221	H–O	463	97	Cl–F	253	163
S–S	255	205	H–P	322	142	Cl–I	211	232
C–Br	285	194	H–S	367	134	O–Br	234	
C–Cl	339	177	C=C	614	134	O–Cl	208	170
C–I	218	214	C≡C	839	120	O–F	193	142
C–H	413	108	C=N	615	130	O–I	234	1
C–F	489	138	C≡N	891	116	O–N	201	136
C–N	305	147	C=O	745	122	O–P	335	154

Molare Hydratationsenthalpien ausgewählter Ionen

bei 25 °C

Ion	$\Delta_H H$ in $kJ \cdot mol^{-1}$	Ion	$\Delta_H H$ in $kJ \cdot mol^{-1}$	Ion	$\Delta_H H$ in $kJ \cdot mol^{-1}$
H_3O^+	–1 085	Ca^{2+}	–1 580	Al^{3+}	–4 609
Li^+	–508	Sr^{2+}	–1 433	OH^-	–365
Na^+	–399	Ba^{2+}	–1 291	F^-	–511
K^+	–314	Fe^{2+}	–1 961	Cl^-	–376
Rb^+	–288	Co^{2+}	–1 996	Br^-	–342
Cs^+	–256	Ni^{2+}	–2 105	I^-	–299
Ag^+	–468	Cu^{2+}	–2 116	NO_3^-	–256
NH_4^+	–293	Zn^{2+}	–2 057	CN^-	–349
Be^{2+}	–2 494	Hg^{2+}	–1 820		
Mg^{2+}	–1910	Fe^{3+}	–4 492		

Elektrochemische Spannungsreihe der Metalle, Standardpotenziale E^0 bei 25 °C, 1 01,3 kPa

Oxidationsmittel + z · e⁻ ⇄ Reduktionsmittel	Redoxpaar OM/RM	Standardpotenzial E^0 in V
$Li^+ + e^- \rightleftharpoons Li_{(s)}$	Li^+/Li	−3,04
$K^+ + e^- \rightleftharpoons K_{(s)}$	K^+/K	−2,92
$Ba^{2+} + 2\,e^- \rightleftharpoons Ba_{(s)}$	Ba^{2+}/Ba	−2,90
$Ca^{2+} + 2\,e^- \rightleftharpoons Ca_{(s)}$	Ca^{2+}/Ca	−2,87
$Na^+ + e^- \rightleftharpoons Na_{(s)}$	Na^+/Na	−2,71
$Mg^{2+} + 2\,e^- \rightleftharpoons Mg_{(s)}$	Mg^{2+}/Mg	−2,36
$Al^{3+} + 3\,e^- \rightleftharpoons Al_{(s)}$	Al^{3+}/Al	−1,66
$Mn^{2+} + 2\,e^- \rightleftharpoons Mn_{(s)}$	Mn^{2+}/Mn	−1,18
$Zn^{2+} + 2\,e^- \rightleftharpoons Zn_{(s)}$	Zn^{2+}/Zn	−0,76
$Cr^{3+} + 3\,e^- \rightleftharpoons Cr_{(s)}$	Cr^{3+}/Cr	−0,74
$Fe^{2+} + 2\,e^- \rightleftharpoons Fe_{(s)}$	Fe^{2+}/Fe	−0,41
$Cd^{2+} + 2\,e^- \rightleftharpoons Cd_{(s)}$	Cd^{2+}/Cd	−0,40
$Co^{2+} + 2\,e^- \rightleftharpoons Co_{(s)}$	Co^{2+}/Co	−0,28
$Ni^{2+} + 2\,e^- \rightleftharpoons Ni_{(s)}$	Ni^{2+}/Ni	−0,23
$Sn^{2+} + 2\,e^- \rightleftharpoons Sn_{(s)}$	Sn^{2+}/Sn	−0,14
$Pb^{2+} + 2\,e^- \rightleftharpoons Pb_{(s)}$	Pb^{2+}/Pb	−0,13
$Fe^{3+} + 3\,e^- \rightleftharpoons Fe_{(s)}$	Fe^{3+}/Fe	−0,02
$2\,H^+ + 2\,e^- \rightleftharpoons H_{2(g)}$	$2\,H^+/H_2$	0,00
$Cu^{2+} + 2\,e^- \rightleftharpoons Cu_{(s)}$	Cu^{2+}/Cu	0,35
$Cu^+ + e^- \rightleftharpoons Cu_{(s)}$	Cu^+/Cu	0,52
$Ag^+ + e^- \rightleftharpoons Ag_{(s)}$	Ag^+/Ag	0,80
$Hg^{2+} + 2\,e^- \rightleftharpoons Hg_{(l)}$	Hg^{2+}/Hg	0,85
$Pt^{2+} + 2\,e^- \rightleftharpoons Pt_{(s)}$	Pt^{2+}/Pt	1,20
$Au^{3+} + 3\,e^- \rightleftharpoons Au_{(s)}$	Au^{3+}/Au	1,50
$Au^+ + e^- \rightleftharpoons Au_{(s)}$	Au^+/Au	1,68

Elektrochemische Spannungsreihe der Nichtmetalle, Standardpotenziale E^0

bei 25 °C und 1 01,3 kPa

Oxidationsmittel + z · e⁻ ⇄ Reduktionsmittel	Redoxpaar OM/RM	Standardpotenzial E^0 in V
$Se_{(s)} + 2\,e^- \rightleftharpoons Se^{2-}$	Se/Se^{2-}	−0,92
$S_{(s)} + 2\,e^- \rightleftharpoons S^{2-}$	S/S^{2-}	−0,48
$I_{2(g)} + 2\,e^- \rightleftharpoons 2\,I^-$	$I_2/2\,I^-$	0,54
$Br_{2(l)} + 2\,e^- \rightleftharpoons 2\,Br^-$	$Br_2/2\,Br^-$	1,07
$Cl_{2(g)} + 2\,e^- \rightleftharpoons 2\,Cl^-$	$Cl_2/2\,Cl^-$	1,36
$F_{2(g)} + 2\,e^- \rightleftharpoons 2\,F^-$	$F_2/2\,F^-$	2,87

Elektrochemische Spannungsreihe ausgewählter Redoxreaktionen, Standardpotenziale E^0

bei 25 °C und 1 01,3 kPa

Oxidationsmittel	$+ z \cdot e^-$	$\rightleftharpoons$	Reduktionsmittel	Standardpotenzial E^0 in V
$Mg(OH)_2$	$+ 2e^-$	$\rightleftharpoons$	$Mg + 2OH^-$	–2,63
$Ca(OH)_2$	$+ 2e^-$	$\rightleftharpoons$	$Ca + 2OH^-$	–3,03
$2H_2O$	$+ 2e^-$	$\rightleftharpoons$	$H_{2(g)} + 2OH^-$	–0,83
$Cd(OH)_2$	$+ 2e^-$	$\rightleftharpoons$	$Cd + 2OH^-$	–0,82
$[Ag(CN)_2]^-$	$+ e^-$	$\rightleftharpoons$	$Ag_{(s)} + 2CN^-$	–0,38
$PbSO_{4(s)}$	$+ 2e^-$	$\rightleftharpoons$	$Pb_{(s)} + SO_4^{2-}$	–0,36
$Cu(OH)_2$	$+ 2e^-$	$\rightleftharpoons$	$Cu + 2OH^-$	–0,22
$CO_{2(g)} + 2H^+$	$+ 2e^-$	$\rightleftharpoons$	$CO_{(g)} + H_2O$	–0,12
$AgCl_{(s)}$	$+ e^-$	$\rightleftharpoons$	$Ag_{(s)} + Cl^-$	0,22
$O_{2(g)} + 2H_2O$	$+ 4e^-$	$\rightleftharpoons$	$4OH^-$	0,40
Cu^{2+}	$+ e^-$	$\rightleftharpoons$	Cu^+	0,17
$O_{2(g)} + 2H^+$	$+ 2e^-$	$\rightleftharpoons$	H_2O_2	0,682
Fe^{3+}	$+ e^-$	$\rightleftharpoons$	Fe^{2+}	0,77
$O_{2(g)} + 4H^+$	$+ 4e^-$	$\rightleftharpoons$	$2H_2O$	1,23
$MnO_{2(s)} + 4H^+$	$+ 2e^-$	$\rightleftharpoons$	$Mn^{2+} + 2H_2O$	1,23
$Cr_2O_7^{2-} + 14H^+$	$+ 6e^-$	$\rightleftharpoons$	$Cr^{3+} + 7H_2O$	1,33
Au^{3+}	$+ 2e^-$	$\rightleftharpoons$	Au^+	1,41
$PbO_{2(s)} + 4H^+$	$+ 2e^-$	$\rightleftharpoons$	$Pb^{2+} + 2H_2O$	1,46
$MnO_4^- + 8H^+$	$+ 5e^-$	$\rightleftharpoons$	$Mn^{2+} + 4H_2O$	1,51
$PbO_{2(s)} + 4H^+ + SO_4^{2-}$	$+ 2e^-$	$\rightleftharpoons$	$PbSO_{4(s)} + 2H_2O$	1,69
$MnO_4^- + 4H^+$	$+ 3e^-$	$\rightleftharpoons$	$MnO_{2(s)} + 2H_2O$	1,70
$H_2O_2 + 2H^+$	$+ 2e^-$	$\rightleftharpoons$	$2H_2O$	1,776
$O_3 + 2H^+$	$+ 2e^-$	$\rightleftharpoons$	$O_2 + H_2O$	2,07

Stöchiometrie

Stöchiometrisches Rechnen

relative Atommasse A_r	$A_r = \frac{A}{u}$	u atomare Masseeinheit (↗ S. 69) $1u = \frac{1}{12}$ der Masse eines Kohlenstoffatoms [^{12}C] A absolute Atommasse
Stoffmenge n	$n = \frac{m}{M} = \frac{V}{V_m} = \frac{N}{N_A}$	m Masse M molare Masse V Volumen V_m molares Volumen N Teilchenzahl einer abgeschlossenen Stoffmenge N_A AVOGADRO-Konstante (↗ S. 69)
molare Masse M	$M = \frac{m}{n}$	
molares Volumen V_m	$V_m = \frac{V}{n}$	

Masse/Masse **Masse/Volumen** **Volumen/Volumen**	$\frac{m_1}{m_2} = \frac{M_1 \cdot n_1}{M_2 \cdot n_2}$ $\frac{m_1}{V_2} = \frac{M_1 \cdot n_1}{V_m \cdot n_2}$ $\frac{V_1}{V_2} = \frac{n_1}{n_2}$	m_1, m_2 Massen der Stoffe 1 und 2 n_1,n_2 Stoffmengen der Stoffe 1 und 2 M_1,M_2 molare Massen der Stoffe 1 und 2 V_1, V_2 Volumen der gasförmigen Stoffe 1 und 2 bei 0 °C und 101 325 Pa V_m molares Normvolumen des gasförmigen Stoffes 2
Ausbeute η	$\eta = \frac{n_{real}}{n_{max}}$	n_{real} real erhaltene Stoffmenge n_{max} maximal erhaltene Stoffmenge
Massenanteil ω_i	$\omega_i = \frac{m_i}{m}$	m_i Masse der Komponente i m Gesamtmasse des Stoffgemisches V_i Volumen der Komponente i V_0 Gesamtvolumen der Lösung vor dem Mischvorgang V Gesamtvolumen der Lösung nach dem Mischvorgang n_i Stoffmenge der Komponente i n Gesamtstoffmenge des Stoffgemisches
Volumenanteil φ_i	$\varphi_i = \frac{V_i}{V_0}$	
Massenkonzentration β_i	$\beta_i = \frac{m_i}{V}$	
Stoffmengenkonzentration c_i	$c_i = \frac{n_i}{V}$	
Molalität b	$b = \frac{n_i}{m_{Lm}}$	n_i Stoffmenge der Komponente i m_{Lm} Masse des Lösungsmittels
Mischungsrechnen mit dem Mischungskreuz (Konzentrationsangabe in Masseprozent) (↗ Mischungsrechnen S. 13)	Konzentration der gegebenen Lösung A **x %** ↘ gewünschte Konzentration **z %** ↗ Konzentration der gegebenen Lösung B **y %** **z–y** (Masseteile von A) **x–z** (Masseteile von B) Summe: **x–y** (Masseteile des Gemisches)	Wird eine gegebene Lösung A mit Wasser verdünnt, gilt y = 0.

Elektrochemie

nernstsche Gleichung	$E = E^0 + \frac{R \cdot T}{z \cdot F} \cdot \ln \frac{c(Ox)}{c(Red)}$ Für eine Temperatur von 25 °C gilt: $E = E^0 + \frac{0,059\,V}{z} \cdot \lg \frac{c(Ox)}{c(Red)}$	E Redoxpotenzial E^0 Standardpotenzial des entsprechenden Redoxpaars in V R universelle Gaskonstante (↗ S. 69) T Temperatur z Anzahl der ausgetauschten Elektronen F FARADAY-Konstante (↗ S. 69) c Stoffmengenkonzentration des Oxidadions- bzw. Reduktionsmittels
Berechnung nach den faradayschen Gesetzen	$I \cdot t = n \cdot z \cdot F$ bzw. $\eta \cdot I \cdot t = n \cdot z \cdot F$ $\frac{m}{M} = \frac{I \cdot t}{F \cdot z}$ bzw. $\frac{m}{M} = \frac{I \cdot t \cdot \eta}{F \cdot z}$	M molare Masse m Masse F FARADAY-Konstante (↗ S. 69) z pro Formelumsatz ausgetauschte Zahl von Elektronen I Stromstärke t Zeit n Stoffmenge η Stromausbeute (Wirkungsgrad)

Gasgesetze (unter „Thermisches Verhalten des idealen Gases" ↗ S. 95)

Chemisches Gleichgewicht

Massenwirkungs-gesetz	$K_c = \dfrac{c^{\nu_C}(C)\cdot c^{\nu_D}(D)}{c^{\nu_A}(A)\cdot c^{\nu_B}(B)}$ $K_p = \dfrac{p^{\nu_C}(C)\cdot p^{\nu_D}(D)}{p^{\nu_A}(A)\cdot p^{\nu_B}(B)}$ $K_p = K_c\cdot (R\cdot T)^{\Delta\nu}$	Reaktion $\nu_A\, A + \nu_B\, B \rightleftharpoons \nu_C\, C + \nu_D\, D$ K_c, K_p Gleichgewichtskonstante c Stoffmengenkonzentration (↗ S. 135) ν stöchiometrischer Faktor p Partialdruck Einheit K_c: $(\text{mol}\cdot\text{l}^{-1})^{\Delta\nu}$ $\Delta\nu = (\nu_C + \nu_D) - (\nu_A + \nu_B)$
Löslichkeitsprodukt K_L	$K_L\,(A_xB_y) = c^x(A^{m+})\cdot c^y(B^{n-})$	$A_xB_y \rightleftharpoons xA^{m+} + yB^{n-}$
molare Löslichkeit	$C_{A_xB_y} = \sqrt[x+y]{\dfrac{K_L(A_xB_y)}{x^x\cdot y^y}}$	x Anzahl der Kationen in der Formeleinheit y Anzahl der Anionen in der Formeleinheit $c(A^{m+})$ Konzentration der Kationen $c(B^{n-})$ Konzentration der Anionen
Ionenprodukt des Wassers K_W	$K_W = c(H_3O^+)\cdot c(OH^-)$ $= 10^{-14}\,\text{mol}^2\cdot\text{l}^{-2}$	Es gilt für das Gleichgewicht bei 22 °C: $2\,H_2O \rightleftharpoons H_3O^+ + OH^-$
***pH*-Wert**	Für verdünnte wässrige Lösungen gilt: $pH = -\lg\{c(H_3O^+)\}$; $c(H_3O^+) = 10^{-pH}$	$\{c(H_3O^+)\}$ Zahlenwert der Oxoniumionen-konzentration (Hydroniumionen-konzentration) in $\text{mol}\cdot\text{l}^{-1}$
Säure-Base-Reaktion nach BRÖNSTED	$HA + B \rightleftharpoons A^- + HB^+$	HA Säure 1 A^- Base 1 HB^+ Säure 2 B Base 2
Säurekonstante K_S	$K_S = \dfrac{c(H_3O^+)\cdot c(A^-)}{c(HA)}$ $pK_S = -\lg\{K_S\}$ $pK_S = 14 - pK_B$	Es gilt für das Gleichgewicht: $HA + H_2O \rightleftharpoons H_3O^+ + A^-$ $\{K_S\}$ Zahlenwert der Säurekonstante
Basekonstante K_B	$K_B = \dfrac{c(HB^+)\cdot c(OH^-)}{c(B)}$ $pK_B = -\lg\{K_B\}$ $pK_B = 14 - pK_S$	Es gilt für das Gleichgewicht: $B + H_2O \rightleftharpoons HB^+ + OH^-$ $\{K_B\}$ Zahlenwert der Basekonstante
HENDERSON-HASSELBALCH-Puffergleichung	$pH = pK_S + \lg\dfrac{c(A^-)}{c(HA)}$	$c(HA)$ Gleichgewichtskonzentration einer schwachen Säure $c(A^-)$ Gleichgewichtskonzentration des Anions einer schwachen Base
Protolysegrad	$\alpha_S = \dfrac{c(H_3O^+)}{c_0(HA)}$ $\alpha_B = \dfrac{c(OH^-)}{c_0(B)}$	K_c Protolysekonstante α Protolysegrad (HA oder B) $c(A^-)$ Konzentration der Anionen $c(K^+)$ Konzentration der Kationen c_0 Konzentration (HA oder B) $c(KA)$ Konzentration von nicht protolysiertem Elektrolyt
OSTWALD-Verdünnungsgesetz	$K_c = \dfrac{c(K^+)\cdot c(A^-)}{c(KA)} = \dfrac{\alpha^2}{1-\alpha}\cdot c_0$	
pH-Wertberechnungen bei wässrigen Lösungen	sehr starke Säuren: $K_s > 10^{1{,}74}\,\dfrac{\text{mol}}{\text{l}}$; $pH = -\lg\{c_0(HA)\}$ starke Säuren: $10^{-2}\,\dfrac{\text{mol}}{\text{l}} < \dfrac{K_s}{c_0} < 10^{2}\,\dfrac{\text{mol}}{\text{l}}$; $c(H_3O^+) = -\dfrac{K_s}{2} + \sqrt{\left(\dfrac{K_s}{2}\right)^2 + K_s\cdot c_0(HA)}$ $pH = -\lg\{c(H_3O^+)\}$ mittelstarke bis sehr schwache Säuren: $K_s < 10^{-4}\,\dfrac{\text{mol}}{\text{l}}$; $pH = \dfrac{1}{2}\,(pk_S - \lg\{c_0(HA)\})$ Ampholyte: $pH = \dfrac{1}{2}\,(14 + pk_S - pk_B)$ $c_0(HA)$: Ausgangskonzentration der Säure HA	
Titration	$c_1\cdot V_1\cdot z_1 = c_2\cdot V_2\cdot z_2$ $c_1 = \dfrac{c_2\cdot V_2}{V_1}\cdot\dfrac{z_2}{z_1}$ $m_1 = c_2\cdot V_2\cdot\dfrac{z_2}{z_1}\cdot M_1$	c_1 Stoffmengenkonzentration der Testlösung c_2 Stoffmengenkonzentration der Maßlösung V_1 Volumen der Testlösung V_2 Volumen der Maßlösung z_1 Äquivalenzzahl des Stoffes in der Testlösung z_2 Äquivalenzzahl des Stoffes in der Maßlösung M_1 molare Masse des zu bestimmenden Stoffes

Kinetik

Reaktionsgeschwindigkeit	$\bar{v} = \frac{\Delta c}{\Delta t}$ $\quad v = \lim_{\Delta t \to 0} \frac{\Delta c}{\Delta t} = \frac{dc}{dt}$	$\bar{v}$ Durchschnittsgeschwindigkeit v Momentangeschwindigkeit Δc Konzentrationsänderung Δt Zeitspanne
ARRHENIUS-Gleichung	$k = A \cdot e^{\frac{-E_A}{R \cdot T}}$ $E_A = (\ln\{A\} - \ln\{k\}) \cdot R \cdot T$	$\{A\}$ Zahlenwert der Aktivitätskonstanten $\{k\}$ Zahlenwert der Reaktionsgeschwindigkeitskonstanten E_A Aktivierungsenergie T Temperatur R universelle Gaskonstante (↗ S. 69)

Energetik

Grundbegriffe S. 93–95

molare Reaktionsenthalpie $\Delta_R H$	$\Delta_R H = \Delta_R U + p \cdot \Delta_R V$	$\Delta_R U$ Änderung der inneren Energie (↗ S. 95) $p \cdot \Delta_R V$ Volumenarbeit (↗ S. 95) $\Delta_R S$ Differenz der Entropien der Edukte und Produkte ≙ molare Reaktionsentropie T Reaktionstemperatur in K
molare freie Reaktionsenthalpie $\Delta_R G$ (GIBBS-HELMHOLTZ-Gleichung)	$\Delta_R G = \Delta_R H - T \cdot \Delta_R S$	
molare freie Standardenthalpie $\Delta_R G°$ und Gleichgewichtskonstante K	$\Delta_R G^0 = -R \cdot T \cdot \ln K$ $\Delta_R G = -z \cdot F \cdot \Delta E$	T Temperatur R universelle Gaskonstante (↗ S. 69) K Gleichgewichtskonstante F FARADAY-Konstante z Anzahl der ausgetauschten Elektronen ΔE Potenzialdifferenz in V
kalorimetrische Berechnungen	$\Delta_R H = -\frac{m(H_2O) \cdot c_p(H_2O) \cdot \Delta T}{n_F}$ $\Delta_B H_m = \frac{m(H_2O) \cdot c_p(H_2O) \cdot \Delta T \cdot M_{Rp}}{m_{Rp}}$	$m(H_2O)$ Masse des Wassers in g $c_p(H_2O)$ spezifische Wärmekapazität des Wassers (p_{konst}) in $J \cdot g^{-1} \cdot K^{-1}$ (↗ S. 76) ΔT Temperaturänderung in K n_F Stoffmenge der Formelumsätze M_{Rp} molare Masse des Reaktionsproduktes $\Delta_B H_m$ molare Bildungsenthalpie
van't hoffsche Gleichung	$\ln \frac{K_2}{K_1} = -\frac{\Delta_R H}{R} \cdot \left(\frac{1}{T_2} - \frac{1}{T_1}\right)$	K_2, K_1 Gleichgewichtskonstanten zu T_2 und T_1 ΔH Änderung der molaren Reaktionsenthalpie T_2, T_1 Temperaturen grafische Enthalpieermittlung 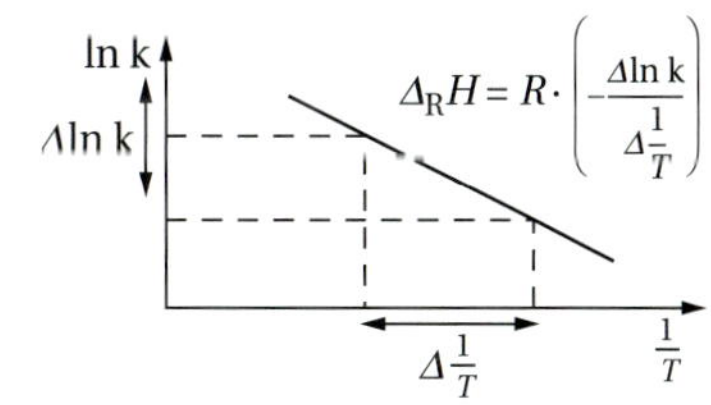
Satz von HESS	$\Delta_R H_1 = \Delta_R H_2 + \Delta_R H_3$	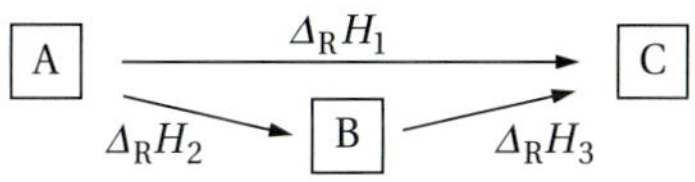
Berechnung der molaren Reaktionsenthalpie $\Delta_R H^0$ nach dem Satz von HESS	$\Delta_R H^0 = (\Delta_f H^0_{AC} + \Delta_f H^0_{BD}) - (\Delta_f H^0_{AB} + \Delta_f H^0_{CD})$	Es gilt für die Reaktion bei 25 °C und 101,3 kPa: AB + CD ⟶ AC + BD $\Delta_f H^0$ molare Standardbildungsenthalpien der beteiligten Stoffe

Gefahrstoffhinweise

Gefahrstoffsymbole

T
giftig

giftige Stoffe (T, T+)
krebserzeugende Stoffe (T, Xn)

Erhebliche Gesundheitsschäden durch Einatmen, Verschlucken oder Aufnahme durch die Haut. Keine Schülerexperimente.

Xn
gesundheitsschädlich

gesundheitsschädliche Stoffe (Xn, Xi)

Gesundheitsschäden durch Einatmen, Verschlucken oder Aufnahme durch die Haut.

Xi
reizend

reizende Stoffe (Xn, Xi)

Reizwirkung auf die Haut, die Atmungsorgane und die Augen.

E
explosionsgefährlich

explosionsgefährliche Stoffe

Explosion unter bestimmten Bedingungen möglich. Keine Schülerexperimente.

C
ätzend

ätzende Stoffe

Hautgewebe und Geräte werden nach Kontakt zerstört.

F
entzündlich

leicht- u. hochentzündliche Stoffe (F bzw F+)

Entzünden sich selbst, an heißen Gegenständen mit Wasser entstehen leichtentzündliche Gase.

0
brandfördernd

brandfördernde Stoffe

Andere brennbare Stoffe werden entzündet, ausgebrochene Brände gefördert.

N
umweltgefährlich

umweltgefährliche Stoffe

Sind sehr giftig, giftig oder schädlich für Wasserorganismen, Pflanzen, Tiere und Bodenorganismen; schädliche Wirkung auf die Umwelt.

Gefahrenhinweise (R-Sätze)

R-Sätze weisen auf besondere Gefahren hin.

R 1 In trockenem Zustand explosionsgefährlich.
R 2 Durch Schlag, Reibung, Feuer oder andere Zündquellen explosionsgefährlich.
R 3 Durch Schlag, Reibung, Feuer oder andere Zündquellen besonders explosionsgefährlich.
R 4 Bildet hochempfindliche explosionsgefährliche Metallverbindungen.
R 5 Beim Erwärmen explosionsfähig.
R 6 Mit und ohne Luft explosionsfähig.
R 7 Kann Brand verursachen.
R 8 Feuergefahr bei Berührung mit brennbaren Stoffen.
R 9 Explosionsgefahr bei Mischung mit brennbaren Stoffen.
R 10 Entzündlich.
R 11 Leicht entzündlich.
R 12 Hoch entzündlich.
R 14 Reagiert heftig mit Wasser.
R 15 Reagiert mit Wasser unter Bildung leicht entzündlicher Gase.
R 16 Explosionsgefährlich in Mischung mit brandfördernden Stoffen.
R 17 Selbstentzündlich an der Luft.
R 18 Bei Gebrauch Bildung explosionsfähiger/leicht entzündlicher Dampf-Luftgemische möglich.
R 19 Kann explosionsfähige Peroxide bilden.
R 20 Gesundheitsschädlich beim Einatmen.
R 21 Gesundheitsschädlich bei Berührung mit der Haut.
R 22 Gesundheitsschädlich beim Verschlucken.
R 23 Giftig beim Einatmen.
R 24 Giftig bei Berührung mit der Haut.
R 25 Giftig beim Verschlucken.
R 26 Sehr giftig beim Einatmen.
R 27 Sehr giftig bei Berührung mit der Haut.
R 28 Sehr giftig beim Verschlucken.
R 29 Entwickelt bei Berührung mit Wasser giftige Gase.
R 30 Kann bei Gebrauch leicht entzündlich werden.
R 31 Entwickelt bei Berührung mit Säure giftige Gase.
R 32 Entwickelt bei Berührung mit Säure sehr giftige Gase.
R 33 Gefahr kumulativer Wirkungen.
R 34 Verursacht Verätzungen.
R 35 Verursacht schwere Verätzungen.
R 36 Reizt die Augen.
R 37 Reizt die Atmungsorgane.
R 38 Reizt die Haut.
R 39 Ernste Gefahr irreversiblen Schadens.
R 40 Irreversibler Schaden möglich.
R 41 Gefahr ernster Augenschäden.
R 42 Sensibilisierung durch Einatmen möglich.
R 43 Sensibilisierung durch Hautkontakt möglich.
R 44 Explosionsgefahr bei Erhitzen unter Einschluss.
R 45 Kann Krebs erzeugen.
R 46 Kann vererbbare Schäden verursachen.
R 48 Gefahr ernster Gesundheitsschäden bei längerer Exposition.
R 49 Kann Krebs erzeugen beim Einatmen.
R 50 Sehr giftig für Wasserorganismen.
R 51 Giftig für Wasserorganismen.
R 52 Schädlich für Wasserorganismen.
R 53 Kann in Gewässern längerfristig schädliche Wirkungen haben.
R 54 Giftig für Pflanzen.
R 55 Giftig für Tiere.
R 56 Giftig für Bodenorganismen.
R 57 Giftig für Bienen.
R 58 Kann längerfristig schädliche Wirkungen auf die Umwelt haben.
R 59 Gefährlich für die Ozonschicht.
R 60 Kann die Fortpflanzungsfähigkeit beeinträchtigen.
R 61 Kann das Kind im Mutterleib schädigen.
R 62 Kann möglicherweise die Fortpflanzungsfähigkeit beeinträchtigen.
R 63 Kann das Kind im Mutterleib möglicherweise schädigen.
R 64 Kann Säuglinge über die Muttermilch schädigen.

Sicherheitsratschläge (S-Sätze)

S-Sätze geben Ratschläge für den sachgemäßen Umgang mit gefährlichen Stoffen.

S 1 Unter Verschluss aufbewahren.
S 2 Darf nicht in die Hände von Kindern gelangen.
S 3 Kühl aufbewahren.
S 4 Von Wohnplätzen fernhalten.
S 5 Unter … aufbewahren (geeignete Flüssigkeit vom Hersteller anzugeben).
S 6 Unter … aufbewahren (inertes Gas vom Hersteller anzugeben).
S 7 Behälter dicht geschlossen halten.
S 8 Behälter trocken halten.
S 9 Behälter an einem gut gelüfteten Ort aufbewahren.
S 12 Behälter nicht gasdicht verschließen.
S 13 Von Nahrungsmitteln, Getränken und Futtermitteln fernhalten.
S 14 Von … fernhalten (inkompatible Substanzen vom Hersteller anzugeben).
S 15 Vor Hitze schützen.
S 16 Von Zündquellen fernhalten – Nicht rauchen.
S 17 Von brennbaren Stoffen fernhalten.

S 17 Von brennbaren Stoffen fernhalten.
S 18 Behälter mit Vorsicht öffnen und handhaben.
S 20 Bei der Arbeit nicht essen und trinken.
S 21 Bei der Arbeit nicht rauchen.
S 22 Staub nicht einatmen.
S 23 Gas/Rauch/Dampf/Aerosol nicht einatmen (geeignete Bezeichnung vom Hersteller anzugeben).
S 24 Berührung mit der Haut vermeiden.
S 25 Berührung mit den Augen vermeiden.
S 26 Bei Berührung mit den Augen gründlich mit Wasser abspülen und Arzt konsultieren.
S 27 Beschmutzte, getränkte Kleidung sofort ausziehen.
S 28 Bei Berührung mit der Haut sofort abwaschen mit viel ... (vom Hersteller anzugeben).
S 29 Nicht in die Kanalisation gelangen lassen.
S 30 Niemals Wasser hinzugießen.
S 33 Maßnahmen gegen elektrostatische Aufladungen treffen.
S 34 Schlag und Reibung vermeiden.
S 35 Abfälle und Behälter müssen in gesicherter Weise beseitigt werden.
S 36 Bei der Arbeit geeignete Schutzkleidung tragen.
S 37 Geeignete Schutzhandschuhe tragen.
S 38 Bei unzureichender Belüftung Atemschutzgerät anlegen.
S 39 Schutzbrille/Gesichtsschutz tragen.
S 40 Fußboden und verunreinigte Gegenstände mit ... reinigen (vom Hersteller anzugeben).
S 41 Explosions- und Brandgase nicht einatmen.
S 42 Beim Räuchern/Versprühen geeignetes Atemschutzgerät anlegen (geeignete Bezeichnung vom Hersteller anzugeben).
S 43 Zum Löschen ... (vom Hersteller anzugeben) verwenden (wenn Wasser die Gefahr erhöht, anfügen: Kein Wasser verwenden).
S 44 Bei Unfall oder Unwohlsein sofort Arzt zuziehen (wenn möglich, dieses Etikett vorzeigen).
S 46 Bei Verschlucken sofort ärztlichen Rat einholen und Verpackung oder Etikett vorzeigen.
S 47 Nicht bei Temperaturen über ... °C aufbewahren (vom Hersteller anzugeben).
S 48 Feucht halten mit ... (geeignetes Mittel vom Hersteller anzugeben).
S 49 Nur im Originalbehälter aufbewahren.
S 50 Nicht mischen mit ... (vom Hersteller anzugeben).
S 51 Nur in gut gelüfteten Bereichen verwenden.
S 52 Nicht großflächig für Wohn- und Aufenthaltsräume zu verwenden.
S 53 Expositionen vermeiden. Vor Gebrauch besondere Anweisung einholen.
S 56 Diesen Stoff und seinen Behälter der Problemabfallentsorgung zuführen.
S 57 Zur Vermeidung einer Kontamination der Umwelt geeigneten Behälter verwenden.
S 59 Information zur Wiederverwendung/Wiederverwertung beim Hersteller/Lieferanten erfragen.
S 60 Dieser Stoff und sein Behälter sind als gefährlicher Abfall zu entsorgen.
S 61 Freisetzung in die Umwelt vermeiden. Besondere Anweisungen einholen/Sicherheitsdatenblatt zu Rate ziehen.
S 62 Bei Verschlucken kein Erbrechen herbeiführen. Sofort ärztlichen Rat einholen und Verpackung oder dieses Etikett vorzeigen.

Kombinationen der R-Sätze (Auszug)

R 14/15 Reagiert mit Wasser unter Bildung leicht entzündlicher Gase.
R 15/29 Reagiert mit Wasser unter Bildung giftiger und leicht entzündlicher Gase.
R 20/21 Gesundheitsschädlich beim Einatmen und bei Berührung mit der Haut.
R 21/22 Gesundheitsschädlich bei Berührung mit der Haut und beim Verschlucken.
R 20/22 Gesundheitsschädlich beim Einatmen und Verschlucken.
R 20/21/22 Gesundheitsschädlich beim Einatmen, Verschlucken und bei Berührung mit der Haut.
R 23/24 Giftig beim Einatmen und bei Berührung mit der Haut.
R 24/25 Giftig bei Berührung mit der Haut und beim Verschlucken.
R 23/25 Giftig beim Einatmen und Verschlucken.
R 23/24/25 Giftig beim Einatmen, Verschlucken und bei Berührung mit der Haut.
R 26/27 Sehr giftig beim Einatmen und bei Berührung mit der Haut.
R 27/28 Sehr giftig bei Berührung mit der Haut und beim Verschlucken.
R 26/28 Sehr giftig beim Einatmen und Verschlucken.
R 26/27/28 Sehr giftig beim Einatmen, Verschlucken und bei Berührung mit der Haut.
R 36/37 Reizt die Augen und die Atmungsorgane.
R 36/38 Reizt die Augen und die Haut.
R 36/37/38 Reizt die Augen, Atmungsorgane und die Haut.
R 42/43 Sensibilisierung durch Einatmen und Hautkontakt möglich.

Kombination der S-Sätze (Auszug)

S 1/2 Unter Verschluss und für Kinder unzugänglich aufbewahren.
S 3/7 Behälter dicht geschlossen halten und an einem kühlen Ort aufbewahren.
S 3/9 Behälter an einem kühlen, gut belüfteten Ort aufbewahren.
S 3/14 An einem kühlen Ort, entfernt von ... aufbewahren.
S 3/9/49 Nur im Originalbehälter an einem kühlen, gut gelüfteten Ort aufbewahren.
S 3/9/14/49 Nur im Originalbehälter an einem kühlen, gut gelüfteten Ort, entfernt von ... aufbewahren.
S 7/8 Behälter trocken und dicht geschlossen halten.
S 7/9 Behälter dicht geschlossen an einem gut gelüfteten Ort aufbewahren.
S 20/21 Bei der Arbeit nicht essen, trinken, rauchen.
S 24/25 Berührung mit den Augen und der Haut vermeiden.
S 36/37 Bei der Arbeit geeignete Schutzhandschuhe und Schutzkleidung tragen.
S 36/39 Bei der Arbeit geeignete Schutzkleidung und Schutzbrille/Gesichtsschutz tragen.
S 37/39 Bei der Arbeit geeignete Schutzhandschuhe und Schutzbrille/Gesichtsschutz tragen.
S 36/37/39 Bei der Arbeit geeignete Schutzkleidung, Schutzhandschuhe und Schutzbrille/Gesichtsschutz tragen.
S 47/49 Nur im Originalbehälter bei einer Temperatur von nicht über ... °C aufbewahren.

Entsorgungsratschläge (E-Sätze)

E 1 Verdünnen, in den Ausguss geben (WGK 0 bzw. 1).
E 2 Neutralisieren, in den Ausguss geben.
E 3 In den Hausmüll geben, gegebenenfalls in PE-Beutel (Stäube).
E 4 Als Sulfid fällen.
E 5 Mit Calcium-Ionen fällen, dann E 1 oder E 3.
E 6 Nicht in den Hausmüll geben.
E 7 Im Abzug entsorgen; wenn möglich verbrennen.
E 8 Der Sondermüllbeseitigung zuführen (Adresse zu erfragen bei der Kreis- oder Stadtverwaltung) Abfallschlüssel beachten.
E 9 Unter größter Vorsicht in kleinsten Portionen reagieren lassen (z. B. offen im Freien verbrennen).
E 10 In gekennzeichneten Glasbehältern sammeln:
1. „Organische Abfälle – halogenhaltig"
2. „Organische Abfälle – halogenfrei"
dann E 8.
E 11 Als Hydroxid fällen (*pH* 8), den Niederschlag zu E 8.
E 12 Nicht in die Kanalisation gelangen lassen (S-Satz S 29).
E 13 Aus der Lösung mit unedlerem Metall (z. B. Eisen) als Metall abscheiden (E 14, E 3).
E 14 Recycling-geeignet (Redestillation oder einem Recyclingunternehmen zuführen).
E 15 Mit Wasser vorsichtig umsetzen, evtl. frei werdende Gase verbrennen oder absorbieren oder stark verdünnt ableiten.
E 16 Entsprechend den Ratschlägen in Anlage 5.1 der „Richtlinien zur Sicherheit im naturwissenschaftlichen Unterricht" beseitigen.

Biologie

Physiologie und Biochemie

Fotosynthese und Atmung

Biomasse-produktion	$S = Pb - (R + m_V)$ $Pn = Pb - R$	S langfristiger Stoffgewinn für den betrachteten Organismus Pb Brutto-Primärproduktion Pn Netto-Primärproduktion R Stoffverlust durch Atmung m_V Verlustmasse (z. B. abgeworfene Blätter)
respiratorischer Quotient *RQ*	$RQ = \frac{n(CO_2)_{aus} - n(CO_2)_{ein}}{n(O_2)_{ein} - n(O_2)_{aus}}$ $= \frac{n(CO_2)_{gebildet}}{n(O_2)_{verbraucht}} = \frac{V(CO_2)_{gebildet}}{V(O_2)_{verbraucht}}$	$n(CO_2)_{aus/ein}$ aus- bzw. eingeatmete Stoffmenge an Kohlenstoffdioxid $n(O_2)_{ein/aus}$ ein- bzw. ausgeatmete Stoffmenge an Sauerstoff V_{CO_2} gebildetes Kohlenstoffdioxidvolumen V_{O_2} verbrauchtes Sauerstoffvolumen
Lichtgenuss von Pflanzen *LG*	$LG = \frac{E_{Ort}}{E_{Frei}} \cdot 100\,\%$	E_{Ort} Beleuchtungsstärke am Wuchsort E_{Frei} Beleuchtungsstärke im Freiland

Enzymreaktionen

Michaelis-Menten-Konstante K_M **Lineweaver-Burk-Gleichung**	$K_M = \frac{V_{max}}{2}$ $\left(c(S) \text{ bei } v_0 = \frac{V_{max}}{2}\right)$ doppelt reziproke Darstellung: $\frac{1}{v_0} = \frac{K_M}{V_{max}} \cdot \frac{1}{c(S)} + \frac{1}{V_{max}}$	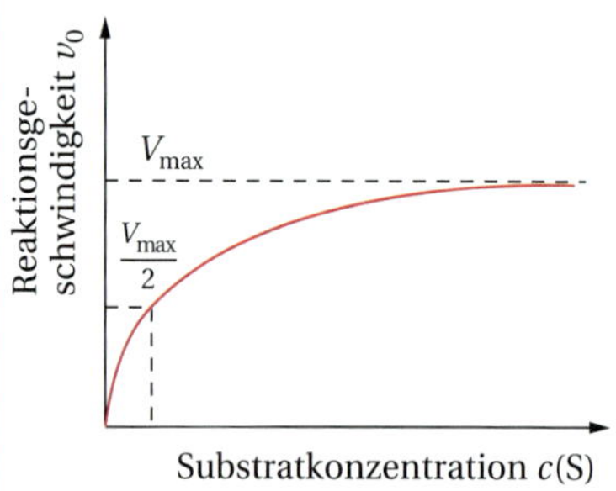
Reaktionsgeschwindigkeit v_0 einer Enzymreaktion	$v_0 = \frac{V_{max} \cdot c(S)}{K_M + c(S)}$	V_{max} maximale Reaktionsgeschwindigkeit $c(S)$ Substratkonzentration

Osmose

Saugkraft der Zelle *S*	$S = O - W$	T absolute Temperatur R universelle Gaskonstante (↗ S. 69) c Konzentration W Turgordruck (Wanddruck)
osmotischer Druck *O*	$O = c \cdot R \cdot T$	

Diffusion

1. ficksches Diffusionsgesetz	$\frac{dn}{dt} = -D \cdot A \cdot \frac{dc}{dx}$	n Stoffmenge (↗ S. 134) t Diffusionszeit A Durchtrittsfläche D Diffusionskonstante x Diffusionsweg c Konzentration der Stoffmenge t_{max} maximale Diffusionszeit c_i; c_a Konzentration der Stoffmenge beiderseits der Membran (innen und außen) z Dicke der Membran
2. ficksches Diffusionsgesetz	$x = D \cdot \sqrt{t}$ $t_{max} = \frac{x^2}{2 \cdot D}$	
Diffusion durch eine Membran	$\frac{dn}{dt} = -D \cdot A \cdot \frac{(c_i - c_a)}{z}$	
Diffusionspotenzial E_D (nernstsche Gleichung) (↗ S. 135)	$E_D = \frac{R \cdot T}{z \cdot F} \cdot ln \frac{c(Ion)_I}{c(Ion)_{II}}$	R universelle Gaskonstante (↗ S. 69) T absolute Temperatur z Ionenwertigkeit F FARADAY-Konstante (↗ S. 69) $c(Ion)_I$ Ionenkonzentration der Lösung I $c(Ion)_{II}$ Ionenkonzentration der Lösung II

Wasserhaushalt

Trockenmasse *TM*	Unter der Bedingung nach 24 Stunden bei 110 °C gilt: $TM = FM - WG$	FM Frischmasse m_V Verlustmasse beim Glühen W_{max} maximal möglicher Wassergehalt W_a zur Zeit vorhandener Wassergehalt (aktueller Wassergehalt) m_{Wab} Masse des abgegebenen Wassers je Zeiteinheit m_{Wauf} Masse des aufgenommenen Wassers je Zeiteinheit V_{Wab} Volumen des abgegebenen Wassers je Zeiteinheit V_{Wauf} Volumen des aufgenommenen Wassers je Zeiteinheit
Wassergehalt *WG*	$WG = FM - TM$	
Aschemasse *AM*	$AM = TM - m_V$	
Wasserdefizit *Wd* (Wasserverlust)	$Wd = \frac{W_{max} - W_a}{W_{max}} \cdot 100\,\%$	
Bilanzquotient des Wassers *BQ*	$BQ = \frac{m_{Wab}}{m_{Wauf}} \mathrel{\widehat{=}} \frac{V_{Wab}}{V_{Wauf}}$ Ist $BQ > 1$, welkt der Organismus	

Wachstum

Geburtenrate *GR*	$GR = \frac{+N_G}{dt\,N}$	N_G Anzahl der Geburten N Gesamtzahl der betrachteten Individuen N_T Anzahl der Todesfälle t Zeit K Faktor, der die Lebensraumkapazität angibt (maximale Populationsgröße)
Sterberate *SR*	$SR = \frac{-N_T}{dt\,N}$	
Zuwachsrate *r* (Vermehrungsrate)	$r = GR + SR$	
exponentielles Wachstum	$\frac{dN}{dt} = r \cdot N$ gültig für $N < K$	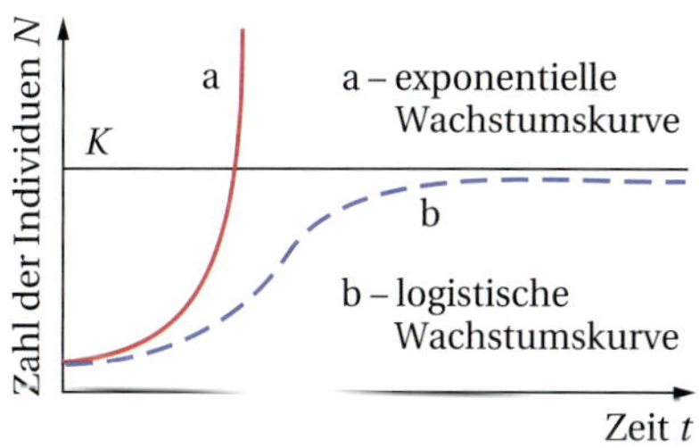
logistisches (reales) Wachstum	$\frac{dN}{dt} = r \cdot N \cdot \frac{K-N}{K}$	

Bakterienvermehrung in statischer Kultur in der log-Phase	$N = N_0 \cdot 2^n$	N Anzahl der Individuen nach n Teilungen N_0 Ausgangszahl der Bakterien
Wachstumsrate R	$R = \frac{lb\, N_1 - lb\, N_0}{t_1 - t_0}$	lb $\log_2$ N_0, N_1 Anzahl der Bakterien zur Zeit t_0, t_1 t_0, t_1 Zeit
Generationszeit t_{gen}	$t_{gen} = \frac{1}{R}$	

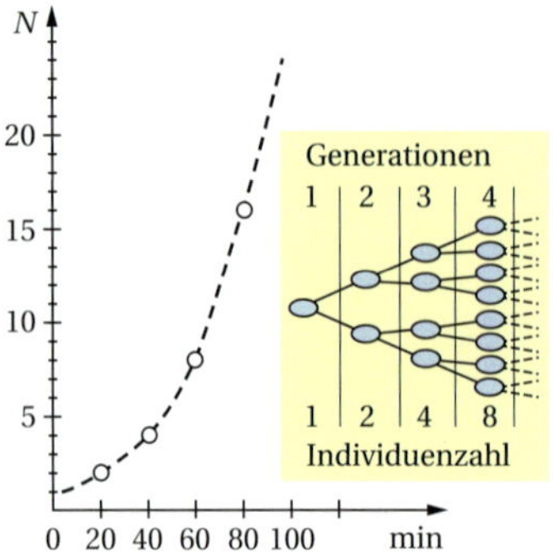

theoretische Vermehrung

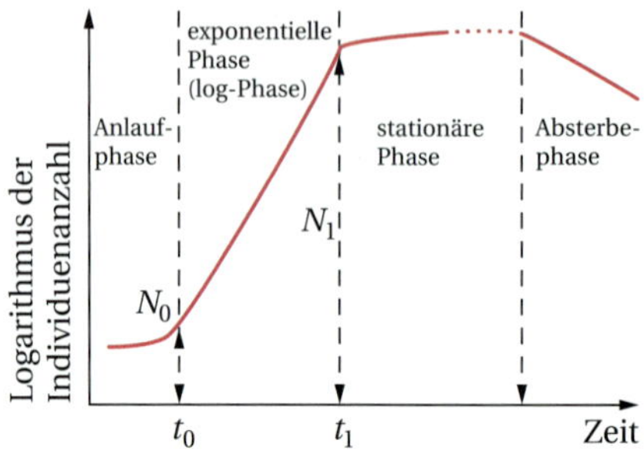

Ökologie

Qualität des Wassers

Bestimmung des Plankton- und Schwebstoffgehaltes G_{PS}	$G_{PS} = \frac{(m_2 - m_1) \cdot 1000}{V}$	m_1 Masse des getrockneten Filterpapiers in g m_2 Masse des getrockneten Filterpapiers mit Plankton- und Schwebstoffen in g V Volumen der Wasserprobe in ml a Verbrauch an Natriumthiosulfatlösung in ml ($c = 0{,}01\ mol \cdot l^{-1}$) b zugesetzte Reagenzienmenge in ml 1 000 Umrechnungsfaktor für einen Liter
quantitative Sauerstoffbestimmung $\beta(O_2)$ (nach Winkler)	$\beta(O_2) = \frac{a \cdot 0{,}08 \cdot 1000}{V - b}$	
Sauerstoffsättigung S	$S = \frac{\beta(O_2) \cdot 100\,\%}{\beta(O_2)S}$	$\beta(O_2)$ gemessener Sauerstoffgehalt der Frischprobe bei der gemessenen Temperatur $\beta(O_2)S$ theoretischer Sauerstoffsättigungswert bei der gemessenen Temperatur $\beta(O_{2/II})$ Sauerstoffgehalt der 2 Tage (II) alten Wasserprobe $\beta(O_{2/V})$ Sauerstoffgehalt der 5 Tage (V) alten Wasserprobe
Sauerstoffdefizit $\beta(O_2)_{Def}$	$\beta(O_2)_{Def} = \beta(O_2)S - \beta(O_2)$	
biochemischer Sauerstoffbedarf BSB	$BSB_2 = \beta(O_2) - \beta(O_{2/II})$ $BSB_5 = \beta(O_2) - \beta(O_{2/V})$	

Grenzwerte für chemische Stoffe im Trinkwasser

Stoffe	Grenzwerte	Stoffe	Grenzwerte
Nitrat	50 mg je l (Für Säuglinge sollte die Konzentration von 10 mg je l nicht überschritten werden.)	Blei	0,04 mg je l
		Cadmium	0,005 mg je l
		Kupfer	0,1 mg je l
		Phosphat	6,7 mg je l
Nitrit	0,1 mg je l	Quecksilber	0,001 mg je l

Volterra-Regeln (Volterra-Gesetze)

1. und 2. Volterra-Regel

Wachstum der Beutepopulation	$\frac{dN_B}{dt} = N_B(r_B - k \cdot N_R)$
Wachstum der Räuberpopulation	$\frac{dN_R}{dt} = N_R(b_R \cdot N_B - d_R)$
neue Individuenzahl der Beute	$N_B = N_{Bo} + N_{Bo} \cdot r_B - k \cdot N_{Bo} \cdot N_{Ro}$
neue Individuenzahl der Räuber	$N_R = N_{Ro} + b_R \cdot N_{Ro} \cdot N_{Bo} - N_{Ro} \cdot d_R$

N_B	Individuenzahl der Beute
N_R	Individuenzahl der Räuber
r_B	Wachstumsrate der Beute
b_R	Wachstumsrate der Räuber je Beutetier
d_R	Sterberate der Räuber
k	Fressrate der Räuber
N_{Bo}	Ausgangswert für Beute
N_{Ro}	Ausgangswert für Räuber

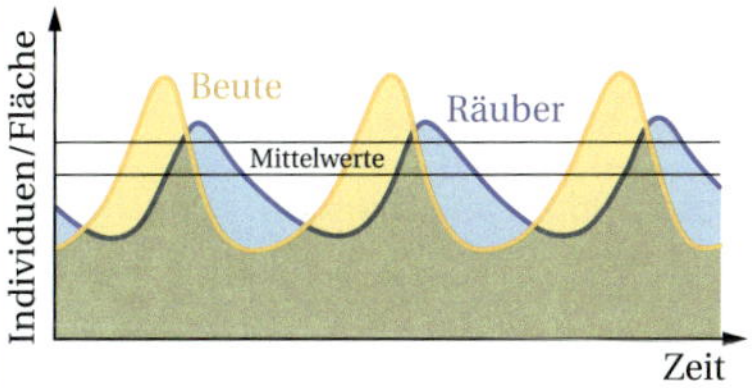

3. Volterra-Regel

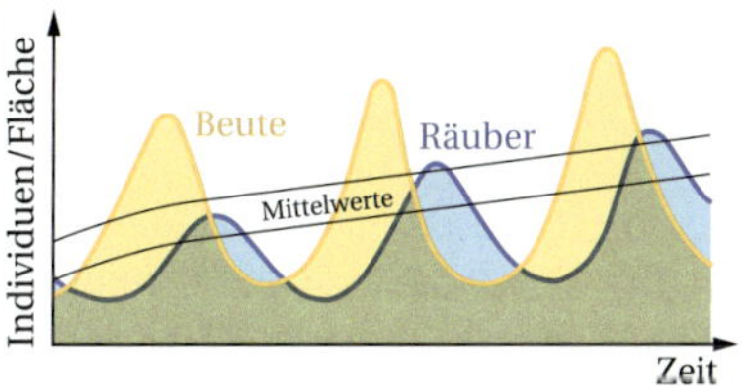

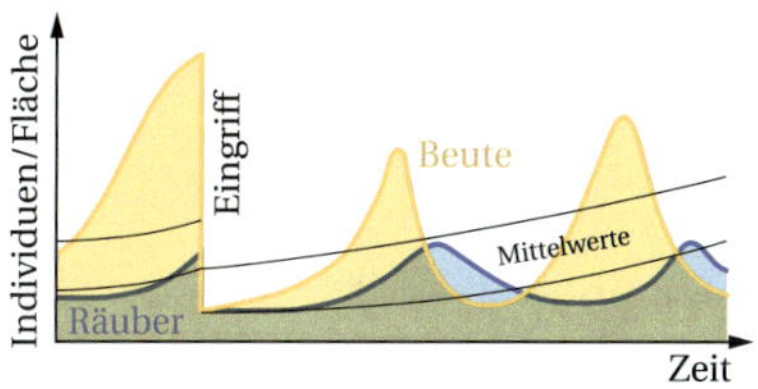

Ökologische Zeigerwerte

Stufen	Licht L	Temperatur T	Bodenfeuchtigkeit F	Bodenreaktion R	Stickstoffversorgung N
1	sehr schattig (weniger als 1 %)	sehr kalt	sehr trocken	stark sauer	sehr stickstoffarm
2	zwischen 1 und 3	zwischen 1 und 3	zwischen 1 und 3	zwischen 1 und 3	zwischen 1 und 3
3	schattig (weniger als 5 %)	kühl	trocken	sauer	stickstoffarm
4	zwischen 3 und 5	zwischen 3 und 5	zwischen 3 und 5	zwischen 3 und 5	zwischen 3 und 5
5	halbschattig (mehr als 10 %)	mäßig warm	frisch	mäßig sauer	mäßig stickstoffreich
6	zwischen 5 und 7	zwischen 5 und 7	zwischen 5 und 7	zwischen 5 und 7	zwischen 5 und 7
7	sonnig und schattig	warm	feucht	schwach sauer bis schwach basisch	stickstoffreich
8	sonnig (mehr als 40 %)	zwischen 7 und 9	zwischen 7 und 9	zwischen 7 und 9	sehr stickstoffreich
9	sehr sonnig (mehr als 50 %)	sehr warm	nass	basisch	übermäßig stickstoffreich

Bestandsaufnahme von Pflanzen

Stufen	Deckungsgrad (bedeckter Anteil der Untersuchungsfläche) in %	Individuenzahl (Häufigkeit der Art auf der Untersuchungsfläche)	Entwicklungszustand
r („rar“)	sehr wenig Fläche abdeckend	etwa 1 bis 2 Individuen	K Keimpflanze J Jungpflanze st steril (ausgewachsene Pflanze ohne Blüten und Samen) ko knospend (Blüten- oder Blattknospen) b blühend f fruchtend v vergilbend t tot (oberirdische Teile abgestorben) S nur als Samen zu finden g abgemäht
+ („Kreuz“)	wenig Fläche abdeckend	etwa 2 bis 5 Individuen	
1	weniger als 5 % abdeckend	sehr spärlich vorhanden	
2	6 % bis 25 % abdeckend	spärlich vorhanden	
3	26 % bis 50 % abdeckend	wenig zahlreich vorhanden	
4	51 % bis 75 % abdeckend	zahlreich vorhanden	
5	76 % bis 100 % abdeckend	sehr zahlreich vorhanden	

Biologische Gütebestimmung eines Gewässers

Saprobienindex *S* für die untersuchte Biozönose	$S = \frac{\sum_{i=1}^{n} h_i \cdot s_i \cdot g_i}{\sum_{i=1}^{n} h_i \cdot g_i}$ oder $S = \frac{(h_1 \cdot s_1 \cdot g_1) + (h_2 \cdot s_2 \cdot g_2) + \ldots + (h_n \cdot s_n \cdot g_n)}{(h_1 \cdot g_1) + (h_2 \cdot g_2) + \ldots + (h_n \cdot g_n)}$ **Saprobienstufen** – **Gewässergüteklassen** $S = 1$ bis $< 1{,}75$ – I $S = 1{,}75$ bis $2{,}5$ – II $S = 2{,}5$ bis $3{,}25$ – III $S = 3{,}25$ bis $4{,}0$ – IV	*n* Anzahl der untersuchten Organismenarten *h* ausgezählte Häufigkeit der Organismen einer Art *s* Saprobienindex für die einzelne Art, gibt deren Optimum innerhalb der Saprobienstufen an *g* Indikationsgewicht (1–5), gibt Eignung einer Art als Indikator für bestimmte Güteklassen an (Bindung an nur eine Güteklasse g = 5; Vorkommen in zwei oder mehr Güteklassen g = 4, 3, 2, 1)

Immissionsgrenzwerte (Auswahl)

Stoffe	Grenzwerte für Massenkonzentrationen bzw. Volumenanteile
Kohlenstoffmonooxid	Langzeit-Konzentration in der Luft: max. 10 mg je m^3 Kurzzeit-Konzentration in der Luft: max. 30 mg je m^3
Kohlenstoffdioxid	Volumenanteil in der Atmosphäre: 0,036 % keine Begrenzung – Auswirkung auf Treibhauseffekt (Industrialisierungsbeginn 0,028 %)
Schwefeldioxid	Langzeit-Konzentration in der Luft: 0,14 mg je m^3 Kurzzeit-Konzentration in der Luft: max. 0,40 mg je m^3
Stickstoffdioxid	Langzeit-Konzentration in der Luft: max. 0,08 mg je m^3 Kurzzeit-Konzentration in der Luft: max. 0,20 mg je m^3
Ozon	Konzentration in der Luft 0,18 mg je m^3 (≙ Grenzwert für menschliche Belastung)
Staub	Langzeit-Konzentration in der Luft: max. 0,15 mg je m^3 Kurzzeit-Konzentration in der Luft: max. 0,30 mg je m^3

Humanbiologie

Körpergröße und Körpermasse

voraussichtliche Körpergröße *KgrE* als Erwachsener	$Kf = \frac{Kgr - Dgr}{Uw}$ $KgrE = DgrE + (Kf \cdot UwE)$	*Kf* Korrekturfaktor *Kgr* Körpergröße in cm *Dgr* Durchschnittskörpergröße (↗ Tab. unten) *DgrE* Durchschnittskörpergröße als Erwachsener (↗ Tab. unten) *Uw* Umrechnungswert (↗ Tab. unten) *UwE* Umrechnungswert als Erwachsener (↗ Tab. unten)
Normalgewicht *NG* und Idealgewicht *IG* (nach BROCA)	$NG = (Kgr - 100) \cdot kg$ $IG = NG \cdot 0{,}9$ bei Jugendlichen: $IG = NG \cdot 0{,}85$	*Kgr* Körpergröße in cm
Body-Mass-Index (*BMI*)	$BMI = \frac{\text{Körpermasse (in kg)}}{(\text{Körpergröße in m})^2}$	*BMI* Körpermasse-Index

Körpermasse-Index (*BMI*) ohne Altersangaben		
Einteilung in Klassen	**Frauen**	**Männer**
Untergewicht	unter 19	unter 20
Normalgewicht	19–24,9	20–25,9
Übergewicht	25–29,9	26–30,9
Fettsucht (Grad I)	30–34,9	31–35,9
Fettsucht (Grad II)	35–39,9	36–39,9
Fettsucht (Grad III)	über 40	über 40

Körpermasse-Index (*BMI*) mit Altersangaben			
Alter in Jahren	**Untergewicht**	**Normalgewicht**	**Übergewicht**
19–24	19	19–24	über 24
25–34	20	20–25	über 25
35–44	21	21–26	über 26
45–54	22	22–27	über 27
55–64	23	23–28	über 28
über 64	24	24–29	über 29

Durchschnittliche Körpergröße

Alter in Jahren	männlich		weiblich	
	Umrechnungswerte *Uw*	**Durchschnittsgrößen *Dgr***	**Umrechnungswerte *Uw***	**Durchschnittsgrößen *Dgr***
4	4,5	104	4,5	102
5	4,8	110	4,8	109
6	5,1	116	5,1	115
7	5,5	122	5,5	121
8	5,7	128	5,7	127
9	5,9	134	6,0	133
10	6,2	138	6,5	137
11	6,6	143	7,0	142
12	7,0	148	7,3	147
13	8,0	154	6,8	154
14	8,8	161	6,3	159
15	8,0	167	6,0	161
16	7,2	171	5,7	162
17	6,6	173	5,6	162
18	6,5	174	5,6	163
19	6,5	174	5,7	164

Für Kinder und Jugendliche unter 14 Jahren hat der *BMI* noch keine Gültigkeit. Man kann die Körpermasse nach dieser Grafik berechnen.

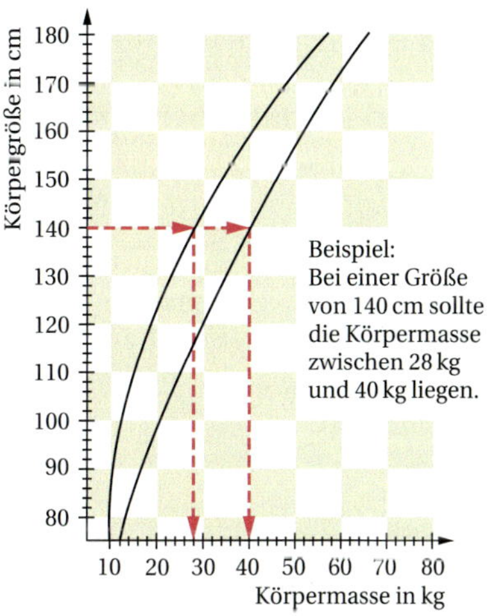

Täglicher Stoffwechsel

Gesamtumsatz *GesU*	$GesU = GU + LU$
Grundumsatz *GU*	$GU = 4{,}2\ \text{kJ} \cdot t \cdot m_K$ bei Jugendlichen: $6{,}2\ \text{kJ} \cdot t \cdot m_K$
Leistungsumsatz *LU*	$LU = (h_1 \cdot EV_1) + (h_2 \cdot EV_2) + \ldots + (h_n \cdot EV_n)$
Nährstoffbedarf *Nb*	$Nb = Bf \cdot m_K$
Energiebedarf *Eb*	$Eb = (Nb_{KH} \cdot EG_{KH}) + (Nb_{Fett} \cdot EG_{Fett}) + (Nb_{Eiw} \cdot EG_{Eiw})$
Energiegehalt einer Mahlzeit EG_m	$EG_m = EG_{n_1} + EG_{n_2} + \ldots + EG_{n_n}$
Blutalkoholgehalt (nach WIDMARK) *BAG*	$BAG = \frac{m_{Alkohol}}{m_K \cdot r} = \frac{V_{Alkohol} \cdot D}{m_K \cdot r}$

LU	Leistungsumsatz an Energie
t	Zeit in Stunden
m_K	Körpermasse in kg
h	Zeit in Stunden für die ausgeführte Tätigkeit
EV	Energieumsatz je Stunde der Tätigkeit
Bf	Bedarfsfaktor der Nährstoffe (↗ Tab. Mitte)
EG	Energiegehalt der Nährstoffe (↗ Tab. Mitte)
EG_n	Energiegehalt der Nahrungsmittel (↗ Tab. S. 147)
BAG	Blutalkoholgehalt in ‰
r	Reduktionsfaktor männlich 0,7, weiblich 0,6
D	Dichte von Alkohol ($0{,}79\ \text{g} \cdot \text{ml}^{-1}$)
$m_{Alkohol}$	aufgenommene Alkoholmenge in g
m_K	Körpermasse in kg
$V_{Alkohol}$	Volumen des Alkohols in ml

Energiegehalt der Nährstoffe (zur Errechnung von Nb und Eb)

1 kcal ≙ 4,1868 kJ

Nährstoffe	Energiegehalt in kJ/g	Energiegehalt in kcal/g	Bedarfsfaktor in g/kg Körpermasse
Fette	39	9,3	0,8
Eiweiße (Eiw)	17	4,1	0,9–1,0
Kohlenhydrate (KH)	18	4,3	1,3–1,5

Richtwerte für die tägliche Aufnahme von Nitrat und Nitrit

	Richtwerte	Säuglinge (ca. 5 kg)	Kind (ca. 20 kg)	Erwachsener (ca. 60–70 kg)
Nitrat	3,65 mg/kg	18,3 mg	73,0 mg	219,0 mg
Nitrit	0,13 mg/kg	0,65 mg	2,6 mg	7,8 mg

Energiebedarf je Stunde bei verschiedenen Tätigkeiten

bei Erwachsenen von 65 bis 70 kg

Tätigkeiten	kcal/h	kJ/h	Tätigkeiten	kcal/h	kJ/h
Badewanne scheuern	430	1 800	Radrennen (43 km/h)	1 000	4 270
Bergsteigen	1 000	4 200	Schlafen	65	272
Betten machen	191	800	Skilanglauf (8 km/h)	776	3 250
Boden schrubben	229	960	Sitzen	29	120
Brustschwimmen (50 m/min)	680	2 850	Spielen/Aufräumen	60	250
Dauerlauf (10 km/h)	597	2 500	Staub saugen	179	750
Fenster putzen	174	730	Tanzen	350	1 465
Fußball spielen	454	1 900	Teig kneten	156	660
Gehen (2 km/h)	120	502	Tischtennis	450	1 884
Gymnastik	334	1 400	Treppen steigen (60 Stufen mit 10 kg)	530	2 220
Kochen im Stehen	96	400	Wäsche bügeln	136	570

Energie-, Nährstoff-, Wasser- und Vitamingehalt ausgewählter Nahrungsmittel

Nahrungsmittel in g (berechnet auf 100 g)	Energiegehalt		Nährstoffe in g			Wasser-gehalt in g	Vitamingehalt			
	in kJ	in kcal	Eiweiß	Fett	Kohlen-hydrate		A I.E.	B_1 in mg	C in mg	E in mg
Jogurt	297	71	4,8	3,8	4,5	86,1				
Camembert	1200	287	20,1	24,2	2,0	52,1	1010	0,05	–	–
Kuhmilch	268	64	3,2	3,7	4,6	88,5	140	0,04	1	0,06
Schlagsahne	1205	288	2,2	30,4	2,9	64,1				
Butter	2996	716	0,6	81,0	0,7	17,4	3300	Spuren	Spuren	2,4
Margarine	2960	720	0,5	80,0	0,4	19,7	3000	–	–	30,0
Schmalz	3771	901	0,0	99,0	0,0	1,0				
Hühnerei	678	162	12,8	11,5	0,7	74,0	1100	0,12	–	1,0
Honig	1272	304	0,3	0,0	82,3	17,2	–	Spuren	1	–
Traubenzucker	1611	385	0,0	0,0	99,5	0,0				
Milchschokolade	2176	520	7,7	32,3	56,9	0,9	270	0,01	–	1,1
Nesquick	429	102	3,7	3,9	12,9	–	–	0,2	10,0	–
Roggenbrot	950	227	6,4	1,0	52,7	38,5				
Brötchen	1126	269	6,8	0,5	58,0	34,0				
Spagetti	1544	369	12,5	1,2	75,2	10,4				
Haferflocken	1620	387	13,8	6,6	67,6	10,3	–	0,55	–	0,25
Brathuhn	578	138	20,6	5,6	0,0	72,7				
Schweinekotelett	1427	341	15,2	30,6	0,0	53,9	–	0,8	–	0,6
Entenfleisch	1365	326	16,0	28,6	0,0	54,0				
Rindsfilet	511	122	19,2	4,4	0,0	75,1	–	0,1		0,5
Cervelatwurst	1072	256	12,5	27,6	1,8	55,6		0,2	–	0,1
Forelle	423	101	19,2	2,1	0,0	77,6	150	0,09	–	–
Karpfen	607	145	18,9	7,1	0,0	72,4				
Banane	356	85	1,1	0,2	22,2	75,7	190	0,05	10	0,2
Apfel (süß)	243	58	0,3	0,6	15,0	84,0	90	0,04	5	0,3
Karotten	167	40	1,1	0,2	9,1	88,6	11000	0,06	2–10	0,45
Kartoffeln	318	76	2,1	0,1	17,7	79,8	5	0,11	20	0,06
Haselnüsse	2624	627	12,7	60,9	18,0	6,0				

(Nach Flindt 1995 u. a., verändert; iE ≙ internationale Einheiten)

Luftbedarf und Atemfrequenz

Luftbedarf je Minute bei verschiedenen Tätigkeiten		Atemzüge je Minute bei verschiedenen Tätigkeiten (Atemfrequenz)	
Tätigkeiten	**Luftbedarf in l/min**	**Tätigkeiten**	**Atemzüge/min**
Bergsteigen	52	Bergsteigen	100 bis 130
Liegen (ruhig)	7	Liegen (ruhig)	13 bis 15
Rad fahren	24	Rad fahren	40 bis 50
Rudern	60	Rudern	150 bis 180
Schlafen	5	Schlafen	8 bis 9
Schwimmen	44	Schwimmen	85 bis 90
Stehen (ruhig)	8	Stehen (ruhig)	15 bis 16
Wandern/Gehen	17	Wandern/Gehen	30 bis 33

Bio

Fortpflanzung und Entwicklung

PEARL-Index *PI* (Versagerquote)	$PI = \frac{N}{N_{Anwender} \cdot t}$	N Anzahl der ungewollten Schwangerschaften t Beobachtungszeitraum in Jahren $N_{Anwender}$ Anzahl der Anwender/innen
Berechnung des Entbindungstermins *Et* (naegelesche Regel)	$Et = T_m + 7; M_m - 3; J_m + 1$ (Nicht anwendbar, wenn *Et* im Oktober, November oder Dezember liegt.)	$(T, M, J)_m$ Termin des ersten Tages der letzten Menstruation (T Tag; M Monat; J Jahr) T, M, J = 20.06.1992 20 + 7; 6 – 3; 1992 +1 Et = 27.03.1993

Genetik und Evolution

Berechnung des Austauschwertes *AW* in Koppelungsgruppen (relative Genabstände)	$AW = \frac{N_A}{N_{ges}} \cdot 100\,\%$	N_A Anzahl der Nachkommen mit Genaustausch N_{ges} Gesamtzahl der Nachkommen
Mutationsrate *Mr* (nach NACHTSHEIM)	direkte Berechnung: $Mr = \frac{N_N}{2N_I}$	N_N Anzahl der Neumutanten N_I Gesamtzahl der betrachteten Individuen
HARDY-WEINBERG-Gesetz (Berechnung der Allelenfrequenz in *idealen* Populationen)	für die Ausgangspopulation gilt: $Q + q = 1$ für die Folgepopulation gilt: $Q^2 + 2\,Qq + q^2 = 1$ und $d + h + r = 1$ $Q = d + 0{,}5\,h$ $q = 0{,}5\,h + r$	Q, q Häufigkeit dominanter und rezessiver Allele Genotyphäufigkeit: d homozygot dominant h heterozygot r homozygot rezessiv
	Unter den Annahmen ... – keine Mutationen – keine Selektion – vollständige Panmixie (beliebige Paarung) – unendlich große Population – kein Genfluss gilt, dass die Allelenfrequenzen und die Genotyphäufigkeit gleich bleiben, d.h. Evolution nicht stattfindet; in der Realität wirken aber Einflüsse auf die Populationen.	
Individualfitness *W* (Adaptationswert; relative Überlebensrate)	$W = \frac{N_I}{N_{max}}$ für den besten Genotyp gilt: $W = 1$	N_I Genotyphäufigkeit des betrachteten Genotyps N_{max} Nachkommenschaft des besten Genotyps
Selektionskoeffizient *S*	$S = 1 - W$	W Individualfitness
mittlere Populationsfitness $\overline{W}$	$\overline{W} = \frac{f_1 \cdot W_1 + f_2 \cdot W_2 + \ldots + f_n \cdot W_n}{f_1 + f_2 + \ldots + f_n}$	W_1, W_2 Individualfitness der Genotypen 1 und 2 f_1, f_2 Häufigkeit der Genotypen 1 und 2
genetische Last *L* (genetische Bürde)	$L = \frac{W_{max} - \overline{W}}{W_{max}}$	W_{max} Fitness des besten Genotyps In jeder Population ist die durchschnittliche Fitness geringer als die Fitness des besten Genotyps.

Informatik

Technische Realisierung logischer Verknüpfungen

Bestandteile und Bedeutung der Symbole (logische Operatoren ↗ auch S. 10 – Aussagenlogik):
E, E1, E2 Eingänge 0 keine Spannung vorhanden; Strom fließt nicht; low A ≙ 0 Volt; falsch
A Ausgang 1 Spannung vorhanden; Strom fließt; high A ≙ 5 Volt; wahr

Verknüpfung	elektrische Schaltungen	Symbol nach DIN 40900	Funktions-tabelle
Buffer (Zwischenspeicher, Identität)	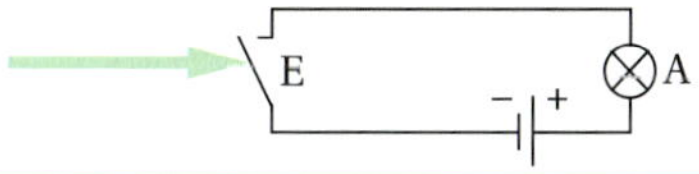	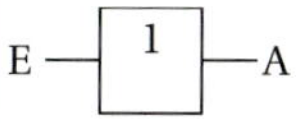	E A 0 0 1 1
NOT (NICHT, Negator, Negation)	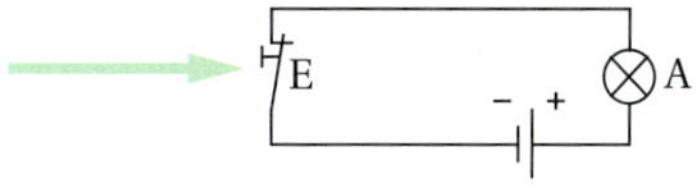	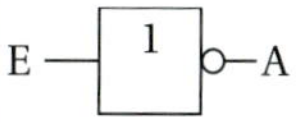	E A 0 1 1 0
AND (UND, Konjunktion)	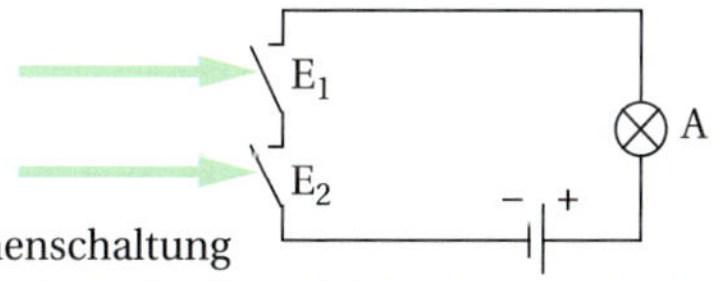 Reihenschaltung	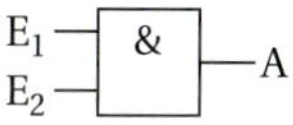	E_1 E_2 A 0 0 0 0 1 0 1 0 0 1 1 1
NAND (UND–NICHT)	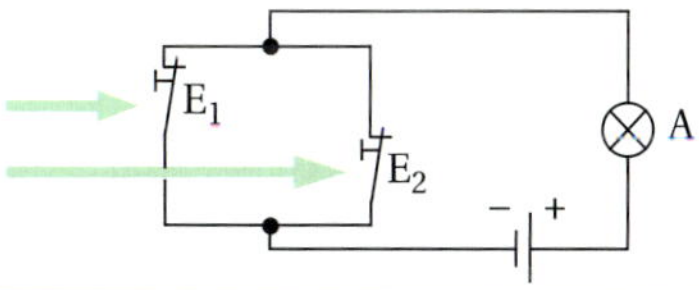	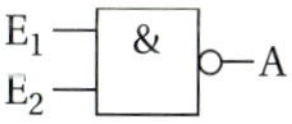	E_1 E_2 A 0 0 1 0 1 1 1 0 1 1 1 0
OR (ODER, Disjunktion)	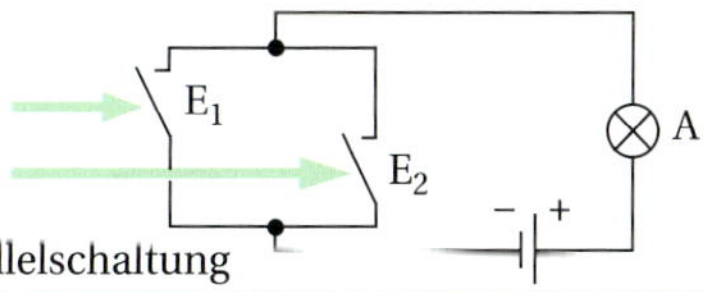 Parallelschaltung	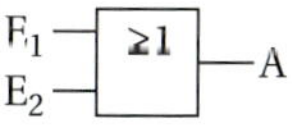	E_1 E_2 A 0 0 0 0 1 1 1 0 1 1 1 1
NOR (ODER–NICHT)	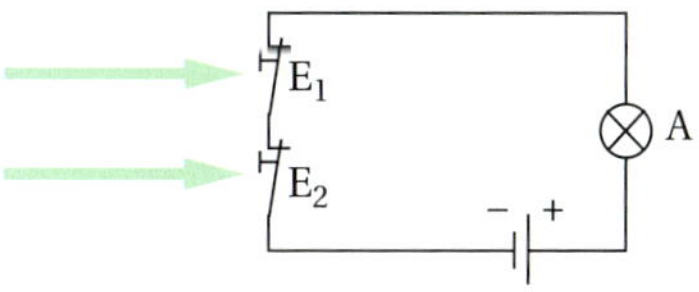	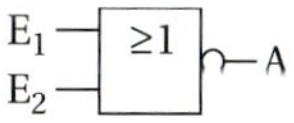	E_1 E_2 A 0 0 1 0 1 0 1 0 0 1 1 0
EXOR (Exklusiv–ODER, ENTWEDER–ODER, ausschließendes ODER, Alternative)	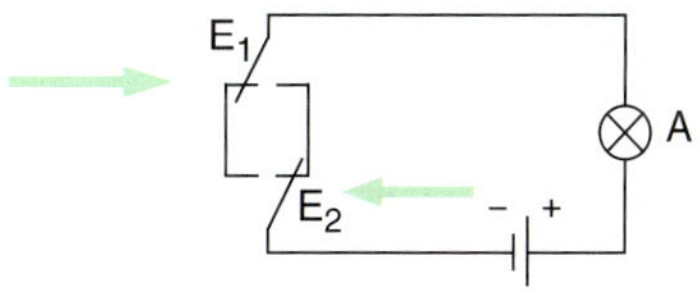	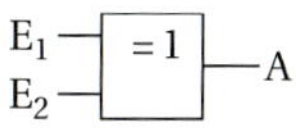	E_1 E_2 A 0 0 0 0 1 1 1 0 1 1 1 0

Die Struktur ({0, 1}, AND, OR, NOT) ist eine **boolesche Algebra**. In ihr gelten u. a. die Kommutativgesetze, Assoziativgesetze, Distributivgesetze und morganschen Gesetze für das Rechnen mit Mengen (↗ S. 8).

Datendarstellung

Dualsystem (Zweiersystem, dyadisches System, binäres System)

Grundziffern: 0, I **Stellenwert:** Potenzen von 2 **Kennzeichnung:** b

Darstellungsform: $b_m b_{m-1} \dots b_0, b_{-1} b_{-2} \dots b_{-n} = \sum_{i=-n}^{m} b_i \cdot 2^i$ $m, n \in \mathbb{N}$ $b_i \in \{0; 1\}$

Anwendung: $\text{I0I0I,IIb} = 1 \cdot 2^4 + 0 \cdot 2^3 + 1 \cdot 2^2 + 0 \cdot 2^1 + 1 \cdot 2^0 + 1 \cdot 2^{-1} + 1 \cdot 2^{-2} = 16 + 0 + 4 + 0 + 1 + 0{,}5 + 0{,}25 = 21{,}75$

Addition	Grundaufgaben: 0 + 0 = 0 0 + I = I + 0 = I I + I = I 0	I I I I b + I 0 0 I I b = I 0 0 0 I 0 b 15 + 19 = 34
Komplementdarstellung (für negative ganze Zahlen)	$-Z = \neg Z + 1$ Z positive Dualzahl, ¬ bitweise Negation (–Z wird als Differenz $2^n - Z$ dargestellt)	Z = 55 = 0 0 I I 0 I I I b n = 8 ¬Z = I I 0 0 I 0 0 0 b $-Z = \neg Z + 1$ = I I 0 0 I 0 0 I b = 201 = $2^8 - 55$
Subtraktion	– entspricht der Addition des Komplements – der Übertrag der ersten Ziffer wird gestrichen	85 − 55 = 30 0 I 0 I 0 I 0 I b − 0 0 I I 0 I I I b = I 0 I 0 I 0 I b + I I 0 0 I 0 0 I b = 0 0 0 I I I I 0 b
Multiplikation	Grundaufgaben: 0 · 0 = 0 0 · I = I · 0 = 0 I · I = I	I 0 I I 0 · I I I 0 I I 0 I 0 I I 0 I 0 0 0 0 I 0 22 · 3 = 66

Einheiten der Datendarstellung

Bit kleinste Einheit der Datendarstellung; kann 2 mögliche Werte annehmen (0/I, O/L, falsch/wahr, nein/ja, Schalter geöffnet/Schalter geschlossen, Strom fließt nicht/Strom fließt; in der Technik auch L/H)

Byte Zusammenfassung von 8 Bit zu einem Zeichen; dadurch können $2^8 = 256$ verschiedene Zeichen dargestellt werden. Jedes Byte kann in zwei Tetraden zerlegt werden, die jeweils durch eine Hexadezimalziffer codiert werden können. Beispiel: 26 = 0 0 0 I | I 0 I 0 b = 1A

Maßeinheit der Speicherkapazität: 1 KByte = 2^{10} Byte = 1 024 Byte 1 MByte = 2^{20} Byte = 1 048 576 Byte 1 GByte = 2^{30} Byte = 1 073 741 824 Byte (Zeichen)

Word Bitfolge der Länge 16; kann 16-stellige Dualzahlen codieren, nämlich die Zahlen von 0 = 0000000000000000b bis 65535 = IIIIIIIIIIIIIIIIb oder die Zahlen von -2^{15} bis $2^{15} - 1$

Hexadezimalsystem

Grundziffern: 0, 1, 2, 3, 4, 5, 6, 7, 8, 9, A, B, C, D, E, F **Stellenwert:** Potenzen von 16 **Kennzeichnung:** h

Darstellungsform: $h_m h_{m-1} \dots h_0, h_{-1} h_{-2} \dots h_{-n} = \sum_{i=-n}^{m} h_i \cdot 16^i$ $m, n \in \mathbb{N}$ $h \in \{0; 1; \dots; 9; A; B; \dots; F\}$

Anwendung: $14E{,}2\,h = 1 \cdot 16^2 + 4 \cdot 16^1 + 14 \cdot 16^0 + 2 \cdot 16^{-1} = 256 + 64 + 14 + 0{,}125 = 334{,}125$

Vergleich: Dezimalzahlen (z), Dualzahlen (Bitmuster, b), Hexadezimalzahlen (h)

z	b	h	z	b	h	z	b	h	z	b	h
0	00000000	00	10	0000I0I0	0A	20	000I0I00	14	30	000IIII0	1E
1	0000000I	01	11	0000I0II	0B	21	000I0I0I	15	31	000IIIII	1F
2	000000I0	02	12	0000II00	0C	22	000I0II0	16	32	00I00000	20
3	000000II	03	13	0000II0I	0D	23	000I0III	17	55	00II0III	37
4	00000I00	04	14	0000III0	0E	24	000II000	18	85	0I0I0I0I	55
5	00000I0I	05	15	0000IIII	0F	25	000II00I	19	99	0II000II	63
6	00000II0	06	16	000I0000	10	26	000II0I0	1A	100	0II00I00	64
7	00000III	07	17	000I000I	11	27	000II0II	1B	127	0IIIIIII	7F
8	0000I000	08	18	000I00I0	12	28	000III00	1C	128	I0000000	80
9	0000I00I	09	19	000I00II	13	29	000III0I	1D	255	IIIIIIII	FF

ASCII-Zeichen (erweiterter Code)

ASCII American Standard Code for Information Interchange
dez dezimaler Wert
DOS Die Zeichen erhält man unter DOS folgendermaßen: ALT-Taste gedrückt halten und auf dem Ziffernblock der Tastatur den Dezimalwert eingeben, der dem gewünschten Zeichen entspricht (Code-Tabelle 850).
Win Die Zeichen erhält man unter Windows folgendermaßen: ALT-Taste gedrückt halten und auf dem Ziffernblock der Tastatur 0 und den Dezimalwert eingeben, der dem gewünschten Zeichen entspricht.

dez	DOS	Win	dez	DOS	Win	dez	DOS	Win	dez	DOS	Win	dez	DOS	Win	dez	DOS	Win	dez	DOS	Win	dez	DOS	Win
			60	<	<	90	Z	Z	120	x	x	150	û	–	180	┤	´	210	Ê	Ò	240	–	ð
			61	=	=	91	[	[	121	y	y	151	ù	—	181	Á	µ	211	Ë	Ó	241	±	ñ
32			62	>	>	92	\	\	122	z	z	152	ÿ	˜	182	Â	¶	212	È	Ô	242	‗	ò
33	!	!	63	?	?	93	]	]	123	{	{	153	Ö	™	183	À	·	213	ı	Õ	243	¾	ó
34	"	"	64	@	@	94	^	^	124	¦	|	154	Ü	š	184	©	¸	214	Í	Ö	244	¶	ô
35	#	#	65	A	A	95	_	_	125	}	}	155	ø	›	185	╣	¹	215	Î	×	245	§	õ
36	$	$	66	B	B	96	`	`	126	~	~	156	£	œ	186	║	º	216	Ï	Ø	246	÷	ö
37	%	%	67	C	C	97	a	a	127			157	Ø		187	╗	»	217	┘	Ù	247	¸	÷
38	&	&	68	D	D	98	b	b	128	Ç	€	158	×	ž	188	╝	¼	218	┌	Ú	248	°	ø
39	'	'	69	E	E	99	c	c	129	ü		159	ƒ	Ÿ	189	¢	½	219	█	Û	249	¨	ù
40	(	(	70	F	F	100	d	d	130	é	‚	160	á	∘	190	¥	¾	220	▄	Ü	250	·	ú
41	)	)	71	G	G	101	e	e	131	â	ƒ	161	í	¡	191	┐	¿	221	¦	Ý	251	¹	û
42	*	*	72	H	H	102	f	f	132	ä	„	162	ó	¢	192	└	À	222	Ì	Þ	252	³	ü
43	+	+	73	I	I	103	g	g	133	à	…	163	ú	£	193	┴	Á	223	▀	ß	253	²	ý
44	,	,	74	J	J	104	h	h	134	å	†	164	ñ	¤	194	┬	Â	224	Ó	à	254	■	þ
45	-	-	75	K	K	105	i	i	135	ç	‡	165	Ñ	¥	195	├	Ã	225	ß	á	255		ÿ
46	.	.	76	L	L	106	j	j	136	ê	ˆ	166	ª	¦	196	─	Ä	226	Ô	â			
47	/	/	77	M	M	107	k	k	137	ë	‰	167	º	§	197	┼	Å	227	Ò	ã			
48	0	0	78	N	N	108	l	l	138	è	Š	168	¿	¨	198	ã	Æ	228	õ	ä			
49	1	1	79	O	O	109	m	m	139	ï	‹	169	®	©	199	Ã	Ç	229	Õ	å			
50	2	2	80	P	P	110	n	n	140	î	Œ	170	¬	ª	200	╚	È	230	µ	æ			
51	3	3	81	Q	Q	111	o	o	141	ì		171	½	«	201	╔	É	231	þ	ç			
52	4	4	82	R	R	112	p	p	142	Ä	Ž	172	¼	¬	202	╩	Ê	232	Þ	è			
53	5	5	83	S	S	113	q	q	143	Å		173	¡	-	203	╦	Ë	233	Ú	é			
54	6	6	84	T	T	114	r	r	144	É		174	«	®	204	╠	Ì	234	Û	ê			
55	7	7	85	U	U	115	s	s	145	æ	‘	175	»	¯	205	═	Í	235	Ù	ë			
56	8	8	86	V	V	116	t	t	146	Æ	’	176	░	°	206	╬	Î	236	ý	ì			
57	9	9	87	W	W	117	u	u	147	ô	“	177	▒	±	207	¤	Ï	237	Ý	í			
58	:	:	88	X	X	118	v	v	148	ö	”	178	▓	²	208	ð	Ð	238	¯	î			
59	;	;	89	Y	Y	119	w	w	149	ò	•	179	│	³	209	Đ	Ñ	239	´	ï			

Die ersten 32 Zeichen (0 bis 31) sind im Allgemeinen für die Steuerung reserviert. Das Zeichen mit dem dezimalen Wert 32 ist das Leerzeichen. Manche Zeichen unter Windows (z. B. €) erhält man nur, wenn Standard-TrueType-Schriften (Arial statt Helvetica, Times New Roman statt Times) eingestellt sind.

Datentypen

Datentyp	Bedeutung	einige konkrete Werte	mögliche Operationen, Relationen und Funktionen
integer	ganze Zahlen (im Allgemeinen aus $[-2^{15}; 2^{15}-1]$)	–101 0 5 –66 3000	+, –, * (Mult.), div (ganzzahlige Division), mod (Rest bei div), abs (Absolutbetrag), Vergleichsrelationen
real	rationale Näherungswerte für reelle Zahlen (Da der Computer nur endlich lange Zahlenwerte verarbeiten kann, sind die Zahlen ungleichmäßig verteilt.)	–26,53 0,03 5 102,5 –666,6 99 22,5E20 ($22{,}5 \cdot 10^{20}$) (Ein Computer rechne auf 6 Stellen genau. ⇒ In [0; 1[liegen 1 Mio Zahlen, in [999998; 999999[liegt nur eine Zahl, nämlich 999998.)	+, –, *, / (Division), Vergleichsrelationen (<, >, ≤, ≥, =, ≠), verschiedene mathematische Funktionen wie sqrt (Quadratwurzel), sin, ln, ... (Die üblichen Rechengesetze (Assoziativgesetze, Distributivgesetz) gelten in der Menge der Computerzahlen nicht, was in Einzelfällen zu großen Rechenungenauigkeiten führen kann.)
boolean (logical)	logische Werte	wahr (true) falsch (false)	NOT (nicht, ¬), AND (und, ∧), OR (oder, ∨), IMPL (folgt, ⇒)
char (character)	Zeichen (Ziffern, Buchstaben, Sonderzeichen, Grafiksymbole)	9 0 S c Y [Ø " Æ	ord (ordnet dem Zeichenwert die entsprechende ASCII-Zahl zu), chr (ordnet der Codezahl das entsprechende Zeichen zu)

Datenstrukturen

Datenstruktur	Konstruktion und Bedeutung	Anwendungen
Feld (array)	**Zusammenfassung von Daten gleichen Typs (Feldelemente)** – in einer Reihe (eindimensionales Feld) – in Reihen und Spalten (zweidimensionales Feld) Jedes Feldelement ist durch Ordnungszahlen (Indizes) eindeutig festgelegt. Bei zweidimensionalen Feldern besitzt jedes Element 2 Indizes, bei dreidimensionalen Feldern 3 usw.	– Namensliste – Parameter eines Gleichungssystems (als Matrix dargestellt) – Stichprobe
Verbund (record)	**Zusammenfassung von Daten unterschiedlichen Typs** Bei der Datenstruktur Verbund spricht man auch von einem **Datensatz** (z. B. Angaben zu einer Person), der aus einzelnen **Datenfeldern** (z. B. Name, PLZ, Wohnort, Straße) besteht.	– Preisliste (Warenbezeichnungen und Zahlen) – Personalien
Datei (file)	**sequenzielle (aufeinander folgende) Zusammenfassung von Daten gleichen Typs** Ein File kann ständig erweitert werden (dynamische Datenstruktur) und wird unter einem Namen auf Datenträgern abgespeichert.	– Namensliste – Zahlenfolge – Messreihe
Baum	Die betrachteten Daten stehen nicht auf gleichem Niveau, es gibt über- und untergeordnete Daten. Jedes Datum auf einem gegebenen Niveau ist genau einem Datum von unmittelbar höherem Niveau unterstellt. Jedes Datum kann auf mehrere Daten des nächstniedrigeren Niveaus Bezug nehmen. Es gibt genau ein Datum, das keinen Vorgänger hat. 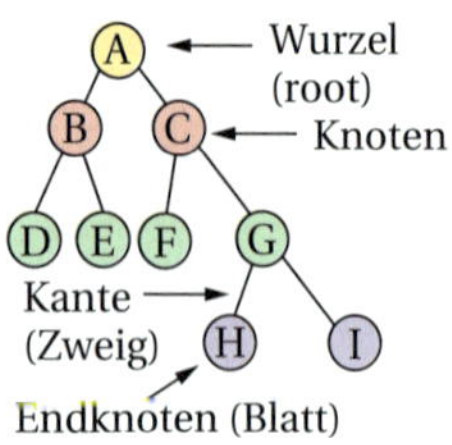 	– Generationsfolge einer Familie oder baumartige Einteilung der Tierwelt – Notation von aufeinander folgenden möglichen Antworten zum Lösen eines Problems, die nur „ja" oder „nein" lauten können **(binärer Baum)** – Organisation von Ordnern in Betriebssystemen

Algorithmik

Algorithmenstrukturen

Name	Darstellungsform		
	verbal formalisiert	**grafisch (Struktogramm)**	**in einer Programmiersprache (PASCAL)**

Folge (Verbundanweisung)	Anweisung 1
	Anweisung 2
	...
	Anweisung n
		Anweisung 1
		Anweisung 2
		...
		Anweisung n
			BEGIN
			Anweisung 1;
			...
			END;

einseitige Auswahl	WENN Bedingung, DANN Anweisung	ja b nein a ./.	IF Bedingung THEN Anweisung;
zweiseitige Auswahl (Alternative)	WENN Bedingung, DANN Anweisung 1 SONST Anweisung 2	ja b nein a_1 a_2	IF Bedingung THEN Anweisung 1 ELSE Anweisung 2;
mehrseitige Auswahl (Fallunterscheidung)	FALLS Selektor = 1: Anweisung 1 ... n: Anweisung n ENDE	Falls s = 1 2 n a_1 a_2 … a_n	CASE Selektor OF 1: Anweisung 1; ... n: Anweisung n; END;
Wiederholung mit vorangestelltem Test (mit Eingangsbedingung)	SOLANGE b, FÜHRE Anweisungen AUS	Solange b tue a	WHILE Bedingung DO Anweisung oder Verbund;
Wiederholung mit nachgestelltem Test (mit Abbruchbedingung)	WIEDERHOLE Anweisungen BIS b	Wiederhole a bis b	REPEAT Anweisungen UNTIL b;
gezählte Wiederholung (Zählschleife)	FÜR i: = anfw BIS endw (mit SCHRITTWEITE s) FÜHRE Anweisungen AUS	Für i = anfw bis endw tue a	FOR i : = anfw TO endw DO Anweisung oder Verbund; (für TO auch DOWNTO)

Effizienz von Sortieralgorithmen

n Anzahl der zu sortierenden Elemente, $n \in N$

	Sortieren durch Auswahl (Minimumsort)	**Sortieren durch Austausch (Bubblesort, Ripplesort)**	**Schnelles Sortieren (Quicksort)**
Kurzbeschreibung	Aus einer Liste wird das kleinste Element herausgesucht und an die erste Stelle einer neuen Liste gesetzt. Die Restliste wird wieder nach dem kleinsten Element durchsucht, welches an die zweite Stelle der neuen Liste gesetzt wird usw.	Es werden fortlaufend 2 benachbarte Elemente (oder alle nachfolgenden Elemente mit dem ersten, zweiten, ...) verglichen und gegebenenfalls vertauscht. Dies wird solange wiederholt, bis die Folge sortiert ist.	Irgendein Element wird als „Trennelement" T genommen und alle anderen Elemente werden davor (wenn sie kleiner oder gleich T sind) bzw. dahinter angeordnet. Mit den jeweils entstehenden Teillisten wird ebenfalls so verfahren, bis alle Elemente an der richtigen Stelle stehen.
A(n) Anzahl der Vergleiche, Aufwand	$A(n) \sim n^2$	$A(n) \sim n^2$	$A(n) \sim n \cdot \lg n$ (best case) $A(n) \sim n \cdot \lg n$ (average case) $A(n) \sim n^2$ (worst case)

Angewandte Informatik

Universelle Datenaustauschformate

Formate	Endung	Eigenschaften
Text-formate	TXT	ASCII-Text; universellstes Textformat; es gibt Modifikationen wie „Nur Text", „Nur Text + Zeilenwechsel", „MS-DOS-Text" oder „MS-DOS-Text + Zeilenwechsel"
	RTF	**R**ich **T**ext **F**ormat („reiches Textformat"); bei diesem Textformat bleiben alle Informationen zu Formatierungen (z. B. Absatz- und Zeichenformate) erhalten
	HTM, HTML	**H**yper**T**ext **M**arkup **L**anguage; universelles Textformat im Internet; mittels Referenzen können JPEG-, PNG- und GIF-Grafiken eingefügt werden
Grafik-formate	JPG, JPEG	**J**oint **P**hotographic **E**xperts **G**roup; verlustbehaftet komprimiert; für Fotos geeignet; Datenaustauschformat im Internet; RGB-Format; 24 Bit Farbtiefe (16 777 216 Farben)
	GIF	**G**raphics **I**nterchange **F**ormat; verlustfrei komprimiert; für großflächige Grafiken und Animationen geeignet; Datenaustauschformat im Internet; RGB-Format; maximal 256 Farben; eine Farbe kann transparent definiert werden
	PNG	**P**ortable **N**etwork **G**raphics, Datenaustauschformat im Internet; RGB-Format; 48 Bit Farbtiefe (281 474 976 710 656 Farben); Transparenz möglich
	TIF, TIFF	**T**agged **I**mage **F**ile **F**ormat; Pixelgrafik; unkomprimiert; CMYK-Format
	CGM	**C**omputer **G**raphics **M**etafile; Vektorgrafik; international genormt
Text + Grafik	EPS	**E**ncapsulated **P**ost**S**cript; PostScript-Datei mit „eingerolltem" Pixelbild (z. B. TIFF); CMYK-Format
	PDF	**P**ortable **D**ocument **F**ormat; es können komplette Seiten mit Text und Bild gespeichert werden; ist ein Standard für Druckdateien; Datenaustauschformat im Internet

Objekte und Attribute in Anwendungsprogrammen

Programm	Objekt	Attribut	einige Attributwerte
Textverarbeitung	Zeichen	– Schriftart – Schriftgröße (-grad) – Schriftstil (-schnitt) – Schriftposition – Schriftfarbe – Zeichenname	Times; Helvetica; Courier 8 pt (Punkte); 9,5 pt; 12 pt; 26 pt normal; fett; kursiv; unterstrichen; Kapitälchen normal; hochgestellt; tiefgestellt Schwarz; Rot; Weiß; Blau Name des dem Zeichen zugewiesenen Druckformats
	Absatz	– Ausrichtung – Einzüge – Erstzeileneinzug – Zeilenabstand – Absatzabstand – Tabstoppeinstellungen – Absatzstandardschrift – Umbruch – Absatzname	linksbündig; zentriert; rechtsbündig; Blocksatz von rechts 3 cm; von links 2,25 cm negativer Erstzeileneinzug 1 cm (hängender Einzug) einzeilig; zweizeilig; 12 pt; 0,5 cm vor dem Absatz 6 pt; nach dem Absatz 1 Zeile Position: 12 cm; Textausrichtung rechts Times New Roman 10 pt kursiv; Arial 12 pt fett Umbruch mit nächstem Absatz; am Seitenanfang Name des dem Absatz zugewiesenen Druckformats
	Dokument (Seite)	– Papierformat – Seitenrand – Kopfzeile/Fußzeile – Spaltenanzahl – Fußnote	DIN A4 Querformat; DIN A5; benutzerdefiniert Rand innen 3 cm; Rand unten 2,5 cm Abstand vom Seitenrand 1,5 cm; mit Paginierung einspaltig; dreispaltig mit 1 cm Abstand ohne; Position Seitenende

Programm	Objekt	Attribut	einige Attributwerte
Tabellen-kalkulation	Zeile	– Zeilenname – Zeilenhöhe	1; 2; 10; 16; 65536 20 pt; 0,5 cm; optimale Höhe; 0 cm (verborgene Zeile)
	Spalte	– Spaltenname – Spaltenbreite	A; B; Z; AA; IU; IV 3 cm; optimale Breite; 0 cm (ausblenden)
	Zelle	– Zellname – Formel als Zellinhalt – Zahlenformate für Zahlen als Zellinhalt – Zeichenformatierung – Ausrichtung des Zellinhalts in der Zelle – Rahmen und Hintergrundfarben – Zellschutz	A1; A3; IU16; IV65536; Mehrwertsteuer; Zinssatz mit relativen/absoluten Bezügen zu anderen Zellen Zahlen mit Dezimalkomma und Währungseinheit; negative Zahlen rot; Datumsformate Schriftart; -größe; -stil und -farbe horizontal: links, zentriert, rechts; vertikal: oben, mittig, unten Rahmen links und unten, 1 pt stark, gestrichelt; Linienfarbe Blau; Hintergrundfarbe Gelb gesperrt (nicht änderbar); nicht gesperrt (änderbar)
	Tabelle, Rechenblatt	– Blattname – Ansicht – Schutz	Tabelle1; Tabelle3 ohne Gitternetzlinien; Formeln sichtbar geschützt (nicht änderbar)
	Diagramm	– Diagrammtyp – Diagrammtitel – Legende – Datenquelle – Rubrikenachse – Größenachse	Kreisdiagramm; Liniendiagramm; Säulendiagramm Umsatzentwicklung keine; oben; unten; rechts; links = Tabelle1!$B$7:$C$10 Skalierung; Beschriftung; Anzahl der Datenreihen Skalierung; Beschriftung; Gitternetzlinien
Datenbanken (Aufgeführt sind Objekte der Datenbasis, nicht Objekte des Datenbankmanagementsystems.)	Datei (Tabelle)	– Name – Anzahl der Datensätze – Ansicht	Artikel; Lager; Kunden keine (leere Datei); 5; 100 000 Entwurfsansicht; Datenblattansicht; Liste; Formular
	Datensatz	– Anzahl der Datenfelder – Nummer	3; 4; 7 Platz 3 (1000, 1005; ...) in der Datei
	Datenfeld	– Feldname – Felddatentyp – Feldgröße – Sortierschlüssel (Index)	Artikel; Artikelnummer; im Lager; Preis Text; Zahl (Byte, Integer, Single, ...); Boolean in Abhängigkeit vom Felddatentyp ohne; steigend; fallend
Zeichenprogramme (Vektorgrafik) (Bei der Pixelgrafik existieren diese Objekte nur beim erstmaligen Erstellen, effektive Methoden wie Ausrichten oder Gruppieren von Objekten können dort nicht durchgeführt werden.)	Strecke (Linienzug)	– Linienstärke – Stil des Linienendes – Linienfarbe – Linienart	Haarlinie; 0,5 pt; 1 pt; 3 pt Pfeil; runder Abschluss Schwarz; Gelb; Rot durchgängig; gestrichelt; Strich-Punkt-Linie
	Bézierkurve	– Linienstärke – Linienfarbe – Lage der Ankerpunkte – Lage der Endpunkte – Griffpunkte der Tangenten	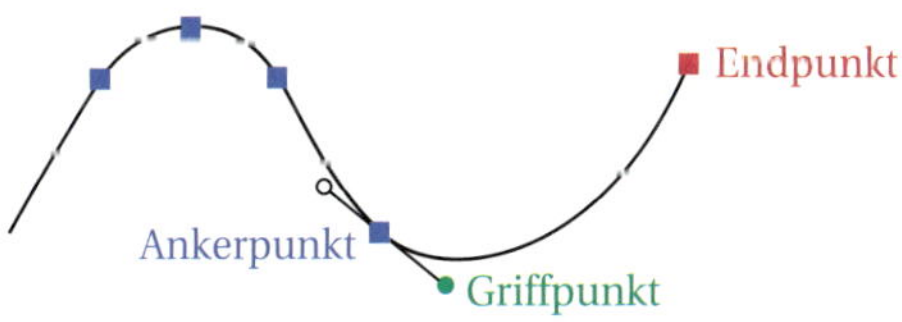
	Polygon (Sonderform Rechteck)	– Randfarbe – Randstärke – Flächenfarbe – Farbverlauf – Füllmuster – Eckenzahl	Schwarz; Gelb; Rot Haarlinie; 0,5 pt; 1 pt; 3 pt Weiß; transparent (ohne Farbe); Schwarz; Grün ohne; linear; radial ohne; Karos regelmäßige n-Ecke sind möglich; Rechteck
	Ellipse	– Randfarbe, Randstärke, Flächenfarbe, Farbverlauf und Füllmuster wie Polygon – Breite/Höhe (Kreis durch Festhalten von <Shift> beim Aufziehen der Figur)	
	Schrift	– Schriftfarbe, -art, -größe, -stil wie Objekt Zeichen in der Textverarbeitung	

Grundlegende HTML-Befehle

Eigenschaft	Anweisung (Tag = rot, Attribut = blau)	Beschreibung
Grund-gerüst einer HTML-Datei (Seiten-gerüst)	<DOCTYPE HTML PUBLIC "-//W3C//DTD HTML 4.01 Transitional//En"> <html> <head> <title> *Text* </title> </head> <body> </body> </html>	
	<DOCTYPE HTML PUBLIC …	Hinweis: Seite wurde auf Grundlage der öffentlich verfügbaren HTML-Dokumenttyp-Definition (DTD) erstellt.
	… W3C …	Herausgeber der DTD (hier: W3-Konsortium)
	… DTD HTML 4.01 Transitional …	verwendeter Dokumenttyp (hier: HTML), Sprachversion (hier: 4.01) und deren Variante (hier: „Transitional)
	… En">	Sprachenkürzel (hier: Englisch) für die natürliche Sprache, in der die Element- und Attributnamen der Tagsprache definiert wurden
	<html> ... </html>	eröffnendes (Seitenanfang) und schließendes (Seitenende) Tag einer HTML-Seite; Rahmen für alle anderen Tags; zeichnet die Datei als **HTML-Dokument** (mit den Teilen „head“ und „body“) aus
	<head> ... </head>	Rahmen für den **Seitenkopf** zum Einfügen von (Meta-)Informationen über die Seite (z.B. Titel, Autor, Schlüsselwörter) und Styles, die bis auf den Titel nicht auf der Seite angezeigt werden (Styles können auch in einer gesonderten Datei oder direkt im „body“ beim zugehörigen HTML-Tag stehen)
	<title> *Text* </title>	Einfügen eines **Seitentitels** im Seitenkopf (head); erscheint im Browser als Fenstertitel
	<body> ... </body>	Rahmen für den **Textkörper,** den eigentlichen (sichtbaren) Seiteninhalt mit Texten, Tabellen, Bildern etc.
Meta-Angaben	<meta name="author" content="*Autorenname, ...*">	Angabe der Namen der Autoren der HTML-Seite
	<meta name="keywords" content="*Schlüsselwort, ...*">	Angabe der Schlüsselwörter, mit denen die HTML-Seite durch Suchmaschinen gefunden werden kann
	<meta name="description" content="*Kurzbeschreibung*">	Angabe der von Suchmaschinen angezeigten Kurzbeschreibung der HTML-Seite
Seiten-formatie-rung	<body background="*Dateibezeichnung*">	Einfügen eines Hintergrundbildes für eine Seite (GIF-, JPG- oder PNG-Datei)
	<body bgcolor="#*XXXXXX*">	Definieren einer Hintergrundfarbe für eine Seite (sechsstellige Hexadezimalzahl)
	<body text="#*XXXXXX*">	Definieren der Schriftfarbe für eine Seite
	<body link="#*XXXXXX*"> <body vlink="#*XXXXXX*">	Definieren der Farbe für die (noch nicht besuchten bzw. besuchten = „visited“) Links einer Seite

Eigenschaft	Anweisung (Tag = rot, Attribut = blau)	Beschreibung
Text-formatierung (Textauszeichnung)	<b> *Text* </b> <i> *Text* </i> <u> *Text* </u>	Textdarstellung fett Textdarstellung kursiv Textdarstellung unterstrichen
	<tt> *Text* </tt>	Textdarstellung in Proportionalschrift („Schreibmaschinentext"; von „teletype")
	_{*Text*}	Textdarstellung tiefgestellt (von „subscript")
	^{*Text*}	Textdarstellung hochgestellt (von „superscript")
	<h1> *Text* </h1>	Definieren des Textes als Überschrift (Größe 1–6)
	<font size="*Zahl*"> *Text* </font>	Definieren der Textgröße (Zahl zw. 1 und 7)
	<font face="*Schriftart*"> *Text* </font>	Definieren der Schriftart (z.B. „Times", „Arial")
	<font color="*Farbe*"> *Text* </font>	Definieren der Schriftfarbe (z.B. „red", „#FF0099")
	<hr size="*Zahl*" width="*Zahl*">	Definieren einer horizontalen Linie in Dicke und Breite (Pixel)
	  <p> *Text* </p>	Einfügen eines Zeilenumbruchs Definieren eines Absatzes
Grafiken	<img src="*Dateibezeichnung*">	Einfügen einer Grafik (GIF-, JPG- oder PNG-Datei); unter Pfadangabe, wenn die Grafikdatei nicht im selben Verzeichnis wie das HTML-Dokument liegt
Tabellen	<table border="*Zahl*"> *Tabelle* </table>	Einfügen (Definieren von Anfang und Ende) einer Tabelle mit einem Rahmen definierter Linienstärke (Pixel)
	<tr> *Tabellenzeile* </tr>	Definieren von Anfang und Ende einer Tabellenzeile („table row")
	<th colspan="*Zahl*"> *Überschrift*</th> <th rowspan="*Zahl*"> *Überschrift*</th>	Definieren von Anfang und Ende einer Tabellenkopfzelle („table header"); Zelleninhalt wird fett dargestellt; die Attribute „colspan" und „rowspan" dienen dem Verbinden von Zellen: „colspan" („column span" = Spalten spannen) spannt die Zelle in einer Zeile über mehrere Spalten hinweg, „rowspan" (= Zeilen spannen) in einer Spalte über mehrere Zeilen
	<td> *Tabellenzellen-Inhalt* </td>	Definieren von Anfang und Ende einer Tabellenzelle („table data"); Zelleninhalt enthält die eigentlichen Daten
Verknüpfungen (Verweisanker)	<a href="*Ziel*"> *Verknüpfungstext* </a>	Einfügen eines Hyperlinks (Verweis auf Textmarken innerhalb der HTML-Seite, auf andere HTML-Seiten oder auf einen URL); der Verknüpfungstext wird andersfarbig oder unterstrichen dargestellt; durch Anklicken wird zu der in „Ziel" angegebenen Adresse gesprungen; anstelle des Verknüpfungstextes können auch Grafiken oder Teilbereiche von Grafiken (sensitive maps) verlinkt werden

Internetadresse

URL	Eine Internetadresse kann mithilfe der numerischen IP-Adresse (32 Bit lange Zahlenfolge) oder als einprägsamere Textadresse angegeben werden. Die Textadresse enthält anstelle der IP-Nummer den so genannten Domain-Namen und wird als **URL** (**U**niform **R**esource **L**ocator) bezeichnet. Der URL beschreibt die eindeutige Adresse eines Rechners im Internet oder eines speziellen Dokumentes auf diesem Rechner. Beispiel: **http://www.chemie.uni-oldenburg.de/fb9_gs.html** **http** = Übertragungsprotokoll (**H**yper**t**ext **T**ransfer **P**rotocol) **www.chemie.uni-oldenburg** = Bestandteil des Rechnernamens: dieser Name verweist auf den Fachbereich Chemie der Universität Oldenburg **de** = Bestandteil des Rechnernamens: Länderkennung für Deutschland (Top Level Domain) **fb9_gs.html** = konkrete HTML-Seite (Geschäftsstelle des Fachbereichs 9), wenn nötig, mit genauer Pfadangabe
Übertragungsprotokolle	**http** = **H**yper**t**ext **T**ransfer **P**rotocol (Hypertext-Übertragungsprotokoll zur Übertragung von Websites) **ftp** = **F**ile **T**ransfer **P**rotocol (steht für den Internet-Dienst FTP) Anstelle des Übertragungsprotokolls kann auch ein Kürzel stehen, das auf den Inhalt des URL verweist: **news** steht für den Internet-Dienst Usenet (Newsgroups) **mailto** steht für den Internet-Dienst E-Mail
Domain-Namen	Hinter dem Doppelslash im URL („//") steht der Rechnername, z. B.: **www.yahoo.de** **www** = Host-Anteil **yahoo.de** = Domain-Name **yahoo** = Second Level Domain **de** = Top Level Domain (TLD); die Domain, die am weitesten rechts in der Adresse steht
Top Level Domains	Top Level Domains (**TLD**) sind durch festgeschriebene Kürzel gekennzeichnet. Man unterscheidet: a) **Country Top Level Domains:** kennzeichnen das Land (zwei Buchstaben) und b) **Generic Top Level Domains:** kennzeichnen den Typus/die Sparte der Adresse (3 Buchstaben) **.at** = Österreich **.ch** = Schweiz **.de** = Deutschland **.uk** = Großbritannien **.us** = USA **.com** = „commercial" (kommerzielle Unternehmen, Firmen) **.edu** = „educational" (Bildungseinrichtungen) **.gov** = „government" (amerikanische Regierungsbehörden) **.int** = „international" (internationale Bündnisse) **.mil** = „military" (amerikanische Militäreinrichtungen) **.net** = „network" (Netzwerk-Provider) **.org** = „organisation" (nichtkommerzielle Organisationen, Vereine)

Register

Deutschland – Bundesländer

Angaben nach „Statistisches Jahrbuch der Bundesrepublik Deutschland. 2001“

Deutschland – geographische Extremwerte

Angaben nach „Statistisches Jahrbuch der Bundesrepublik Deutschland. 2001", „Amtliche Schlüsselnummern und Bevölkerungsdaten der Gemeinden und Verwaltungsbezirke der Bundesrepublik Deutschland. Ausgabe 2000"

Die Formelsammlung im Internet unter www.tafelwerk.de

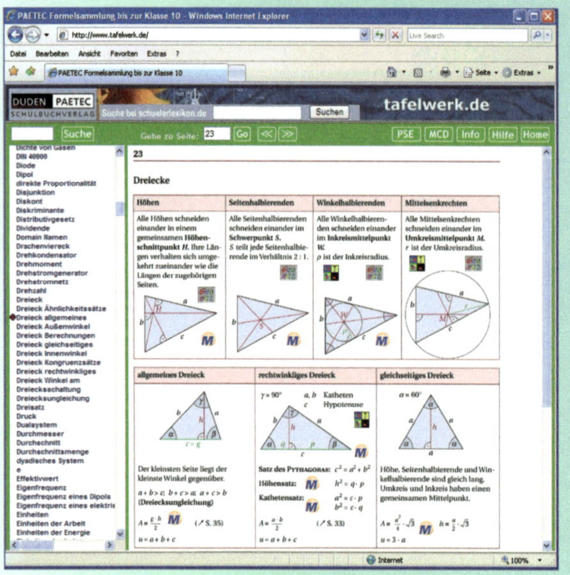

Im Internet stehen interaktive Beispiele und dynamische Abbildungen zur Verfügung. Diese veranschaulichen den praktischen Umgang mit den Formeln, bieten Erkenntnisgewinnung durch interaktives Experimentieren und helfen beim Schließen von Wissenslücken.

Das ergänzende Basiswissen im Internet unter www.schuelerlexikon.de

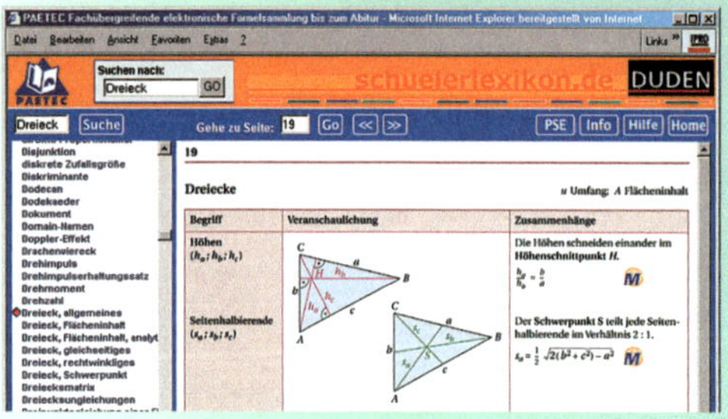

Die Formelsammlung und das Schülerportal www.schuelerlexikon.de ergänzen sich im Internet: Das Suchfeld von schuelerlexikon.de ermöglicht die bequeme Suche von Registerbegriffen der Formelsammlung in ca. 4 000 ausführlichen Fachartikeln.